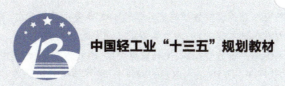

中国轻工业"十三五"规划教材

高等数学（经济类）

下册

第 2 版

主　编　张立东　孟祥波　张希彬

副主编　张振兴　程树林　贾学龙

参　编　王玉杰　王　霞　乔　岚

机械工业出版社

本书是在教育部高等学校数学与统计学教学指导委员会制定的《经济管理类本科数学基础课程教学基本要求》的内容和要求基础上编写而成的.

本书力求系统地讲解数学知识,使其重点突出、由浅入深、通俗易懂,同时注重实用性,并将数学软件 MATLAB 融入内容的编写中,培养学生分析问题、解决问题的能力. 全书各章附有习题,并利用天工讲堂小程序给出了全部习题详解.

本套书分上、下两册,本书为下册,主要内容包括向量代数与空间解析几何、多元函数微分学、二重积分、无穷级数、微分方程和差分方程等.

本书可作为高等学校经济管理类专业高等数学课程的教材或教学参考书,二维码中与全书对应的电子教案配套齐全,这些资源将成为教与学的有益助手.

图书在版编目(CIP)数据

高等数学. 经济类 下册/张立东,孟祥波,张希彬主编. —2 版. —北京:机械工业出版社,2023.12

中国轻工业"十三五"规划教材

ISBN 978-7-111-74393-4

Ⅰ.①高… Ⅱ.①张… ②孟… ③张… Ⅲ.①高等数学 – 高等学校 – 教材 Ⅳ.①O13

中国国家版本馆 CIP 数据核字(2023)第 232780 号

机械工业出版社(北京市百万庄大街 22 号 邮政编码 100037)

策划编辑:汤 嘉 责任编辑:汤 嘉 张金奎

责任校对:李 婷 封面设计:张 静

责任印制:单爱军

北京虎彩文化传播有限公司印刷

2024 年 8 月第 2 版第 1 次印刷

184mm×260mm·16.5 印张·413 千字

标准书号:ISBN 978-7-111-74393-4

定价:53.00 元

电话服务 网络服务

客服电话:010 – 88361066 机 工 官 网:www.cmpbook.com

　　　　010 – 88379833 机 工 官 博:weibo.com/cmp1952

　　　　010 – 68326294 金 书 网:www.golden – book.com

封底无防伪标均为盗版 机工教育服务网:www.cmpedu.com

前　言

《高等数学(经济类)第 2 版》是中国轻工业"十三五"规划教材,是高等学校经济管理类专业高等数学课程的必修教材,它是依据教育部高等学校数学与统计学教学指导委员会制定的《经济管理类本科数学基础课程教学基本要求》和全国硕士研究生入学统一考试数学考试大纲的要求编写而成的.

本书充分考虑经济管理类专业学生的特点,坚持以学生为中心,注重在保持数学基础理论的科学性和严谨性的同时,淡化数学理论证明,注重数学在经济管理领域的实际应用,突出内容的可读性和实用性;注重提取数学课程"思政元素",利用数学家故事激发学生学习数学的兴趣,培养学生刻苦努力、勇攀科学高峰的精神;将数学建模的思想和数学实验融入内容的编写中,初步培养学生利用数学软件解决问题的能力,对各章节习题进行分类,可供不同层次的学生使用.

本书的主要编写特点如下:

1)坚持注重基础、强化应用的准则.既准确清晰地表达出数学基本概念、基本理论和基本方法,又重视数学理论、方法在经济管理问题中的具体应用.

2)重视数学实验.充分考虑经管类学生的特点,将高等数学的理论和数学实验有机结合,将数学软件引入课程教学中,培养学生借助数学软件解决问题的能力.

3)注重与高中数学内容的衔接,将高中内容顺利过渡到该课程的教学过程中.

4)采用信息技术,为深入学习高等数学课程提供辅助手段.将难度较大且对后续课程没有影响的定理证明在天工讲堂小程序中给出,供学有余力的学生学习.各章附有习题,供具有不同学习程度的学生选做,并且每部分习题均在天工讲堂小程序中给出解答过程.

编者长期从事高等数学课程的教学工作,具有丰富的教学经验,本书是编者多年教学经验和研究成果的结晶.本书由张立东、孟祥波、张希彬主编并负责统稿定稿.此外,参加本书编写相关工作和教学视频以及配套资源制作的还有贾学龙、王霞、王玉杰、乔岚、程树林、张振兴、廖嘉、刘丽英、杨华和夏国坤等.

本书是中国高等教育学会 2023 年度高等教育科学研究规划课题(项目名称:新文科背景下经管类大学数学课程教学改革研究与实践,项目编号:23SX0410)和天津科技大学教育教学改革研究项目(项目名称:数学类基础课程新形态教材建设,项目编号:KY202324)的部分成果。本书在编写过程中,参考了众多的国内外教材.机械工业出版社对本书的编审、出版给予了热情支持和帮助,天津科技大学理学院、数学系也给予了大力支持,许多同仁对本书的编写提出了宝贵的意见和建议,使编者受益匪浅.在此,一并表示衷心的感谢!

尽管编者已经尽了最大努力,但由于编者水平有限、时间仓促等原因,书中难免存在不妥之处,希望各位读者批评指正.

编　者

2023 年 10 月

目　　录

第八章
向量代数与空间解析几何

在平面解析几何中,通过坐标法将平面中的点与二元有序数组建立起一一对应关系,从而把平面中的曲线与二元方程建立起对应关系,进而可以利用方程来研究平面图形. 类似地,通过坐标法可以把空间中的点与三元有序数组建立一一对应关系. 把空间中的曲面、曲线与三元方程建立起对应关系,进而可以利用方程来研究空间曲面、曲线. 本章讨论空间直角坐标系和向量的有关问题,并介绍空间解析几何的有关内容.

第一节　空间直角坐标系

空间直角坐标系是平面直角坐标系的推广. 在平面解析几何中,为确定平面上点的位置,引入了平面直角坐标系,建立了平面上的点与实数对 (x,y) 之间的一一对应关系,进而将二元方程 $F(x,y)=0$ 与平面直角坐标系中的曲线对应起来. 类似地,在空间解析几何中,为了确定空间中点的位置,需要相应地建立空间直角坐标系,将空间中的点与三个有序实数 (x,y,z) 对应起来,并将三元方程 $F(x,y,z)=0$ 与空间直角坐标系中的曲面建立对应关系.

一、　空间直角坐标系的建立

为了更好地研究空间中的图形,首先引进**空间直角坐标系**:

在空间中取定一个点 O,以 O 为坐标原点建立平面直角坐标系 Oxy,再以 O 为原点作垂直于平面 xOy 的数轴 Oz(我们规定,三个坐标轴有相同的长度单位),并使它们满足右手系法则——即用右手握住 z 轴,并且当右手 4 个手指从 x 轴正向转过 $\frac{\pi}{2}$ 角度后,四指的指向为 y 轴的正向,此时大拇指指向 z 轴的正向,这样就建立了空间直角坐标系 $Oxyz$(见图8-1).

在空间直角坐标系 $Oxyz$ 中,点 O 称为坐标系的原点,x 轴、y 轴、z 轴分别称为**横轴**、**纵轴**和**竖轴**,统称为坐标轴. 每两条坐标轴确定了一个平面,称为坐标平面,它们分别称为平面 xOy、平面 yOz 和平面 xOz. 这三个坐标平面把空间分成八个部分,每一部分称为

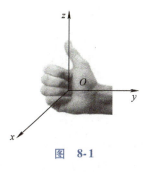

图　8-1

空间直角坐标系与
　　点的坐标

一个卦限，八个卦限的位置如图 8-2 所示.

二、 空间直角坐标系点的坐标

我们可以像在平面直角坐标系中那样，建立空间中的点与数组之间的一一对应.

设 M 是空间中的任意一点，过 M 分别作 x 轴、y 轴、z 轴的垂直平面，它们分别与这三个轴交于 A,B,C，如图 8-3 所示. 作为数轴上的点 A,B,C，它们在各自所处的坐标轴上对应一个坐标，依次记为 x,y,z. 按照这种方法，空间中的点 M 对应着一个三元有序数组 (x,y,z).

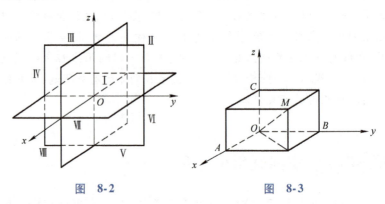

图 8-2   图 8-3

不仅空间中的点一定对应一个三元有序数组，同时任意一个三元有序数组也一定对应空间中的唯一一个点.

事实上，设有一个三元有序数组 (x,y,z)，我们在 x 轴、y 轴和 z 轴上分别取定坐标为 x,y,z 的三个点 A,B,C（见图 8-3），过 A,B,C 分别作垂直于 x 轴、y 轴和 z 轴的平面，这三个平面相交于一点，记为 M，点 M 就是与三元有序数组 (x,y,z) 相对应的点，而且是唯一的点.

我们称这样的三元有序数组 (x,y,z) 为点 M 的坐标，其中，x,y 和 z 分别称为点 M 的横坐标、纵坐标和竖坐标.

显然，x 轴、y 轴和 z 轴上的点的坐标分别 $(x,0,0)$，$(0,y,0)$ 和 $(0,0,z)$，坐标原点 O 的坐标为 $(0,0,0)$. 在 xOy 平面上的点的坐标为 $(x,y,0)$，在 yOz 平面上的点的坐标为 $(0,y,z)$，在 xOz 平面上的点的坐标为 $(x,0,z)$.

把全体三元有序数组构成的集合记为 $\mathbf{R}^3$，也即
$$\mathbf{R}^3 = \{(x,y,z) \mid x,y,z \text{ 为实数}\}.$$

以后，我们把空间中的点与 $\mathbf{R}^3$ 中的三元有序数组不加区别.

注 1 八个卦限中点的坐标的符号具有如下特点：I (+，+，+)、II (-，+，+)、III (-，-，+)、IV (+，-，+)、V (+，+，-)、VI (-，+，-)、VII (-，-，-) 和 VIII (+，-，-).

注 2 点 $M(x,y,z)$ 关于平面 yOz 的对称点的坐标为 $M_1(-x,$

$y,z)$,关于 y 轴的对称点的坐标为 $M_2(-x,y,-z)$,关于原点的对称点的坐标为 $M_3(-x,-y,-z)$,其他情况类推.

例1　在空间直角坐标系中,求点 $A(-2,4,1)$ 关于以下情形的对称点的坐标:

(1)xOy 平面;　　(2)x 轴;　　(3)原点.

解　(1)点 $A(-2,4,1)$ 关于 xOy 平面的对称点的坐标为 $A_1(-2,4,-1)$;

(2)点 $A(-2,4,1)$ 关于 x 轴的对称点的坐标为 $A_2(-2,-4,-1)$;

(3)点 $A(-2,4,1)$ 关于原点的对称点的坐标为 $A_3(2,-4,-1)$.

三、空间两点间的距离

设 $M_1(x_1,y_1,z_1)$ 和 $M_2(x_2,y_2,z_2)$ 为空间中的两个点,则两点间的距离为

$$|M_1M_2| = \sqrt{(x_2-x_1)^2+(y_2-y_1)^2+(z_2-z_1)^2}.$$

事实上,过点 M_1 与 M_2 分别作三个垂直于坐标轴的平面,这六个平面围成如图 8-4 所示的长方体,这个长方体的三条棱长分别为 $|x_2-x_1|$,$|y_2-y_1|$,$|z_2-z_1|$,

▶ 空间两点间的距离公式

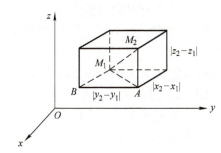

图 8-4

由于 $\angle M_1BA = \angle M_1AM_2 = 90°$,

所以　　　　$|M_1M_2|^2 = (x_2-x_1)^2+(y_2-y_1)^2+(z_2-z_1)^2$,

因此　　　　$|M_1M_2| = \sqrt{(x_2-x_1)^2+(y_2-y_1)^2+(z_2-z_1)^2}$.

特别地:

点 $M(x,y,z)$ 到原点的距离为 $d = |OM| = \sqrt{x^2+y^2+z^2}$.

例2　求证:以点 $A(4,3,1)$,$B(7,1,2)$,$C(5,2,3)$ 为顶点的三角形是一个等腰三角形.

解　因为　$|AB| = \sqrt{(7-4)^2+(1-3)^2+(2-1)^2} = \sqrt{14}$,

$|BC| = \sqrt{(5-7)^2+(2-1)^2+(3-2)^2} = \sqrt{6}$,

$|CA| = \sqrt{(4-5)^2+(3-2)^2+(1-3)^2} = \sqrt{6}$,

所以 $|BC| = |CA| = \sqrt{6}$,即 $\triangle ABC$ 为等腰三角形.

例3　已知点 M 在 xOy 平面上,其横坐标为 1,并且与点

3

$A(1,-2,2)$和$B(2,-1,4)$的距离相等，求点M的坐标.

解 设所求点$M(1,y,0)$，依题意有

$$|AM| = |BM|,$$

即

$$\sqrt{(1-1)^2+(y+2)^2+(0-2)^2} = \sqrt{(1-2)^2+(y+1)^2+(0-4)^2}$$

解得$y=5$，

所以点M的坐标为$(1,5,0)$.

习题 8-1(A)

1. 求空间中的两点$A(1,2,2)$与$B(-1,0,1)$之间的距离.

2. 写出点$A(4,-5,6)$的对称点坐标：

   (1)分别关于xOy平面、yOz平面和xOz平面的对称点坐标；

   (2)分别关于x轴、y轴、z轴的对称点坐标；

   (3)关于原点的对称点坐标.

3. 判断由$A(1,2,3)$，$B(3,1,5)$，$C(2,4,3)$三点构成的三角形的形状.

4. 求点$M(x,y,z)$到各个坐标轴之间的距离.

5. 在x轴上求一点M，使它到点$A(-3,2,1)$和$B(3,1,4)$的距离相等.

6. 一动点$M(x,y,z)$与定点$M_0(x_0,y_0,z_0)$的距离为$R(R>0)$，求动点$M(x,y,z)$所满足的方程.

7. 一动点$M(x,y,z)$与两定点$A(1,2,3)$与$B(2,-1,4)$距离相等，求动点$M(x,y,z)$所满足的方程.

第二节 空间向量及其运算

一、向量的概念

我们以前研究的量多为数量，它们只有大小. 比如，某学校有20000人，田径场跑道长度是400m等. 但是，在物理学中我们也遇到过像速度、位移、力等这样的量，它们既有大小又有方向. 这类量在几何、物理、力学中扮演着重要的角色.

既有大小又有方向的量称为**向量**. 通常，我们把以A为起点、B为终点的向量用有向线段$\overrightarrow{AB}$来表示（见图8-5），而用线段$\overrightarrow{AB}$的长度来表示向量$\overrightarrow{AB}$的大小，称为向量$\overrightarrow{AB}$的**模**，记作$|\overrightarrow{AB}|$. 点A到点B的方向为向量$\overrightarrow{AB}$的方向. 有时也用一个黑斜体字母（书写时，在字母的上面加以箭头）来表示向量，例如$\boldsymbol{a},\boldsymbol{b},\boldsymbol{r},\boldsymbol{v}$或$\vec{a},\vec{b},\vec{r},\vec{v}$等.

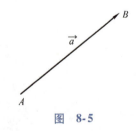
图 8-5

在本书中所讨论的向量都是**自由向量**，即，无论向量起点在哪，只要向量的大小与方向相同就认为是同一个向量.

> **定义1**　若向量 $\vec{a}$ 与向量 $\vec{b}$ 大小相等、方向一致，则称它们是**相等**的，记作 $\vec{a} = \vec{b}$.

我们称模为零的向量为**零向量**，记作 $\vec{0}$. 零向量可以认为是起点与终点为同一点的向量，它的方向是任意的.

模为1的向量称为**单位向量**. 与 $\vec{a}$ 有相同方向的单位向量记作 $\vec{a^0}$. 显然有

$$\vec{a^0} = \frac{\vec{a}}{|\vec{a}|}.$$

与向量 $\vec{a}$ 大小相等但方向相反的向量称为 $\vec{a}$ 的**负向量**，记作 $-\vec{a}$.

如果两个非零向量 $\vec{a}$ 与 $\vec{b}$ 方向相同或相反，那么就称它们是相互平行的，记作 $\vec{a} /\!/ \vec{b}$. 并且约定，零向量与任何向量平行.

当两个向量相互平行时，可以通过平行移动使它们具有共同的起点. 这时它们必落在一条直线上，因此相互平行的向量也称为是**共线**的（零向量与任何向量共线）.

二、　向量的线性运算

1. 加减法运算

对任意给定的两个向量 $\vec{a}$ 与 $\vec{b}$，我们用以下两种方法定义其**加法运算**：

方法1　我们将 $\vec{b}$ 平行移动，使其起点与 $\vec{a}$ 的终点衔接，这时从 $\vec{a}$ 的起点至 $\vec{b}$ 的终点的向量定义为 $\vec{a}$ 与 $\vec{b}$ 的**和向量**，记作 $\vec{a} + \vec{b}$ （见图8-6）. 这种方法称为向量加法的**三角形法则**.

方法2　我们通过平行移动使向量 $\vec{a}$ 与 $\vec{b}$ 有共同的起点. 然后，以向量 $\vec{a}$ 与 $\vec{b}$ 为相邻的两边作平行四边形，与向量 $\vec{a}, \vec{b}$ 有共同起点的对角线所形成的向量就是 $\vec{a} + \vec{b}$ （见图8-7）. 这种方法也称为向量加法的**平行四边形法则**.

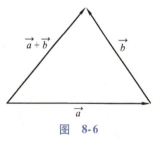

图　8-6

另外，零向量 $\vec{0}$ 与任何向量 $\vec{a}$ 的和向量还是向量 $\vec{a}$，即 $\vec{0} + \vec{a} = \vec{a}$.

用向量的三角形法则可以比较方便地求出多个向量的和向量（见图8-8）.

显然，这样定义的加法运算满足下列运算定律：

（1）交换律：$\vec{a} + \vec{b} = \vec{b} + \vec{a}$；

（2）结合律：$(\vec{a} + \vec{b}) + \vec{c} = \vec{a} + (\vec{b} + \vec{c})$.

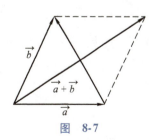

图　8-7

称向量 $\vec{a}$ 与向量 $\vec{b}$ 的负向量 $-\vec{b}$ 的和向量为 $\vec{a}$ 与 $\vec{b}$ 的差向量，记作 $\vec{a}-\vec{b}$，即 $\vec{a}-\vec{b}=\vec{a}+(-\vec{b})$. 特别地，$\vec{a}-\vec{a}=\vec{0}$.

根据三角形的两边之和大于第三边的性质，易得

$$|\vec{a}+\vec{b}| \leqslant |\vec{a}|+|\vec{b}|, \quad |\vec{a}-\vec{b}| \leqslant |\vec{a}|+|\vec{b}|.$$

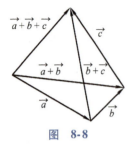

图 8-8

2. 数乘运算

设有向量 $\vec{a}$ 与实数 λ，定义向量 $\vec{a}$ 与实数 λ 的**乘积** $\lambda\vec{a}$ 为一个向量，称之为数乘向量. $\lambda\vec{a}$ 的模为 $|\lambda\vec{a}|=|\lambda| \cdot |\vec{a}|$；$\lambda\vec{a}$ 与 $\vec{a}$ 平行，其方向规定如下：当 $\lambda>0$ 时，$\lambda\vec{a}$ 与向量 $\vec{a}$ 有相同的方向；当 $\lambda<0$ 时，$\lambda\vec{a}$ 与向量 $\vec{a}$ 有相反的方向.

由上述定义可知，当 $\vec{a}$ 为零向量或 $\lambda=0$ 时，$\lambda\vec{a}$ 均为零向量 $\vec{0}$；一个向量的负向量是该向量与数 -1 的乘积.

显然，向量的数乘运算满足下列运算规则：

(1)结合律：$(\lambda\mu)\vec{a}=\lambda(\mu\vec{a})=(\mu\lambda)\vec{a}$；

(2)分配律：$\lambda(\vec{a}+\vec{b})=\lambda\vec{a}+\lambda\vec{b}$，$(\lambda+\mu)\vec{a}=\lambda\vec{a}+\mu\vec{a}$.

从向量的数乘运算的规定中，我们有如下定理：

定理 1　设向量 $\vec{a}\neq\vec{0}$，向量 $\vec{b}//\vec{a}$ 的充分必要条件是：存在唯一的实数 λ，使得 $\vec{b}=\lambda\vec{a}$.

证　充分性是显然的，下面证明必要性.

设 $\vec{b}//\vec{a}$. 当 $\vec{b}$ 与 $\vec{a}$ 方向相同时，取 $\lambda=\dfrac{|\vec{b}|}{|\vec{a}|}$，显然这时 $\vec{b}=\lambda\vec{a}$.

当 $\vec{b}$ 与 $\vec{a}$ 异向时，取 $\lambda=-\dfrac{|\vec{b}|}{|\vec{a}|}$，这时仍有 $\vec{b}=\lambda\vec{a}$.

再证 λ 的唯一性. 设有 λ，μ 使得 $\vec{b}=\lambda\vec{a}$，$\vec{b}=\mu\vec{a}$ 同时成立. 两式相减得 $(\lambda-\mu)\vec{a}=\vec{0}$，因此 $|\lambda-\mu||\vec{a}|=0$，又 $\vec{a}\neq\vec{0}$，所以必有 $\lambda=\mu$，唯一性得证.

例 1　在平行四边形 $ABCD$ 中，设 $\overrightarrow{AB}=\vec{a}$，$\overrightarrow{AD}=\vec{b}$. 试用 $\vec{a}$ 与 $\vec{b}$ 表示向量 $\overrightarrow{MA}$，$\overrightarrow{MB}$，$\overrightarrow{MC}$ 和 $\overrightarrow{MD}$，这里 M 是平行四边形对角线的交点（见图 8-9）.

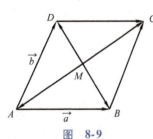

图 8-9

解　由于平行四边形的对角线相互平分，所以

$$\vec{a}+\vec{b}=\overrightarrow{AC}=2\overrightarrow{AM},$$

即

$$-(\vec{a}+\vec{b})=2\overrightarrow{MA},$$

于是

$$\overrightarrow{MA}=-\frac{1}{2}(\vec{a}+\vec{b}).$$

因为 $\overrightarrow{MC}=-\overrightarrow{MA}$，所以 $\overrightarrow{MC}=\dfrac{1}{2}(\vec{a}+\vec{b})$. 又

$-\vec{a} + \vec{b} = \overrightarrow{BD} = 2\overrightarrow{MD}$，所以 $\overrightarrow{MD} = \dfrac{1}{2}(\vec{b} - \vec{a})$. 再由 $\overrightarrow{MB} = -\overrightarrow{MD}$，所以

$$\overrightarrow{MB} = \frac{1}{2}(\vec{a} - \vec{b}).$$

三、　向量的坐标与坐标分解式

首先建立空间中的向量与空间中的点的一一对应关系.

对空间坐标系 $Oxyz$ 中的任意一点 M，以 O 为起点，M 为终点都能唯一地确定一个向量 $\overrightarrow{OM}$. 按照这样的规定，空间中的任意一个点都对应一个向量，而且是唯一的.

任取空间坐标系 $Oxyz$ 中的一个向量 $\vec{a}$，将其起点平移至坐标原点，这样它的终点也就被唯一确定. 因此，空间中的任意一个向量就唯一地确定了一个点.

于是，我们建立了空间坐标系 $Oxyz$ 中的向量与空间坐标系 $Oxyz$ 中的点的一一对应关系. 进一步，由于空间坐标系 $Oxyz$ 中的点与 $\mathbf{R}^3$ 中的三元有序数组的一一对应关系，因此空间坐标系 $Oxyz$ 中的向量与 $\mathbf{R}^3$ 中的三元有序数组之间是一一对应的关系.

我们把与空间中的向量 $\vec{a}$ 对应的 $\mathbf{R}^3$ 中的有序数组 (x,y,z) 称为向量 $\vec{a}$ 的坐标，记作 $\vec{a} = (x,y,z)$.

接下来给出向量运算的坐标表示. 为此，先引进三个坐标轴的单位向量：分别将与 x 轴、y 轴和 z 轴方向相同的单位向量 $\vec{i}, \vec{j}$ 和 $\vec{k}$ 称为 x 轴、y 轴和 z 轴的单位向量. 显然有

$$\vec{i} = (1,0,0), \vec{j} = (0,1,0), \vec{k} = (0,0,1).$$

下面利用坐标给出向量的另外一种表示方法：

$$\overrightarrow{OM} = (x,y,z) \Leftrightarrow \overrightarrow{OM} = x\vec{i} + y\vec{j} + z\vec{k}.$$

设有 $\mathbf{R}^3$ 中任意一个给定的三元有序数组 (x,y,z). 利用向量的数乘运算与加法运算法则，可以得到向量

$$x\vec{i} + y\vec{j} + z\vec{k}.$$

这就是说，对空间 $\mathbf{R}^3$ 中的任意一个三元有序数组 (x,y,z)，都可以唯一确定一个形如 $x\vec{i} + y\vec{j} + z\vec{k}$ 的向量.

反过来，对于三个坐标轴上的单位向量 $\vec{i}, \vec{j}$ 和 $\vec{k}$，向量 $x\vec{i} + y\vec{j} + z\vec{k}$ 唯一对应一个三元有序数组 (x,y,z). 因此，

$$\text{向量} \overrightarrow{OM} \text{以} (x,y,z) \text{为坐标} \Leftrightarrow \overrightarrow{OM} = x\vec{i} + y\vec{j} + z\vec{k}.$$

我们把 $\overrightarrow{OM} = x\vec{i} + y\vec{j} + z\vec{k}$ 称为 $\overrightarrow{OM}$ 的坐标分解式；$x\vec{i}, y\vec{j}$ 和 $z\vec{k}$ 分别称为 $\overrightarrow{OM}$ 沿 x 轴、y 轴和 z 轴方向的分向量.

本书不区分向量与其坐标、坐标分解式. 有了向量的坐标表示式，我们就可以把由几何方法定义的向量的加、减、数乘运算转化为向量坐标之间的数量运算.

设向量 $\vec{a} = (x_1, y_1, z_1)$ 及 $\vec{b} = (x_2, y_2, z_2)$,则有

$$\vec{a} \pm \vec{b} = (x_1 \pm x_2, y_1 \pm y_2, z_1 \pm z_2).$$

事实上,由已知条件,我们有 $\vec{a} = x_1\vec{i} + y_1\vec{j} + z_1\vec{k}, \vec{b} = x_2\vec{i} + y_2\vec{j} + z_2\vec{k}$,利用向量的运算规律,有

$$\vec{a} \pm \vec{b} = (x_1 \pm x_2)\vec{i} + (y_1 \pm y_2)\vec{j} + (z_1 \pm z_2)\vec{k}.$$

因此

$$\vec{a} \pm \vec{b} = (x_1 \pm x_2, y_1 \pm y_2, z_1 \pm z_2).$$

若 λ 为实数,则 $\lambda\vec{a} = \lambda(x_1, y_1, z_1) = (\lambda x_1, \lambda y_1, \lambda z_1).$

当向量 $\vec{a} \neq \vec{0}$ 时,如果向量 $\vec{b} // \vec{a}$,则相当于 $\vec{b} = \lambda\vec{a}$,其坐标表示式为

$$(x_2, y_2, z_2) = (\lambda x_1, \lambda y_1, \lambda z_1),$$

从而

$$\frac{x_1}{x_2} = \frac{y_1}{y_2} = \frac{z_1}{z_2},$$

即两向量的坐标对应成比例. 当 x_1, y_1, z_1 中有一个为零时,如 $x_1 = 0, y_1 \neq 0, z_1 \neq 0$,这时可以理解为 $x_2 = 0, \dfrac{y_1}{y_2} = \dfrac{z_1}{z_2}$,也就是说如果分子为零,则对应的分母也为零.

例2 已知两点 $M_1(x_1, y_1, z_1), M_2(x_2, y_2, z_2)$,求向量 $\overrightarrow{M_1M_2}$ 的坐标表示式.

解 作向量 $\overrightarrow{OM_1}, \overrightarrow{OM_2}, \overrightarrow{M_1M_2}$(见图8-10),则

$$\begin{aligned}
\overrightarrow{M_1M_2} &= \overrightarrow{OM_2} - \overrightarrow{OM_1} \\
&= (x_2\vec{i} + y_2\vec{j} + z_2\vec{k}) - (x_1\vec{i} + y_1\vec{j} + z_1\vec{k}) \\
&= (x_2 - x_1)\vec{i} + (y_2 - y_1)\vec{j} + (z_2 - z_1)\vec{k} \\
&= (x_2 - x_1, y_2 - y_1, z_2 - z_1).
\end{aligned}$$

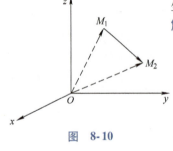

图 8-10

上例表明一个向量的坐标就是它终点的坐标减去起点的坐标.

进而, $|\overrightarrow{M_1M_2}| = \sqrt{(x_2 - x_1)^2 + (y_2 - y_1)^2 + (z_2 - z_1)^2}$,

这与两点间的距离公式是一致的.

例3 设两点 $A(x_1, y_1, z_1), B(x_2, y_2, z_2)$ 及实数 $\lambda \neq -1$,点 C 把有向线段 $\overrightarrow{AB}$ 分成两个有向线段 $\overrightarrow{AC}$ 和 $\overrightarrow{CB}$,使 $\overrightarrow{AC} = \lambda \overrightarrow{CB}$,求定比分点 C 的坐标.

解 设点 C 的坐标为 (x, y, z),如图8-11所示.

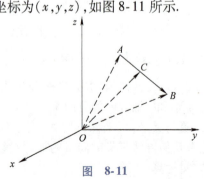

图 8-11

由于
$$\overrightarrow{AC} = \overrightarrow{OC} - \overrightarrow{OA}, \quad \overrightarrow{CB} = \overrightarrow{OB} - \overrightarrow{OC},$$
则
$$\overrightarrow{OC} - \overrightarrow{OA} = \lambda(\overrightarrow{OB} - \overrightarrow{OC}).$$
因此
$$\overrightarrow{OC} = \frac{1}{1+\lambda}(\overrightarrow{OA} + \lambda\,\overrightarrow{OB}) = \frac{1}{1+\lambda}(x_1 + \lambda x_2, y_1 + \lambda y_2, z_1 + \lambda z_2),$$
即,点 C 的坐标为
$$x = \frac{x_1 + \lambda x_2}{1+\lambda}, y = \frac{y_1 + \lambda y_2}{1+\lambda}, z = \frac{z_1 + \lambda z_2}{1+\lambda}.$$
特别地,当 $\lambda = 1$ 时,可得中点坐标公式为
$$\left(\frac{x_1 + x_2}{2}, \frac{y_1 + y_2}{2}, \frac{z_1 + z_2}{2}\right).$$

四、 向量的数量积

首先给出**两个向量的夹角**的规定:

若两个向量 $\vec{a}$ 与 $\vec{b}$ 都是非零向量,将其中一个作平移,使它们有共同的起点 O,记 $\overrightarrow{OA} = \vec{a}, \overrightarrow{OB} = \vec{b}$(见图 8-12),则称不超过 π 的 $\angle AOB$ 为 $\vec{a}$ 与 $\vec{b}$ 的夹角,记作 $(\widehat{\vec{a}, \vec{b}})$. 特别地,若 $(\widehat{\vec{a}, \vec{b}}) = \frac{\pi}{2}$,则称 $\vec{a}$ 与 $\vec{b}$ 垂直;若 $(\widehat{\vec{a}, \vec{b}}) = 0$,则称 $\vec{a}$ 与 $\vec{b}$ 平行.

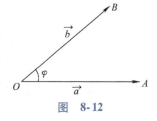

图 8-12

若 $\vec{a}$ 与 $\vec{b}$ 中有一个是零向量,规定其夹角可以为 0 与 π 之间的任意一个数.

现在给出两个向量的**数量积**的定义.

定义 2 设有两个向量 $\vec{a}$ 与 $\vec{b}$,它们的夹角为 $(\widehat{\vec{a}, \vec{b}})$,称
$$|\vec{a}||\vec{b}|\cos(\widehat{\vec{a}, \vec{b}})$$
为向量 $\vec{a}$ 与 $\vec{b}$ 的数量积,也称为向量 $\vec{a}$ 与 $\vec{b}$ 的**内积或点积**,记作向量 $\vec{a} \cdot \vec{b}$,即
$$\vec{a} \cdot \vec{b} = |\vec{a}||\vec{b}|\cos(\widehat{\vec{a}, \vec{b}}).$$

若 $\vec{a}$ 与 $\vec{b}$ 中有一个为零向量,则定义其数量积为零.

数量积符合如下运算规律:

(1)交换律:$\vec{a} \cdot \vec{b} = \vec{b} \cdot \vec{a}$;

(2)结合律:$(\lambda\vec{a}) \cdot \vec{b} = \lambda(\vec{a} \cdot \vec{b})$;

(3)分配律:$(\vec{a} + \vec{b}) \cdot \vec{c} = \vec{a} \cdot \vec{c} + \vec{b} \cdot \vec{c}$.

规定 零向量与任何向量都垂直. 容易证明如下结论:

定理 2 $\vec{a}$ 与 $\vec{b}$ 垂直的充分必要条件是 $\vec{a} \cdot \vec{b} = 0$.

证 若 $\vec{a}$ 与 $\vec{b}$ 有一个为零向量,结论显然,下面讨论 $\vec{a}$ 与 $\vec{b}$ 均不为

零向量的情形. 因为向量 $\vec{i}, \vec{j}$ 和 $\vec{k}$ 为相互垂直的单位向量,所以

$$\vec{i} \cdot \vec{i} = \vec{j} \cdot \vec{j} = \vec{k} \cdot \vec{k} = 1, \vec{i} \cdot \vec{j} = \vec{k} \cdot \vec{j} = \vec{k} \cdot \vec{i} = 0.$$

如果 $\vec{a} = x_1\vec{i} + y_1\vec{j} + z_1\vec{k}, \vec{b} = x_2\vec{i} + y_2\vec{j} + z_2\vec{k}$,那么

$$\begin{aligned}
\vec{a} \cdot \vec{b} &= (x_1\vec{i} + y_1\vec{j} + z_1\vec{k}) \cdot (x_2\vec{i} + y_2\vec{j} + z_2\vec{k}) \\
&= x_1x_2 + y_1y_2 + z_1z_2,
\end{aligned}$$

$$\vec{a} \cdot \vec{a} = x_1^2 + y_1^2 + z_1^2.$$

另外利用两个向量的数量积的定义,又有 $\vec{a} \cdot \vec{a} = |\vec{a}| \cdot |\vec{a}| \cos(\widehat{\vec{a}, \vec{a}}) = |\vec{a}|^2$,因此我们利用向量的坐标计算**向量 $\vec{a}$ 的模**为

$$|\vec{a}| = \sqrt{x_1^2 + y_1^2 + z_1^2}.$$

同理,**向量 $\vec{b}$ 的模**为

$$|\vec{b}| = \sqrt{x_2^2 + y_2^2 + z_2^2}.$$

由两个向量的数量积的定义:$\vec{a} \cdot \vec{b} = |\vec{a}| \cdot |\vec{b}| \cos(\widehat{\vec{a}, \vec{b}})$,利用上面得到的结果,可得这**两个向量之间的夹角的余弦**为

$$\cos(\widehat{\vec{a}, \vec{b}}) = \frac{\vec{a} \cdot \vec{b}}{|\vec{a}| \cdot |\vec{b}|} = \frac{x_1x_2 + y_1y_2 + z_1z_2}{\sqrt{x_1^2 + y_1^2 + z_1^2}\sqrt{x_2^2 + y_2^2 + z_2^2}}.$$

因此,

$$\vec{a} \text{ 与 } \vec{b} \text{ 垂直} \Leftrightarrow x_1x_2 + y_1y_2 + z_1z_2 = 0.$$

例4 已知向量 $\vec{a} \perp \vec{b}$,且 $|\vec{a}| = |\vec{b}| = 1$,设向量 $\vec{c} = 2\vec{a} + \vec{b}, \vec{d} = 3\vec{a} - \vec{b}$,求向量 $\vec{c}$ 与 $\vec{d}$ 的夹角.

解 由于 $\cos(\widehat{\vec{c}, \vec{d}}) = \dfrac{\vec{c} \cdot \vec{d}}{|\vec{c}| \cdot |\vec{d}|}$,而

$$\begin{aligned}
\vec{c} \cdot \vec{d} &= (2\vec{a} + \vec{b})(3\vec{a} - \vec{b}) \\
&= 6\vec{a} \cdot \vec{a} + 3\vec{a} \cdot \vec{b} - 2\vec{a} \cdot \vec{b} - \vec{b} \cdot \vec{b} \\
&= 6|\vec{a}|^2 + \vec{a} \cdot \vec{b} - |\vec{b}|^2 \\
&= 6 + 0 - 1 = 5,
\end{aligned}$$

同理可得

$$\vec{c} \cdot \vec{c} = (2\vec{a} + \vec{b}) \cdot (2\vec{a} + \vec{b}) = 5,$$

$$\vec{d} \cdot \vec{d} = (3\vec{a} - \vec{b}) \cdot (3\vec{a} - \vec{b}) = 10,$$

所以

$$|\vec{c}| = \sqrt{5}, \quad |\vec{d}| = \sqrt{10}.$$

于是

$$\cos(\widehat{\vec{c}, \vec{d}}) = \frac{5}{\sqrt{5} \cdot \sqrt{10}} = \frac{\sqrt{2}}{2},$$

所以

$$(\widehat{\vec{c}, \vec{d}}) = \frac{\pi}{4}.$$

例5 试用向量证明三角形的余弦定理.

证明 在 $\triangle ABC$ 中,设 $\angle ACB = \theta$(见图 8-13), $|BC| = a$, $|CA| = b$, $|AB| = c$,要证明的结论是

$$c^2 = a^2 + b^2 - 2ab\cos\theta.$$

这里,我们设 $\overrightarrow{CB} = \vec{a}, \overrightarrow{CA} = \vec{b}, \overrightarrow{AB} = \vec{c}$,则

$$\vec{c} = \vec{a} - \vec{b},$$

从而,

$$|\vec{c}|^2 = \vec{c} \cdot \vec{c} = (\vec{a} - \vec{b}) \cdot (\vec{a} - \vec{b}) = \vec{a} \cdot \vec{a} + \vec{b} \cdot \vec{b} - 2\vec{a} \cdot \vec{b}$$

$$= |\vec{a}|^2 + |\vec{b}|^2 - 2|\vec{a}||\vec{b}|\cos(\widehat{\vec{a}, \vec{b}}).$$

而 $|\vec{a}| = a, |\vec{b}| = b, |\vec{c}| = c, (\widehat{\vec{a}, \vec{b}}) = \theta$,因此,

$$c^2 = a^2 + b^2 - 2ab\cos\theta.$$

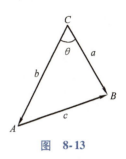

图 8-13

五、向量的向量积

定义3 两个不共线的向量 $\vec{a}$ 与 $\vec{b}$ 的**向量积** $\vec{c} = \vec{a} \times \vec{b}$,其大小和方向规定如下:

(1) $\vec{c}$ 的大小: $|\vec{c}| = |\vec{a}||\vec{b}|\sin(\widehat{\vec{a}, \vec{b}})$;

(2) $\vec{c}$ 的方向:垂直于 $\vec{a}$ 与 $\vec{b}$ 所确定的平面,并与 $\vec{a}$、$\vec{b}$ 遵守右手系法则——右手的四指从 $\vec{a}$ 以不超过 π 的角转向 $\vec{b}$ 时,大拇指的指向就是 $\vec{c}$ 的方向(见图 8-14).

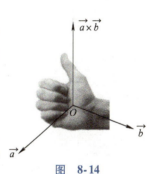

图 8-14

显然,当 $\vec{a}$ 与 $\vec{b}$ 共线时, $\vec{a} \times \vec{b} = \vec{0}$. 因为当 $\vec{a}$ 与 $\vec{b}$ 共线时,二者的夹角或者为零,或者为 π,这时都有 $\sin(\widehat{\vec{a}, \vec{b}}) = 0$,此时 $\vec{a} \times \vec{b} = \vec{0}$.

由向量积的定义容易证得如下结论:

$$\vec{a} \text{ 与 } \vec{b} \text{ 共线} \Leftrightarrow \vec{a} \times \vec{b} = \vec{0}.$$

由定义3及平行四边形的面积公式,两个向量 $\vec{a}$ 与 $\vec{b}$ 的向量积的模,等于以 $\vec{a}, \vec{b}$ 为邻边的平行四边形的面积,或说以 $\vec{a}, \vec{b}$ 为两边的三角形面积的 2 倍.

根据定义,两个向量的向量积满足以下规律:

(1) $\vec{a} \times \vec{b} = -\vec{b} \times \vec{a}$;

(2) $\lambda(\vec{a} \times \vec{b}) = (\lambda\vec{a}) \times \vec{b} = \vec{a} \times (\lambda\vec{b})$;

(3) $(\vec{a} + \vec{b}) \times \vec{c} = \vec{a} \times \vec{c} + \vec{b} \times \vec{c}$.

由两个向量的向量积的定义,我们有

$$\vec{i} \times \vec{i} = \vec{j} \times \vec{j} = \vec{k} \times \vec{k} = \vec{0}, \vec{i} \times \vec{j} = \vec{k}, \vec{j} \times \vec{k} = \vec{i}, \vec{k} \times \vec{i} = \vec{j},$$

$$\vec{j} \times \vec{i} = -\vec{k}, \vec{k} \times \vec{j} = -\vec{i}, \vec{i} \times \vec{k} = -\vec{j}.$$

设有向量 $\vec{a} = (x_1, y_1, z_1)$ 及 $\vec{b} = (x_2, y_2, z_2)$. 因此,利用两个向

量的向量积的运算规律,我们有

$$\vec{a} \times \vec{b} = (x_1\vec{i} + y_1\vec{j} + z_1\vec{k}) \times (x_2\vec{i} + y_2\vec{j} + z_2\vec{k})$$

$$= x_1\vec{i} \times (x_2\vec{i} + y_2\vec{j} + z_2\vec{k}) + y_1\vec{j}(x_2\vec{i} + y_2\vec{j} + z_2\vec{k}) + z_1\vec{k}(x_2\vec{i} + y_2\vec{j} + z_2\vec{k})$$

$$= x_1\vec{i} \times x_2\vec{i} + x_1\vec{i} \times y_2\vec{j} + x_1\vec{i} \times z_2\vec{k} + y_1\vec{j} \times x_2\vec{i} + y_1\vec{j} \times y_2\vec{j} + y_1\vec{j} \times z_2\vec{k} + $$

$$z_1 x_2 (\vec{k} \times \vec{i}) + z_1 y_2 (\vec{k} \times \vec{j}) + z_1 z_2 (\vec{k} \times \vec{k})$$

$$= (y_1 z_2 - y_2 z_1)\vec{i} + (x_2 z_1 - x_1 z_2)\vec{j} + (x_1 y_2 - x_2 y_1)\vec{k}$$

$$= (y_1 z_2 - y_2 z_1, x_2 z_1 - x_1 z_2, x_1 y_2 - x_2 y_1).$$

为便于记忆,我们把它写成如下三阶行列式的形式:

$$\vec{a} \times \vec{b} = \begin{vmatrix} \vec{i} & \vec{j} & \vec{k} \\ x_1 & y_1 & z_1 \\ x_2 & y_2 & z_2 \end{vmatrix}.$$

例 6 已知 $\triangle ABC$ 的顶点坐标分别为 $A(2,3,4)$,$B(4,5,6)$ 和 $C(3,5,8)$,求 $\triangle ABC$ 的面积.

解 向量 $\overrightarrow{AB} = (2,2,2)$,$\overrightarrow{AC} = (1,2,4)$,因此

$$\overrightarrow{AB} \times \overrightarrow{AC} = \begin{vmatrix} \vec{i} & \vec{j} & \vec{k} \\ 2 & 2 & 2 \\ 1 & 2 & 4 \end{vmatrix} = 4\vec{i} - 6\vec{j} + 2\vec{k},$$

所以 $\triangle ABC$ 的面积

$$S = \frac{1}{2}|\overrightarrow{AB} \times \overrightarrow{AC}| = \frac{1}{2}\sqrt{4^2 + (-6)^2 + 2^2} = \sqrt{14}.$$

六、 向量在坐标轴上的投影

设 u 轴为一数轴,O 为其坐标原点,其单位向量为 $\vec{e}$. 设有向量 $\overrightarrow{OM}$,过点 M 作 u 轴的垂线交 u 轴于点 M',若点 M' 在 u 轴上的坐标为 λ,我们称 λ 为向量 $\overrightarrow{OM}$ 在 u 轴上的**投影**. 记为

$$\lambda = \text{Prj}_u \overrightarrow{OM}.$$

若向量 $\overrightarrow{OM}$ 与 u 轴的夹角为 θ(见图 8-15),显然

$$\text{Prj}_u \overrightarrow{OM} = |\overrightarrow{OM}|\cos\theta = |\overrightarrow{OM'}|.$$

例 7 已知向量 $\vec{a} = (3, -2, 5)$,$\vec{b} = (1, -2, 2)$,求向量 $\vec{a}$ 在 $\vec{b}$ 上的投影 $\text{Prj}_{\vec{b}}\vec{a}$.

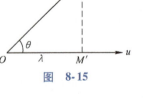

图 8-15

解 由 $\text{Prj}_{\vec{b}}\vec{a} = |\vec{a}|\cos(\widehat{\vec{a}, \vec{b}})$

可知 $|\vec{b}|\text{Prj}_{\vec{a}}\vec{b} = |\vec{b}||\vec{a}|\cos(\widehat{\vec{a}, \vec{b}}) = \vec{a} \cdot \vec{b}$,

所以

$$\text{Prj}_{\vec{a}}\vec{b} = \frac{\vec{a} \cdot \vec{b}}{|\vec{b}|} = \frac{3 + 4 + 10}{\sqrt{1 + 4 + 4}} = \frac{17}{3}.$$

七、　向量的方向角与方向余弦

一个非零向量与三个坐标轴正向的夹角,称为该向量的**方向角**.设有非零向量 $\vec{a} = x\vec{i} + y\vec{j} + z\vec{k}$.取三个坐标轴的单位向量 $\vec{i}, \vec{j}, \vec{k}$,则 $\vec{a}$ 分别与 $\vec{i}, \vec{j}, \vec{k}$ 的夹角即是 $\vec{a}$ 对三个坐标轴的方向角,依次记为 α, β, γ.

由两个向量的夹角公式,我们易求得

$$\cos\alpha = \frac{x}{|\vec{a}|} = \frac{x}{\sqrt{x^2 + y^2 + z^2}},$$

$$\cos\beta = \frac{y}{|\vec{a}|} = \frac{y}{\sqrt{x^2 + y^2 + z^2}},$$

$$\cos\gamma = \frac{z}{|\vec{a}|} = \frac{z}{\sqrt{x^2 + y^2 + z^2}}.$$

通常称 $\cos\alpha, \cos\beta, \cos\gamma$ 为向量 $\vec{a}$ 的**方向余弦**.易得

$$\cos^2\alpha + \cos^2\beta + \cos^2\gamma = 1.$$

因此,向量 $(\cos\alpha, \cos\beta, \cos\gamma)$ 是向量 $\vec{a}$ 的单位向量,即

$$\vec{a}^0 = (\cos\alpha, \cos\beta, \cos\gamma).$$

例 8　已知两点 $M_1(2, 2, \sqrt{2})$ 和 $M_2(1, 3, 0)$,计算向量 $\overrightarrow{M_1M_2}$ 的模、方向余弦、方向角及两向量 $\overrightarrow{OM_1}, \overrightarrow{OM_2}$ 的夹角.

解　由 $\overrightarrow{M_1M_2} = (1 - 2, 3 - 2, 0 - \sqrt{2}) = (-1, 1, -\sqrt{2})$,所以

$$|\overrightarrow{M_1M_2}| = \sqrt{(-1)^2 + 1^2 + (-\sqrt{2})^2} = \sqrt{4} = 2.$$

利用方向余弦的计算公式,得

$$\cos\alpha = -\frac{1}{2}, \cos\beta = \frac{1}{2}, \cos\gamma = -\frac{\sqrt{2}}{2},$$

因此

$$\alpha = \frac{2\pi}{3}, \beta = \frac{\pi}{3}, \gamma = \frac{3\pi}{4},$$

又因为向量 $\overrightarrow{OM_1}(2, 2, \sqrt{2}), \overrightarrow{OM_2}(1, 3, 0)$,因此它们夹角的余弦为

$$\cos\angle M_1OM_2 = \frac{2 \times 1 + 2 \times 3 + \sqrt{2} \times 0}{\sqrt{2^2 + 2^2 + (\sqrt{2})^2}\sqrt{1^2 + 3^2 + 0^2}} = \frac{8}{\sqrt{10} \cdot \sqrt{10}} = \frac{4}{5},$$

所以

$$\angle M_1OM_2 = \arccos\frac{4}{5}.$$

*八、　向量的混合积

设三个向量 $\vec{a}, \vec{b}$ 和 $\vec{c}$,先做两个向量 $\vec{a}$ 和 $\vec{b}$ 的向量积 $\vec{a} \times \vec{b}$,把所得向量再与第三个向量 $\vec{c}$ 做数量积 $(\vec{a} \times \vec{b}) \cdot \vec{c}$,这样得到的数量叫作三个向量 $\vec{a}, \vec{b}$ 和 $\vec{c}$ 的混合积,记作 $[\vec{a}\ \vec{b}\ \vec{c}]$.

下面我们推导三个向量的混合积的坐标表示式.

设向量 $\vec{a} = (x_1, y_1, z_1), \vec{b} = (x_2, y_2, z_2), \vec{c} = (x_3, y_3, z_3)$，因为

$$\vec{a} \times \vec{b} = \begin{vmatrix} \vec{i} & \vec{j} & \vec{k} \\ x_1 & y_1 & z_1 \\ x_2 & y_2 & z_2 \end{vmatrix} = \begin{vmatrix} y_1 & z_1 \\ y_2 & z_2 \end{vmatrix} \vec{i} - \begin{vmatrix} x_1 & z_1 \\ x_2 & z_2 \end{vmatrix} \vec{j} + \begin{vmatrix} x_1 & y_1 \\ x_2 & y_2 \end{vmatrix} \vec{k},$$

由向量的数量积的坐标式,得

$$(\vec{a} \times \vec{b}) \cdot \vec{c} = x_3 \begin{vmatrix} y_1 & z_1 \\ y_2 & z_2 \end{vmatrix} - y_3 \begin{vmatrix} x_1 & z_1 \\ x_2 & z_2 \end{vmatrix} + z_3 \begin{vmatrix} x_1 & y_1 \\ x_2 & y_2 \end{vmatrix},$$

即

$$(\vec{a} \times \vec{b}) \cdot \vec{c} = \begin{vmatrix} x_1 & y_1 & z_1 \\ x_2 & y_2 & z_2 \\ x_3 & y_3 & z_3 \end{vmatrix}.$$

利用上述结论和行列式的性质容易验证:

$$(\vec{a} \times \vec{b}) \cdot \vec{c} = (\vec{b} \times \vec{c}) \cdot \vec{a} = (\vec{c} \times \vec{a}) \cdot \vec{b}.$$

混合积 $(\vec{a} \times \vec{b}) \cdot \vec{c}$ 是一个数量,它的绝对值等于以 $\vec{a}, \vec{b}$ 和 $\vec{c}$ 为棱的平行六面体的体积,这也是三向量混合积的几何意义,如图 8-16 所示,以 $\vec{a}, \vec{b}$ 为邻边的平行四边形的面积为

$$S = |\vec{a} \times \vec{b}|,$$

而平行六面体在这底面上的高为

$$h = |\vec{c}||\cos\theta|,$$

于是,平行六面体的体积为

$$V = S \cdot h$$
$$= |\vec{a} \times \vec{b}||\vec{c}||\cos\theta| = |(\vec{a} \times \vec{b}) \cdot \vec{c}|.$$

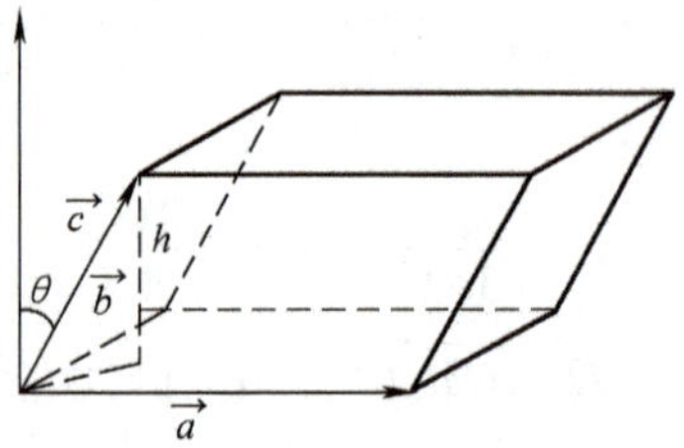

图　8-16

由上述混合积的几何意义,可以得到,三个向量 $\vec{a}, \vec{b}, \vec{c}$ 共面的充分必要条件是向量 $\vec{a}, \vec{b}, \vec{c}$ 的混合积为零,即

$$(\vec{a} \times \vec{b}) \cdot \vec{c} = 0.$$

例 9　证明:$A\left(1, 2, \dfrac{1}{2}\right), B(-2, 2, 2), C(0, 1, 2)$ 与 $D(2, 0, 2)$ 四点共面.

证明　只需证明向量 $\overrightarrow{AB} = \left(-3, 0, \dfrac{3}{2}\right), \overrightarrow{AC} = \left(-1, -1, \dfrac{3}{2}\right), \overrightarrow{AD} = \left(1, -2, \dfrac{3}{2}\right)$ 共面即可. 由于

$$(\overrightarrow{AB} \times \overrightarrow{AC}) \cdot \overrightarrow{AD} = \begin{vmatrix} -3 & 0 & \frac{3}{2} \\ -1 & -1 & \frac{3}{2} \\ 1 & -2 & \frac{3}{2} \end{vmatrix} = 0,$$

因此,A,B,C,D 四点共面.

习题 8-2(A)

1. 设向量 $\vec{u} = \vec{a} + 2\vec{b} - 3\vec{c}, \vec{v} = 3\vec{a} - \vec{b} + 2\vec{c}$,求 $2\vec{v} - \vec{u}$.

2. 已知点 C 是线段 AB 的中点,O 是线段 AB 外一点,若 $\overrightarrow{OA} = \vec{a}$, $\overrightarrow{OB} = \vec{b}$,求 $\overrightarrow{OC}$.

3. 设点 M,N 分别是四边形 $ABCD$ 两对角线 BD 与 AC 的中点,若 $\overrightarrow{AB} = \vec{a}$, $\overrightarrow{CD} = \vec{c}$,求 $\overrightarrow{MN}$.

4. 已知向量 $\vec{a} = (1,2,-3)$,求 $-2\vec{a}$ 以及与 $\vec{a}$ 平行的单位向量 $\vec{e}$.

5. 若 $|\vec{a}| = 2, |\vec{b}| = 1$,且向量 $\vec{a}$ 与 $\vec{b}$ 的夹角为 $\frac{\pi}{6}$,求:

    (1) $\vec{a} \cdot \vec{b}$; (2) $(2\vec{a}) \cdot (-3\vec{b})$; (3) $(\vec{a} + \vec{b}) \cdot (\vec{a} - 2\vec{b})$;

    (4) $|\vec{a} \times \vec{b}|$;(5) $|(2\vec{a}) \times (-3\vec{b})|$;(6) $|(\vec{a} + \vec{b}) \times (\vec{a} - 2\vec{b})|$.

6. 已知向量 $\vec{a} = (2,-2,1)$ 和 $\vec{b} = (1,2,3)$,求 $\vec{a} \cdot \vec{b}, \vec{a} \times \vec{b}$ 及 $\text{Prj}_{\vec{a}}\vec{b}$.

7. 设点 $M(1,2,3), N(2,1,3+\sqrt{2})$,求向量 $\overrightarrow{MN}$ 的方向角和方向余弦.

8. 一个向量的终点为 $B(2,-1,7)$ 且它在 x 轴、y 轴、z 轴上的投影依次为 $4,-4$ 和 7,求这个向量的起点 A 的坐标.

9. 若向量 $\vec{a} = (k,2,-1)$ 与向量 $\vec{b} = (k,-2,3k)$ 垂直,求 k 的值.

10. 求与向量 $\vec{a} = (2,2,1)$ 和 $\vec{b} = (4,5,3)$ 都垂直的单位向量.

11. 已知点 $M(1,1,1), A(2,2,1), B(2,1,2)$,求 $\angle AMB$.

12. 若向量 $\vec{a}$ 与 $\vec{b}$ 垂直且都是单位向量,求以 $\vec{u} = \vec{a} + \vec{b}, \vec{v} = \vec{a} - \vec{b}$ 为邻边的平行四边形的面积.

习题 8-2(B)

1. 证明:向量 $(\vec{b} \cdot \vec{c})\vec{a} - (\vec{a} \cdot \vec{c})\vec{b}$ 与向量 $\vec{c}$ 垂直.

2. 用向量的方法证明三角不等式 $|AC| < |BC| + |AB|$.

3. 已知向量 $\vec{a}, \vec{b}$ 满足 $|\vec{a}| = 5, |\vec{b}| = 6, |\vec{a} \times \vec{b}| = 15$,求 $\vec{a} \cdot \vec{b}$.

4. 已知向量 $\vec{a}, \vec{b}$ 满足 $\vec{a} \perp \vec{b}$,且 $|\vec{a}| = 3, |\vec{b}| = 4$,求 $|(\vec{a} + \vec{b}) \times (\vec{a} - \vec{b})|$.

5. 已知向量 $\vec{a}, \vec{b}, \vec{c}$ 两两垂直,且 $|\vec{a}| = 1, |\vec{b}| = 2, |\vec{c}| = 3$,设 $\vec{s} =$

$\vec{a} + \vec{b} + \vec{c}$,求$|\vec{s}|$以及$\vec{s}$与$\vec{a}$的夹角.

6. 两个非零向量$\vec{a}$和$\vec{b}$满足如下条件:向量$\vec{a} + 3\vec{b}$与$7\vec{a} - 5\vec{b}$垂直,并且向量$\vec{a} - 4\vec{b}$与$7\vec{a} - 2\vec{b}$垂直,求向量$\vec{a}$和$\vec{b}$的夹角.

第三节　平面及其方程

空间中的平面与直线是最基本的几何图形,用代数方法研究它们显得尤为重要. 在本节和下一节中,我们以向量为工具来讨论有关平面和直线的问题.

一、平面的方程

1. 平面的点法式方程

如果一个**非零**向量垂直于一个平面,那么就称这个向量为这个平面的**法向量**. 显然,平面中的任意一个向量都与该平面的法向量垂直.

设有非零向量$\vec{n} = (A, B, C)$为平面Π的法向量,再设平面Π过点$M_0(x_0, y_0, z_0)$,我们来求平面Π的方程.

为此在平面Π内任取一点$M(x, y, z)$,则向量$\overrightarrow{M_0M}$与$\vec{n}$垂直(见图 8-17),因此有

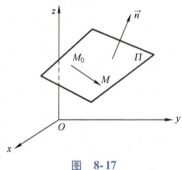

图 8-17

$$\vec{n} \cdot \overrightarrow{M_0M} = 0,$$

而$\overrightarrow{M_0M}$的坐标为$(x - x_0, y - y_0, z - z_0)$,故有

$$A(x - x_0) + B(y - y_0) + C(z - z_0) = 0. \tag{8.1}$$

反过来,空间中的任何一点$M(x, y, z)$如果满足这个方程,那么向量$\overrightarrow{M_0M}$过M_0并与$\vec{n}$垂直,因此点M一定在这个平面Π上.

由于平面Π中的任意一点的坐标都满足方程(8.1),并且坐标满足方程(8.1)的点都在平面Π上. 因此,方程(8.1)就是平面Π的方程. 我们称它为**平面的点法式方程**,其法向量为$\vec{n} = (A, B, C)$.

例1 已知一个平面以$\vec{n} = (1, 3, -2)$为其一个法向量,并且该平面过点$(1, 1, 1)$,求该平面的方程.

解 由平面的点法式方程,可得该平面的方程为

$$1 \cdot (x-1) + 3 \cdot (y-1) + (-2) \cdot (z-1) = 0,$$

化简得

$$x + 3y - 2z - 2 = 0.$$

2. 平面的一般方程

平面的点法式方程(8.1),可化为下面的形式:

$$Ax + By + Cz + D = 0.$$

同时,任意一个形式为 $Ax + By + Cz + D = 0$(其中 A, B, C 不全为零)的方程也很容易化为(8.1)的形式. 称三元一次方程

$$Ax + By + Cz + D = 0 \tag{8.2}$$

(其中 A, B, C 不全为零)为**平面的一般式方程**.

从平面的点法式方程化为平面的一般式方程的过程中我们看到,平面 $Ax + By + Cz + D = 0$ 以其 x, y, z 的系数构成的向量 (A, B, C) 为一个法向量. 因此,给定平面的一般式方程后,我们就可以直接得到它的一个法向量.

例如,平面 $3x - 5y - 2z + 12 = 0$ 以向量 $(3, -5, -2)$ 为其一个法向量.

例 2　求过点 $A(1, 1, 1)$,$B(2, 0, 1)$,$C(-1, -1, 0)$ 的平面方程.

解　设平面的方程为 $Ax + By + Cz + D = 0$,由于三个点在平面上,可知这三个点的坐标必都满足方程 $Ax + By + Cz + D = 0$,因此,

$$\begin{cases} A + B + C + D = 0, \\ 2A + \quad C + D = 0, \\ -A - B \quad\quad + D = 0. \end{cases}$$

解得

$$A = \frac{D}{2}, B = \frac{D}{2}, C = -2D,$$

将它们代入 $Ax + By + Cz + D = 0$ 之中,化简得

$$x + y - 4z + 2 = 0.$$

这就是所求的平面方程.

例 3　设空间坐标系 $Oxyz$ 内一平面与三个坐标轴都相交,其交点坐标分别为 $R(a, 0, 0)$,$Q(0, b, 0)$,$P(0, 0, c)$(见图 8-18),求满足条件的平面方程.

解　设平面方程为 $Ax + By + Cz + D = 0$.

将 P, Q, R 三个点的坐标代入方程,得

$$\begin{cases} Aa + D = 0, \\ Bb + D = 0, \\ Cc + D = 0, \end{cases}$$

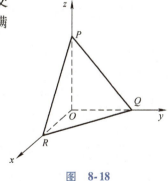

图　8-18

解得　$A = -\dfrac{D}{a}, B = -\dfrac{D}{b}, C = -\dfrac{D}{c}$. 将其代入平面方程,并整理得

$$\frac{x}{a} + \frac{y}{b} + \frac{z}{c} = 1,$$

该方程被称为平面的**截距式方程**,其中 a,b,c 称为平面在 x 轴、y 轴和 z 轴上的截距.

下面介绍一些具有特殊形式的平面方程:

当 $D=0$ 时,式(8.2)变为 $Ax + By + Cz = 0$,$(0,0,0)$ 满足方程,因此该平面过原点.

当 $A=0$ 时,式(8.2)变为 $By + Cz + D = 0$,平面以 $(0,B,C)$ 为一个法向量,由于向量 $(0,B,C)$ 在 x 轴上的投影为 0(见图 8-19),因此,其法向量垂直于 x 轴,由此知该平面平行于 x 轴.类似的有 B 或者 C 为零时的情况.

当 $A=0,B=0$ 时,方程变为 $Cz + D = 0$,该平面既平行于 x 轴,也平行于 y 轴,因此,它平行于 xOy 平面.由于这时 $C \neq 0$,因此该方程可以写成 $z = -\dfrac{D}{C}$ 的形式.

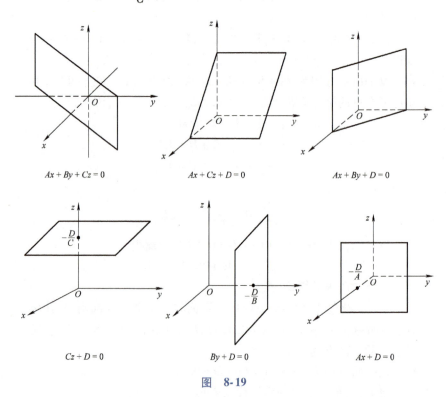

$$Ax + By + Cz = 0 \qquad Ax + Cz + D = 0 \qquad Ax + By + D = 0$$

$$Cz + D = 0 \qquad By + D = 0 \qquad Ax + D = 0$$

图 8-19

同样有,平面 $Ax + D = 0$,$By + D = 0$ 分别平行于 yOz 平面,xOz 平面.特别地,$z=0$,$x=0$,$y=0$ 分别是坐标平面 xOy,yOz 和 xOz 的方程.

例 4　求过 z 轴及点 $(2,1,3)$ 的平面方程.

解　因为平面过 z 轴,由此知平面必过原点,故有 $D=0$.又 z 轴在该平面内,因此该平面的法向量必垂直于 z 轴,故 $C=0$.因此该平面

的方程必具有

$$Ax + By = 0$$

的形式. 又该平面过点 $(2,1,3)$, 将 $x = 2, y = 1$ 代入方程 $Ax + By = 0$ 得

$$2A + B = 0,$$

也就是 $B = -2A$, 代入方程 $Ax + By = 0$ 之中, 得所求平面的方程

$$x - 2y = 0.$$

二、 两平面的夹角

像在"立体几何"中研究两平面所形成的二面角那样, 研究两平面的夹角是有其实际意义的. 规定两平面的法向量之间的夹角 (通常指 $[0, \frac{\pi}{2}]$ 内的角) 为**两平面的夹角**.

设平面 Π_1 和 Π_2 的法向量分别为 $\vec{n}_1 = (A_1, B_1, C_1)$ 和 $\vec{n}_2 = (A_2, B_2, C_2)$, 那么依据上述规定, 平面 Π_1 和 Π_2 的夹角 θ 应是 $(\widehat{\vec{n}_1, \vec{n}_2})$ 或 $\pi - (\widehat{\vec{n}_1, \vec{n}_2})$ 中之不超过 $\frac{\pi}{2}$ 的角 (见图 8-20). 因此不论哪种情况, 总有

$$\cos\theta = |\cos(\widehat{\vec{n}_1, \vec{n}_2})|.$$

由两个向量夹角余弦的计算公式, 我们有

$$\cos\theta = \frac{|A_1A_2 + B_1B_2 + C_1C_2|}{\sqrt{A_1^2 + B_1^2 + C_1^2} \cdot \sqrt{A_2^2 + B_2^2 + C_2^2}}. \tag{8.3}$$

由于两平面之间垂直或平行等价于其法向量垂直或平行, 因此

$$\Pi_1 \text{ 和 } \Pi_2 \text{ 垂直} \Leftrightarrow \vec{n}_1 \perp \vec{n}_2 \Leftrightarrow A_1A_2 + B_1B_2 + C_1C_2 = 0;$$

$$\Pi_1 \text{ 和 } \Pi_2 \text{ 平行} \Leftrightarrow \vec{n}_1 // \vec{n}_2 \Leftrightarrow \frac{A_1}{A_2} = \frac{B_1}{B_2} = \frac{C_1}{C_2}.$$

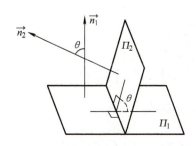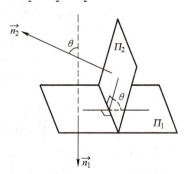

图 8-20

例 5 求平面 $2x - 2y + z + 5 = 0$ 与各坐标平面的夹角的余弦.

解 xOy 平面的法向量可以取作 $\vec{k} = (0, 0, 1)$, 取平面 $2x - 2y + z +$

$5 = 0$ 的法向量为 $\vec{n} = (2, -2, 1)$，因此平面 $2x - 2y + z + 5 = 0$ 与坐标平面 xOy 的夹角 γ 的余弦为：

$$\cos\gamma = \frac{|\vec{n} \cdot \vec{k}|}{|\vec{n}||\vec{k}|} = \frac{|2 \times 0 - 2 \times 0 + 1 \times 1|}{\sqrt{2^2 + (-2)^2 + 1^2} \cdot \sqrt{0^2 + 0^2 + 1^2}} = \frac{1}{3},$$

类似地，可以求得该平面与另外两个坐标平面夹角的余弦都是 $\frac{2}{3}$.

例6 一个平面过点 $(1, 2, -3)$ 且平行于向量 $\vec{n_1} = (2, 1, 1)$ 和 $\vec{n_2} = (1, -1, 0)$，试求该平面的方程.

解 显然，该平面的法向量 $\vec{n}$ 与向量 $\vec{n_1}$ 和 $\vec{n_2}$ 都垂直，由向量积的运算我们可以得到所求平面的法向量为 $\vec{n} = \vec{n_1} \times \vec{n_2}$，于是

$$\vec{n} = \begin{vmatrix} \vec{i} & \vec{j} & \vec{k} \\ 2 & 1 & 1 \\ 1 & -1 & 0 \end{vmatrix} = \vec{i} + \vec{j} - 3\vec{k}.$$

该平面又过点 $(1, 2, -3)$，因此，由平面的点法式方程得，该平面的方程为

$$1 \cdot (x - 1) + 1 \cdot (y - 2) + (-3) \cdot (z - (-3)) = 0,$$

即

$$x + y - 3z - 12 = 0.$$

例7 求平面 $\Pi: Ax + By + Cz + D = 0$ 外一点 $P_0(x_0, y_0, z_0)$ 到平面 Π 的距离.

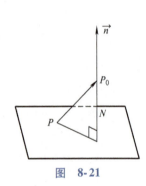

图 8-21

解 首先过点 $P_0(x_0, y_0, z_0)$ 作平面 Π 的一条法向量 $\vec{n}$，在平面 Π 内任取一点 $P(x, y, z)$，由图 8-21 可以看出，所求距离 $d = |\overrightarrow{PP_0}||\cos(\widehat{\vec{n}, \overrightarrow{PP_0}})|$，取 $\vec{n} = (A, B, C)$，由于

$$\overrightarrow{PP_0} = (x_0 - x, y_0 - y, z_0 - z)$$

因此有

$$\begin{aligned} d &= |\overrightarrow{PP_0}||\cos(\widehat{\vec{n}, \overrightarrow{PP_0}})| \\ &= \sqrt{(x_0 - x)^2 + (y_0 - y)^2 + (z_0 - z)^2} \cdot \\ &\quad \frac{|A(x_0 - x) + B(y_0 - y) + C(z_0 - z)|}{\sqrt{(x_0 - x)^2 + (y_0 - y)^2 + (z_0 - z)^2}\sqrt{A^2 + B^2 + C^2}} \\ &= \frac{|A(x_0 - x) + B(y_0 - y) + C(z_0 - z)|}{\sqrt{A^2 + B^2 + C^2}}, \end{aligned}$$

由于点 $P(x, y, z)$ 在该平面内，满足方程 $Ax + By + Cz + D = 0$，将 $Ax + By + Cz = -D$ 代入，得

$$d = \frac{|Ax_0 + By_0 + Cz_0 + D|}{\sqrt{A^2 + B^2 + C^2}}.$$

这就是空间中的**点到平面的距离公式**.

例8 求点 $M(1, 2, 1)$ 到平面 $x + 2y + 2z - 10 = 0$ 的距离.

解 由点到平面的距离公式,可得

$$d = \frac{|Ax_0 + By_0 + Cz_0 + D|}{\sqrt{A^2 + B^2 + C^2}}$$

$$= \frac{|1 \cdot 1 + 2 \cdot 2 + 2 \cdot 1 - 10|}{\sqrt{1^2 + 2^2 + 2^2}} = 1.$$

习题 8-3(A)

1. 分别求满足下列各条件的平面方程.
   (1) 过点 $M(3, -2, -4)$ 且垂直于 x 轴;
   (2) 过点 $M(2, 0, -1)$ 且平行于平面 $3x - 7y + 5z = 3$;
   (3) 过点 $M(2, 9, 6)$ 且与线段 OM 垂直,其中,O 为坐标原点;
   (4) 过三点 $A(2, -1, 4), B(-1, 3, -2), C(0, 2, 3)$;
   (5) 线段 AB 的垂直平分面,其中,$A(0, 3, 6), B(2, -1, 4)$;
   (6) 平行于平面 xOz 且过点 $M(2, -4, 3)$;
   (7) 过 y 轴和点 $M(1, -4, -1)$;
   (8) 过 x 轴且垂直于平面 $5x + 4y - 2z + 3 = 0$;
   (9) 过原点及点 $M(6, 3, 2)$ 且垂直于平面 $5x + 4y - 3z = 8$;
   (10) 过点 $M(2, 1, -1)$ 且在 x 轴和 y 轴上的截距分别为 2 和 1.

2. 指出下列各平面的特殊位置,并作平面的草图:
   (1) $z = 0$;   (2) $2x - 1 = 0$;
   (3) $x + y = 1$;   (4) $x - 2z = 0$;
   (5) $x + y + z = 0$;   (6) $\frac{x}{2} - \frac{y}{3} + \frac{z}{4} = 1$.

3. 求平面 $2x - y + z - 7 = 0$ 与平面 $x + y + 2z - 11 = 0$ 的夹角.

4. 一平面过点 $M(5, 4, 3)$ 且在各坐标轴上的截距相等,求该平面方程.

5. 一平面过点 $M(3, -1, -5)$,且与平面 $3x - 2y + 2z = -7$ 和 $5x - 4y + 3z = -1$ 都垂直,求该平面方程.

6. 求点 $M(4, 2, -3)$ 到平面 $x + 2y - z = 5$ 的距离.

习题 8-3(B)

1. 一平面过两点 $A(0, 4, -3)$ 和 $B(6, -4, 3)$,且在三个坐标轴上的截距之和为零,求该平面方程.

2. 一动点 $M(x, y, z)$ 与平面 $x + y = 1$ 的距离等于它到 z 轴的距离,求动点 M 的轨迹.

3. 设平面 π 位于平面 $\pi_1 : x - 2y + z - 2 = 0$ 与平面 $\pi_2 : x - 2y + z - 6 = 0$ 之间,且将此两平面的距离分为 1:3,求平面 π 的方程.

4. 一平面与平面 $6x + 3y + 2z + 12 = 0$ 平行,若点 $M(0, 2, -1)$ 到两

平面间的距离相等,求该平面方程.

5. 求过 x 轴且与点 $M(2,0,5)$ 的距离为 $\sqrt{5}$ 的平面方程.

6. 求平行于平面 $2x + y + 2z + 5 = 0$ 且与三个坐标平面所构成的四面体的体积为 1 个单位的平面方程.

第四节 空间直线及其方程

在平面解析几何中,我们知道直线的方程是二元一次方程. 但通过上节我们看到,在空间中,三元一次方程(特殊情况为二元一次或一元一次方程)表示平面,因此我们不能把平面中的直线方程直接推广为空间中的直线方程. 事实上,我们知道,两平面的交线是一条直线,因此可以得到空间直线的一般式方程.

一、 空间直线的一般式方程

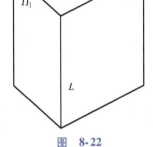

图 8-22

我们知道,若平面 $\Pi_1: A_1 x + B_1 y + C_1 z + D_1 = 0$ 和 $\Pi_2: A_2 x + B_2 y + C_2 z + D_2 = 0$ 相交,其交线为直线,设为 L. 那么 L 上的点必然同时满足 Π_1 和 Π_2 的方程;另外坐标同时满足 Π_1 和 Π_2 的方程的点也必然在其交线 L 上(见图 8-22). 因此交线 L 的方程为

$$\begin{cases} A_1 x + B_1 y + C_1 z + D_1 = 0, \\ A_2 x + B_2 y + C_2 z + D_2 = 0. \end{cases} \tag{8.4}$$

称方程组(8.4)为空间直线的**一般式方程**.

二、 空间直线的点向式方程和参数方程

我们知道,如果直线 L 过点 $P_0(x_0, y_0, z_0)$ 并且平行于一个已知的向量 $\vec{s} = (m, n, p)$,那么直线 L 是确定的,下面给出它的方程.

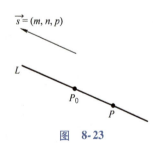

图 8-23

如果在 L 上任取一点 $P(x, y, z)$ $(P \neq P_0)$,P_0 和 P 确定一个向量 $\overrightarrow{P_0 P}$,其坐标为 $(x - x_0, y - y_0, z - z_0)$. 那么 $\vec{s} = (m, n, p)$ 与 $\overrightarrow{P_0 P}$ 是相互平行的(见图 8-23). 于是有

$$\frac{x - x_0}{m} = \frac{y - y_0}{n} = \frac{z - z_0}{p}. \tag{8.5}$$

另外,如果另有点 $M(x, y, z)$ 不在直线 L 上,那么 $\overrightarrow{P_0 M}$ 与 $\vec{s} = (m, n, p)$ 就一定不平行,因此点 M 的坐标就不满足式(8.5).

因此,式(8.5)就是直线 L 的方程,称为直线的**点向式方程**,也称为直线的**对称式方程**. 向量 $\vec{s} = (m, n, p)$ 称为 L 的方向向量,通常也称 m, n, p 为 L 的一组方向数. 向量 $\vec{s}$ 的方向余弦称为该直线的方向余弦.

注 在 $\frac{x - x_0}{m} = \frac{y - y_0}{n} = \frac{z - z_0}{p}$ 中,当 m, n, p 中有一个为零时,如 $m = 0, n, p \neq 0$ 时,该方程组应理解为

$$\begin{cases} x - x_0 = 0, \\ \dfrac{y - y_0}{n} = \dfrac{z - z_0}{p}. \end{cases}$$

当 m, n, p 中两个为零,如 $m = n = 0$,而 $p \neq 0$ 时,方程组应理解为

$$\begin{cases} x - x_0 = 0, \\ y - y_0 = 0. \end{cases}$$

在直线的点向式方程中,如果设

$$\frac{x - x_0}{m} = \frac{y - y_0}{n} = \frac{z - z_0}{p} = t,$$

那么,有

$$\begin{cases} x = x_0 + mt, \\ y = y_0 + nt, \\ z = z_0 + pt. \end{cases} \tag{8.6}$$

式(8.6)称为直线的**参数方程**.

例 1 用点向式方程及参数方程表示直线

$$\begin{cases} x + 2y + z - 2 = 0, \\ 2x - y + 3z + 9 = 0. \end{cases}$$

解 首先在直线上任取一点. 为此任取 x 的一个值,比如令 $x = 1$,这时原方程组变为

$$\begin{cases} 2y + z = 1, \\ -y + 3z = -11. \end{cases}$$

解这个方程组,得 $y = 2, z = -3$,所以该直线通过点 $(1, 2, -3)$.

由于该直线的方向向量 $\vec{s}$ 与 $\vec{n}_1 = (1, 2, 1)$ 和 $\vec{n}_2 = (2, -1, 3)$ 都垂直的,因此

$$\vec{s} = \vec{n}_1 \times \vec{n}_2 = \begin{vmatrix} \vec{i} & \vec{j} & \vec{k} \\ 1 & 2 & 1 \\ 2 & -1 & 3 \end{vmatrix} = 7\vec{i} - \vec{j} - 5\vec{k}.$$

于是,该直线的点向式方程为

$$\frac{x - 1}{7} = \frac{y - 2}{-1} = \frac{z + 3}{-5}.$$

令 $\dfrac{x - 1}{7} = \dfrac{y - 2}{-1} = \dfrac{z + 3}{-5} = t$,得该直线的参数方程为

$$\begin{cases} x = 7t + 1, \\ y = -t + 2, \\ z = -5t - 3. \end{cases}$$

例 2 求过点 $P(3, -1, 4)$ 且与平面 $\Pi : 2x + 5y - 4z + 7 = 0$ 垂直的直线的方程.

解 由于直线与平面垂直,且平面 Π 的法向量也垂直于该平面,因

23

此所求直线的方向向量就可以取作平面 Π 的法向量. 即

$$\vec{s} = \vec{n} = (2,5,-4),$$

因此直线的方程为

$$\frac{x-3}{2} = \frac{y+1}{5} = \frac{z-4}{-4}.$$

例 3 设有两个平面 $x - 4z = 3, 2x - y - 5z = 1$,

求:(1)与这两个平面的交线平行,且过点 $(1,3,2)$ 的直线方程;

(2)(1)中所求直线与平面 $x - 2y + 3z - 2 = 0$ 的交点.

解 (1)首先求出两个平面交线的方向向量 $\vec{s}$,设两个平面的法向量分别为

$$\vec{n}_1 = (1,0,-4), \vec{n}_2 = (2,-1,-5),$$

所以

$$\vec{s} = \vec{n}_1 \times \vec{n}_2 = \begin{vmatrix} \vec{i} & \vec{j} & \vec{k} \\ 1 & 0 & -4 \\ 2 & -1 & -5 \end{vmatrix} = -4\vec{i} - 3\vec{j} - \vec{k},$$

该直线过点 $(1,3,2)$,因此所求的直线的方程为:

$$\frac{x-1}{4} = \frac{y-3}{3} = \frac{z-2}{1}.$$

(2)将交线化为参数方程,得

$$\begin{cases} x = 4t+1, \\ y = 3t+3, \\ z = \ \ t+2. \end{cases}$$

将参数方程代入 $x - 2y + 3z - 2 = 0$ 中,得

$$(4t+1) - 2(3t+3) + 3(t+2) - 2 = 0,$$

解这个方程,得 $t = 1$,代入交线的参数方程可求得 $x = 5, y = 6, z = 3$,于是所求交点为 $(5,6,3)$.

三、 两直线的夹角

类似于两个平面之间的夹角,我们规定,两条直线的方向向量之间的不超过 $\frac{\pi}{2}$ 的夹角称为两条直线的夹角.

设直线 L_1 和 L_2 的方向向量分别为 $\vec{s}_1 = (m_1, n_1, p_1)$ 和 $\vec{s}_2 = (m_2, n_2, p_2)$,依照定义,$L_1$ 和 L_2 的夹角 θ 应是 $(\widehat{\vec{s}_1, \vec{s}_2})$ 和 $\pi - (\widehat{\vec{s}_1, \vec{s}_2})$ 中的一个(较小者),因此,有 $\cos\theta = |\cos(\widehat{\vec{s}_1, \vec{s}_2})|$. 利用两个向量的夹角的余弦公式,得

$$\cos\theta = \frac{|\vec{s}_1 \cdot \vec{s}_2|}{|\vec{s}_1||\vec{s}_2|} = \frac{|m_1 m_2 + n_1 n_2 + p_1 p_2|}{\sqrt{m_1^2 + n_1^2 + p_1^2} \cdot \sqrt{m_2^2 + n_2^2 + p_2^2}}. \quad (8.7)$$

两条直线之间垂直或平行等价于其方向向量垂直或平行,因此

容易得到如下结论：

$$L_1 \text{ 和 } L_2 \text{ 垂直} \Leftrightarrow \vec{s}_1 \perp \vec{s}_2 \Leftrightarrow m_1 m_2 + n_1 n_2 + p_1 p_2 = 0;$$

$$L_1 \text{ 和 } L_2 \text{ 平行} \Leftrightarrow \vec{s}_1 /\!/ \vec{s}_2 \Leftrightarrow \frac{m_1}{m_2} = \frac{n_1}{n_2} = \frac{p_1}{p_2}.$$

例 4　已知两条直线 $L_1: \dfrac{x+2}{2} = \dfrac{y-3}{1} = \dfrac{z-3}{-1}$ 和 $L_2: \dfrac{x-1}{1} = \dfrac{y+4}{-1} = \dfrac{z-6}{-2}$，求两条直线的夹角．

解　取 L_1 和 L_2 的方向向量分别为 $\vec{s}_1 = (2, 1, -1)$ 和 $\vec{s}_2 = (1, -1, -2)$，因此 L_1 和 L_2 之间夹角 θ 的余弦

$$\cos\theta = \frac{|2 \times 1 + 1 \times (-1) + (-1) \times (-2)|}{\sqrt{2^2 + 1^2 + (-1)^2} \cdot \sqrt{1^2 + (-1)^2 + (-2)^2}} = \frac{1}{2},$$

所以直线 L_1 和 L_2 的夹角为 $\theta = \dfrac{\pi}{3}$．

四、直线与平面的夹角

当直线与平面不垂直时，规定直线与它所在平面上的投影直线之间的夹角 $\varphi \left(0 \leqslant \varphi < \dfrac{\pi}{2}\right)$ 为直线与平面的夹角（见图 8-24），当直线与平面垂直时，规定它们之间的夹角为 $\dfrac{\pi}{2}$．

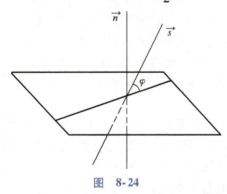

图 8-24

我们仍然要利用向量之间的夹角来计算直线与平面之间的夹角．

设直线 L 的方向向量为 $\vec{s} = (m, n, p)$，平面 Π 的法向量为 $\vec{n} = (A, B, C)$，那么 $\varphi = \left| \dfrac{\pi}{2} - (\widehat{\vec{s}, \vec{n}}) \right|$，因此 $\sin\varphi = |\cos(\widehat{\vec{s}, \vec{n}})|$．于是

$$\sin\varphi = \frac{|\vec{s} \cdot \vec{n}|}{|\vec{s}||\vec{n}|} = \frac{|mA + nB + pC|}{\sqrt{m^2 + n^2 + p^2} \cdot \sqrt{A^2 + B^2 + C^2}}. \tag{8.8}$$

由于直线与平面垂直等价于直线的方向向量与平面的法向量平行，直线与平面平行等价于直线的方向向量与平面的法向量垂直，因此

$$\text{直线 } L \text{ 与平面 } \Pi \text{ 垂直} \Leftrightarrow \vec{s} /\!/ \vec{n} \Leftrightarrow \frac{A}{m} = \frac{B}{n} = \frac{C}{p};$$

直线 L 与平面 Π 平行 $\Leftrightarrow \vec{s} \perp \vec{n} \Leftrightarrow Am + Bn + Cp = 0$.

例5 求直线 $L: \dfrac{x-2}{1} = \dfrac{y-1}{-4} = \dfrac{z+2}{1}$ 与平面 $\Pi: 2x - 2y - z + 9 = 0$ 之间的夹角.

解 设直线 L 与平面 Π 间的夹角为 φ, 直线 L 的方向向量 $\vec{s} = (1, -4, 1)$, 平面 Π 的法向量 $\vec{n} = (2, -2, -1)$ 那么

$$\sin\varphi = \frac{|1 \times 2 + (-4) \times (-2) + 1 \times (-1)|}{\sqrt{1^2 + (-4)^2 + 1^2} \cdot \sqrt{2^2 + (-2)^2 + (-1)^2}} = \frac{1}{\sqrt{2}},$$

所以, 直线 L 与平面 Π 间的夹角为 $\dfrac{\pi}{4}$.

五、 平面束方程

过一条直线可以有无数个平面, 我们称这样的一簇平面为过该直线的平面束.

设有直线 L 的一般式方程

$$\begin{cases} A_1 x + B_1 y + C_1 z + D_1 = 0, \\ A_2 x + B_2 y + C_2 z + D_2 = 0. \end{cases} \tag{8.9}$$

其中, 系数 A_1, B_1, C_1 与 A_2, B_2, C_2 不成比例, 因而这两个平面必然相交. 并且方程

$$A_1 x + B_1 y + C_1 z + D_1 + \lambda(A_2 x + B_2 y + C_2 z + D_2) = 0 \tag{8.10}$$

中的系数不全为零, 因此方程(8.10)为平面方程.

直线 L 上的点的坐标既然满足式(8.9)中的每一个方程, 那么就必然满足式(8.10). 这就是说, 对每一个确定的 λ, 式(8.10)为过直线 L 的平面方程, 并且对不同的 λ, 式(8.9)为不同的过直线 L 的平面.

另一方面, 除平面 $A_2 x + B_2 y + C_2 z + D_2 = 0$ 外, 所有过直线 L 的平面都包含在式(8.10)中. 为此我们称式(8.10)为过直线 L 的平面束方程(实际缺少一个平面 $A_2 x + B_2 y + C_2 z + D_2 = 0$, 因此式(8.10)并不包括过 L 的所有平面).

利用平面束方程, 我们可以比较方便地求解一些问题.

过直线 L 且与平面 Π 垂直的平面与平面 Π 的交线, 称为直线 L 在平面 Π 上的投影.

例6 求直线 $\begin{cases} x + y - z - 1 = 0, \\ x - y + z + 1 = 0 \end{cases}$ 在平面 $x + 2y - z + 5 = 0$ 上的投影直线的方程.

解 我们应首先找到过该直线且与已知平面垂直的平面. 它是过该直线的平面束中的一个平面.

过直线 $\begin{cases} x + y - z - 1 = 0, \\ x - y + z + 1 = 0 \end{cases}$ 的平面束的方程为

$$x + y - z - 1 + \lambda(x - y + z + 1) = 0,$$

也即
$$(1+\lambda)x + (1-\lambda)y + (-1+\lambda)z + (-1+\lambda) = 0.$$
　　由于要在平面束中找到与平面 $x + 2y - z + 5 = 0$ 垂直的平面，利用两平面垂直的条件，得
$$(1+\lambda)\cdot 1 + (1-\lambda)\cdot 2 + (-1+\lambda)\cdot(-1) = 0,$$
解这个方程，得 $\lambda = 2$，代入平面束方程
$$(1+\lambda)x + (1-\lambda)y + (-1+\lambda)z + (-1+\lambda) = 0 \text{ 中，得}$$
$$3x - y + z + 1 = 0,$$
所以投影直线的方程为
$$\begin{cases} x + 2y - z + 5 = 0, \\ 3x - y + z + 1 = 0. \end{cases}$$

习题 8-4(A)

1. 分别求满足下列条件的直线方程：

   (1) 过点 $M(1, 2, -1)$ 且与直线 $\dfrac{x+1}{2} = \dfrac{y-1}{-3} = \dfrac{z}{4}$ 平行；

   (2) 过原点且垂直于平面 $x + y + z - 3 = 0$；

   (3) 过两点 $A(3, -2, 1)$，$B(-1, 0, 2)$；

   (4) 过点 $M(0, 2, 4)$ 且与两平面 $x + 2z = 1$ 及 $y - 3z = 2$ 都平行；

   (5) 过点 $M(-1, 2, 1)$ 且与直线 $\begin{cases} x + y - 2z - 1 = 0, \\ x + 2y - z + 1 = 0 \end{cases}$ 平行.

2. 分别求满足下列条件的平面方程：

   (1) 过点 $M(2, 1, 1)$ 且垂直于直线 $\begin{cases} 2x + y - z = 0, \\ x + 2y - z + 1 = 0; \end{cases}$

   (2) 过点 $M(3, 1, -2)$ 及直线 $\dfrac{x-4}{5} = \dfrac{y+3}{2} = \dfrac{z}{1}$；

   (3) 过 z 轴，且平行于直线 $L: \begin{cases} x + y + z + 1 = 0, \\ 2x - y + 3z + 4 = 0; \end{cases}$

   (4) 过两平行直线 $\dfrac{x-1}{2} = \dfrac{y+1}{3} = \dfrac{z}{-1}$ 与 $\dfrac{x}{2} = \dfrac{y-2}{3} = \dfrac{z-1}{-1}$.

3. 用对称式方程及参数方程表示直线 $\begin{cases} x - y + z = -1, \\ 2x - y + 3z = -4. \end{cases}$

4. 求两直线 $L_1: \dfrac{x-1}{1} = \dfrac{y}{-4} = \dfrac{z+3}{1}$ 与 $L_2: \begin{cases} x + y + 2 = 0 \\ x + 2z = 0 \end{cases}$ 的夹角.

5. 求直线 $\begin{cases} x + y + 3z = 1, \\ x - y - z = 3 \end{cases}$ 与平面 $x - y + 2z = 0$ 的夹角 φ.

6. 试确定下列各组中的直线与平面的位置关系：

   (1) $\dfrac{x+3}{-2} = \dfrac{y+4}{-7} = \dfrac{z}{3}$ 和 $4x - 2y - 2z = 3$；

$(2)\dfrac{x}{3}=\dfrac{y}{-2}=\dfrac{z}{7}$和$3x-2y+7z=8$;

$(3)\dfrac{x-2}{3}=\dfrac{y+2}{1}=\dfrac{z-3}{-4}$和$x+y+z=3$;

$(4)\begin{cases}3x+y-z+1=0,\\2x-y-\quad2=0\end{cases}$和$x+2y+5z=3$.

7. 求直线$\dfrac{x+1}{3}=\dfrac{y-1}{-2}=\dfrac{z}{1}$与平面$x-y+z-10=0$的交点.

8. 设直线$L_1:1-x=\dfrac{y}{2}=z+1$,$L_2:\dfrac{x+2}{0}=y-1=\dfrac{z-2}{-2}$,求同时平行于$L_1,L_2$且与它们等距的平面方程.

9. 求点$M(-1,2,0)$在平面$x+2y-z+1=0$上的投影.

习题 8-4(B)

1. 求点$A(2,1,3)$关于直线$L:\dfrac{x+1}{3}=\dfrac{y-1}{2}=\dfrac{z}{-1}$的对称点$M$的坐标.

2. 求原点关于平面$6x+2y-9z-121=0$的对称点.

3. 求点$M(1,1,4)$到直线$\dfrac{x-2}{1}=\dfrac{y-3}{1}=\dfrac{z-4}{2}$的距离.

4. 设直线L在平面yOz上的投影方程为$\begin{cases}2y-3z=1,\\x=0,\end{cases}$在平面$zOx$上的投影方程为$\begin{cases}x+z=2,\\y=0.\end{cases}$求直线$L$在平面$xOy$上的投影方程.

5. 若直线$L_1:\dfrac{x-3}{2}=\dfrac{y-1}{m}=\dfrac{z}{-3}$与$L_2:\dfrac{x+2}{3}=\dfrac{y-4}{-4}=\dfrac{z-3}{0}$相交,求$m$的值及其交点的坐标.

6. 求过直线$\begin{cases}x+28y-2z+17=0,\\5x+\ 8y-\ z+\ 1=0\end{cases}$且与球面$x^2+y^2+z^2=1$相切的平面方程.

7. 求过原点,且经过点$P(1,-1,0)$到直线$L:\begin{cases}x=z-3,\\y=2x-4,\end{cases}$的垂线的平面方程.

第五节 曲面及其方程

一、 曲面及其方程

曲面在我们的身边随处可见,不管在各式各样的建筑,各种生活和办公、学习用品,还是载人航天、探月探火等仪器设备中都能看到曲面. 我们将要学习的多元微积分,研究的很多问题都与曲面有关. 因此,我们要讨论关于曲面方程的相关概念.

在平面直角坐标系中,把平面曲线看作动点的轨迹. 类似地,在空间直角坐标系中,把曲面 S 看作满足某种条件的动点的轨迹. 空间中的点按一定的规律运动,它的坐标 (x,y,z) 就要满足关于 x,y,z 的某个关系式,这个关系式就是曲面方程,记为

$$F(x,y,z) = 0, \qquad (8.11)$$

因此,若曲面 S 与三元方程(8.11)有如下关系:

(1) $\forall M(x,y,z) \in S \Rightarrow x,y,z$ 满足方程 $F(x,y,z) = 0$;

(2) $\forall M'(x,y,z) \notin S \Rightarrow x,y,z$ 不满足方程 $F(x,y,z) = 0$,

则称方程 $F(x,y,z) = 0$ 为曲面 S 的方程,曲面 S 是方程 $F(x,y,z) = 0$ 的图形,如图 8-25 所示.

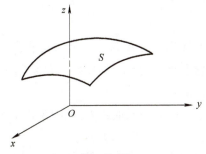

图 8-25

下面通过例子来研究如何建立曲面的方程.

例1 写出球心在点 $M_0(x_0,y_0,z_0)$,半径为 R 的球面方程(见图 8-26).

解 设 $M(x,y,z)$ 为球面上的任意一点,我们有

$$|M_0M| = R.$$

由两点间的距离公式,有

$$\sqrt{(x-x_0)^2 + (y-y_0)^2 + (z-z_0)^2} = R,$$

整理得

$$(x-x_0)^2 + (y-y_0)^2 + (z-z_0)^2 = R^2. \qquad (8.12)$$

方程(8.12)就是所要求的**球面方程**.

球面及其方程

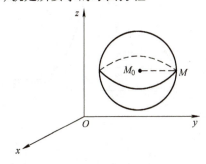

图 8-26

特别地,若球心在坐标原点$(0,0,0)$,半径为 R,则球面方程为

$$x^2 + y^2 + z^2 = R^2.$$

根据动点的运动规律建立方程是解析几何中所要研究的一个基本问题. 同样,对给定的一个三元方程,讨论它表示的曲面的类型也是我们要研究的基本问题.

例 2　确定方程 $x^2 + y^2 + z^2 - 4x + 6y + 3 = 0$ 表示的曲面类型.

解　通过配方,原方程可以改写成

$$(x-2)^2 + (y+3)^2 + z^2 = 10,$$

与例 1 相比较可知,该方程是以点$(2, -3, 0)$为中心,$\sqrt{10}$为半径的球面方程.

二、 常见的曲面

1. 旋转曲面

由一条平面曲线绕与其在同一个平面内的定直线旋转一周得到的曲面称为**旋转曲面**,平面曲线称为旋转曲面的母线,而这条定直线称为旋转曲面的轴.

设坐标平面 yOz 内有一条曲线 C(见图 8-27),它的方程为

$$f(y, z) = 0,$$

我们来讨论这条曲线绕 z 轴旋转一周所得的旋转曲面的方程.

设 $M(x, y, z)$ 为旋转曲面上的任意一点,那么它必是由曲线 C 上的某一点 $M_1(0, y_1, z_1)$ 绕 z 轴旋转而成.

注意到在点 $M_1(0, y_1, z_1)$ 绕 z 轴旋转而成为点 $M(x, y, z)$ 的过程中有两个特点:

(1)两点与坐标平面 xOy 的相对位置不变——竖坐标 z 不变;

(2)两点到 z 轴的距离不变.

由于 $M_1(0, y_1, z_1)$ 到 z 轴的距离为 $|y_1|$,因此,我们有

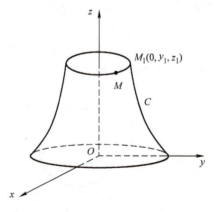

图　8-27

$$z = z_1, \sqrt{x^2 + y^2} = |y_1|,$$

又由点 $M_1(0, y_1, z_1)$ 在曲线 C 上,因此有

$$f(y_1, z_1) = 0.$$

将 $z = z_1$, $\pm\sqrt{x^2 + y^2} = y_1$ 代替方程 $f(y_1, z_1) = 0$ 中的 y_1, z_1,得

$$f(\pm\sqrt{x^2 + y^2}, z) = 0,$$

这就是曲面上点的坐标所满足的方程.

反过来,如果点 $M(x, y, z)$ 不在旋转曲面上,那么它就不是由曲线 C 上的某点旋转而得到的,因此它的坐标就不满足

$$z_1 = z, y_1 = \pm\sqrt{x^2 + y^2},$$

因此,坐标 x, y, z 就不满足方程 $f(\pm\sqrt{x^2 + y^2}, z) = 0$.

这就是说,坐标面 yOz 上的曲线 C:$f(y, z) = 0$ 绕 z 轴旋转一周所得的旋转曲面的方程为

$$f(\pm\sqrt{x^2 + y^2}, z) = 0.$$

类似地,坐标面 yOz 上的曲线 C:$f(y, z) = 0$ 绕 y 轴旋转一周所得的旋转曲面的方程为

$$f(y, \pm\sqrt{x^2 + z^2}) = 0.$$

注 一般地,平面曲线绕哪个坐标轴旋转,平面曲线方程中对应此轴的变量保持不变,而把另一个变量改写成其余两个变量的平方和的平方根,就可以得到旋转曲面的方程. 绕坐标轴旋转的旋转曲面的一般方程总结如表 8-1 所示.

旋转曲面及其方程

表 8-1　绕坐标轴旋转的旋转曲面的一般方程

母线 C 所在坐标面	母线 C 方程	旋转轴	旋转曲面方程
yOz	C:$f(y, z) = 0$	z 轴	$f(\pm\sqrt{y^2 + x^2}, z) = 0$
		y 轴	$f(y, \pm\sqrt{z^2 + x^2}) = 0$
xOy	C:$f(x, y) = 0$	x 轴	$f(x, \pm\sqrt{y^2 + z^2}) = 0$
		y 轴	$f(\pm\sqrt{x^2 + z^2}, y) = 0$
xOz	C:$f(x, z) = 0$	x 轴	$f(x, \pm\sqrt{y^2 + z^2}) = 0$
		z 轴	$f(\pm\sqrt{y^2 + x^2}, z) = 0$

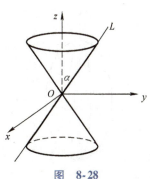

图 8-28

例 3 当曲线 C 为平面 yOz 内的直线 $z = y\cot\alpha$ 时,它绕 z 轴旋转一周得到的旋转面为**圆锥面**(见图 8-28),写出它的方程.

解 利用上述结论我们可以得到

$$z = \pm \sqrt{x^2 + y^2} \cot\alpha,$$

整理得

$$z^2 = a^2(x^2 + y^2),$$

其中, $a = \cot\alpha$.

例 4 将坐标面 xOz 上的双曲线

$$\frac{x^2}{a^2} - \frac{z^2}{c^2} = 1$$

分别绕 x 轴和 z 轴旋转一周, 求所生成的旋转曲面的方程.

解 我们已经知道, 将坐标平面内的曲线绕坐标轴旋转, 曲线所生成的曲面的方程可以由原来的平面曲线的方程作代换而得到, 其特点是, 绕 x 轴旋转时, $\frac{x^2}{a^2} - \frac{z^2}{c^2} = 1$ 中含变量 x 的项不变, 而另外的一项中的变量 z 用 $\pm \sqrt{z^2 + y^2}$, 或 z^2 用 $z^2 + y^2$ 去代换. 因此绕 x 轴旋转所得旋转面(**旋转双叶双曲面**, 见图 8-29)方程为:

$$\frac{x^2}{a^2} - \frac{y^2 + z^2}{c^2} = 1;$$

同样绕 z 轴旋转所得旋转面(**旋转单叶双曲面**, 见图 8-30)方程为:

$$\frac{x^2 + y^2}{a^2} - \frac{z^2}{c^2} = 1.$$

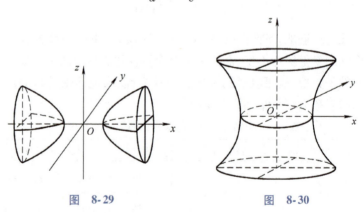

图 8-29   图 8-30

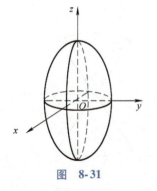

图 8-31

例 5 将坐标平面 xOy 中的椭圆 $\frac{x^2}{a^2} + \frac{y^2}{b^2} = 1$ 分别绕 x 轴和 y 轴旋转一周, 求所生成的旋转曲面的方程.

解 该曲线绕 x 轴旋转一周所生成的旋转曲面(**椭球面**, 见图 8-31)的方程为

$$\frac{x^2}{a^2} + \frac{y^2 + z^2}{b^2} = 1;$$

该曲线绕 y 轴旋转一周所生成的旋转曲面(**椭球面**, 见图 8-32)的方程为

$$\frac{x^2+z^2}{a^2}+\frac{y^2}{b^2}=1 .$$

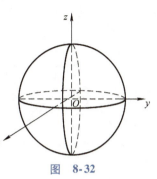

图 8-32

例 6　试判断方程 $\frac{x^2}{4}+\frac{y^2}{4}+\frac{z^2}{9}=1$ 表示怎样的一个曲面.

解　方程 $\frac{x^2}{4}+\frac{y^2}{4}+\frac{z^2}{9}=1$ 可以看作是 xOz 平面中的曲线 $\frac{x^2}{4}+\frac{z^2}{9}=1$ 绕 z 轴旋转一周所得的椭球面,也可以看作是由 yOz 平面中的曲线 $\frac{y^2}{4}+\frac{z^2}{9}=1$ 绕 z 轴旋转一周所得的椭球面.

2. 柱面

在空间直角坐标系中,一个三元方程表示一个曲面,下面我们研究在空间直角坐标系中一个二元方程所表示的图形类型. 先看一个具体的例子.

例 7　试确定 $\frac{x^2}{a^2}+\frac{y^2}{b^2}=1(a>0,b>0)$ 是什么曲面的方程.

柱面及其方程

解　这是一个二元方程,我们也可以把它看作是三元方程,即包含变量 z 的系数为零.

设该方程所表示的曲面为 S(见图 8-33),在 S 上任取一点 (x, y,z),那么 x,y,z 使方程 $\frac{x^2}{a^2}+\frac{y^2}{b^2}=1$ 成立. 我们看到,只要一个点的横坐标 x 和纵坐标 y 满足方程 $\frac{x^2}{a^2}+\frac{y^2}{b^2}=1$,而不管其竖坐标 z 是多少,这个点就一定在曲面 S 上. 因此凡是通过 xOy 平面内的椭圆 $\frac{x^2}{a^2}+\frac{y^2}{b^2}=1$ 上一点 $M(x,y,0)$、且平行于 z 轴的直线 l 都在该曲面上.

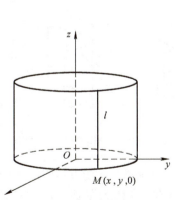

图 8-33

另外,只要点的横、纵坐标不满足方程 $\frac{x^2}{a^2}+\frac{y^2}{b^2}=1$,它就不在该曲面上. 它也一定不在通过 xOy 平面内的椭圆 $\frac{x^2}{a^2}+\frac{y^2}{b^2}=1$ 上一点 $M(x,y,0)$ 且平行于 z 轴的直线上.

因此该曲面也可以看作平行于 z 轴的直线 l 沿坐标平面 xOy 内

的椭圆 $\dfrac{x^2}{a^2}+\dfrac{y^2}{b^2}=1$ 移动而生成的. 我们称这个曲面为**椭圆柱面**(当 $a=b$ 时,称为**圆柱面**).

平行于定直线并沿定曲线 C 移动的直线所形成的轨迹称为**柱面**. 曲线 C 叫作柱面的**准线**;l 称为柱面的**母线**(见图 8-34).

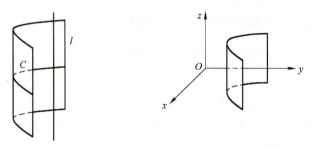

图 8-34

从上面的讨论我们看到,任何一个二元方程都表示一个柱面,并且其母线一定平行于某一坐标轴. 例如,$\dfrac{x^2}{a^2}-\dfrac{y^2}{b^2}=1$ 表示**双曲柱面**,其准线为坐标平面 xOy 中的双曲线 $\dfrac{x^2}{a^2}-\dfrac{y^2}{b^2}=1$,母线平行于 z 轴;而 $\dfrac{x^2}{a^2}-y=0$ 表示**抛物柱面**,其准线为坐标平面 xOy 中的抛物线 $\dfrac{x^2}{a^2}-y=0$,母线平行于 z 轴;方程 $2x+y=2$ 表示准线为坐标平面 xOy 中的直线 $2x+y=2$、母线平行于 z 轴的柱面,它实际是一个**平面**,如图 8-35 所示均表示柱面.

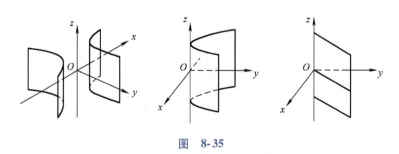

图 8-35

一般地,只含 x,y 而缺少 z 的方程 $F(x,y)=0$ 在空间坐标系中表示母线平行于 z 轴、准线为平面 xOy 中的曲线 $F(x,y)=0$ 的柱面.

类似地,只含 x,z 而缺少 y 的方程 $G(x,z)=0$ 和只含 y,z 而缺少 x 的方程 $H(z,y)=0$,在空间坐标系中分别表示母线平行于 y 轴和 x 轴的柱面,其准线分别是平面 xOz 中的曲线 $G(x,z)=0$ 及平面 yOz 中的曲线 $H(z,y)=0$.

三、 其他常见的二次曲面

除了上面介绍的曲面以外,还有一些曲面也是常见的,同时也是我们以后经常会遇到的.

常见二次曲面

1. 椭圆锥面 $\dfrac{x^2}{a^2} + \dfrac{y^2}{b^2} = z^2$

该曲面(见图 8-36)与坐标平面 xOy 相交于坐标原点 $(0,0,0)$,任何平行于坐标平面 xOy 的平面 $z = z_0$ 截该曲面所得的截痕是平面 $z = z_0$ 中的一个椭圆周

$$\frac{x^2}{(az_0)^2} + \frac{y^2}{(bz_0)^2} = 1.$$

2. 椭球面 $\dfrac{x^2}{a^2} + \dfrac{y^2}{b^2} + \dfrac{z^2}{c^2} = 1 (a > 0, b > 0, c > 0)$

该曲面(见图 8-37)被坐标平面 $xOy(z = 0)$ 所截得的截痕为 xOy 平面中的一个椭圆 $\dfrac{x^2}{a^2} + \dfrac{y^2}{b^2} = 1$,并且任何平行于坐标平面 xOy 的平面 $z = z_0 (-c < z_0 < c)$ 截该曲面所得的截痕是平面 $z = z_0$ 中的一个椭圆

$$\frac{x^2}{a^2} + \frac{y^2}{b^2} = 1 - \frac{z_0^2}{c^2}.$$

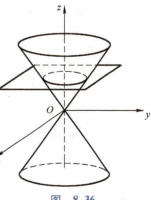

图 8-36

同样,平面 $y = y_0 (-b < y_0 < b)$ 及 $x = x_0 (-a < x_0 < a)$ 截该曲面所得的截痕也都是一个椭圆.

3. 单叶双曲面 $\dfrac{x^2}{a^2} + \dfrac{y^2}{b^2} - \dfrac{z^2}{c^2} = 1 (a > 0, b > 0, c > 0)$

任何平行于坐标平面 xOy 的平面 $z = z_0$ 截该曲面(见图 8-38)所得的截痕是平面 $z = z_0$ 中的一个椭圆

$$\frac{x^2}{a^2} + \frac{y^2}{b^2} = 1 + \frac{z_0^2}{c^2}.$$

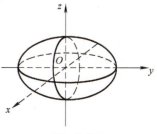

图 8-37

任何平面 $y = y_0$ 或 $x = x_0$ 截该曲面所得的截痕是两支双曲线或两条直线($|x_0| = a$ 或 $|y_0| = b$ 时).之所以称它为单叶双曲面,是因为它是一张曲面,而下面将要讨论的双叶双曲面,是彼此不相连通的两张曲面.

4. 双叶双曲面 $\dfrac{x^2}{a^2} + \dfrac{y^2}{b^2} - \dfrac{z^2}{c^2} = -1 (a > 0, b > 0, c > 0)$

显然,当 $|z| < c$ 时方程无意义,因此竖坐标 z:$|z| < c$ 的点一定不在曲面上.而平面 $z = z_0 (|z_0| > c)$ 截该曲面所得的截痕是平面 $z = z_0$ 中的一个椭圆周

$$\frac{x^2}{a^2} + \frac{y^2}{b^2} = \frac{z_0^2}{c^2} - 1.$$

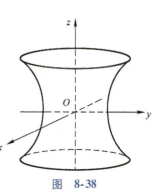

图 8-38

任何平面 $y = y_0$ 或 $x = x_0$ 截该曲面所得的截痕总是两支双曲线(见图 8-39).

5. 椭圆抛物面 $\dfrac{x^2}{a^2} + \dfrac{y^2}{b^2} = z$

从方程可以看出，该曲面（见图 8-40）不可能在坐标平面 xOy 的下方. 对于任意的平面 $z = z_0 > 0$，截该曲面所得的截痕都是平面 $z = z_0$ 上的一个椭圆

$$\frac{x^2}{(a\sqrt{z_0})^2} + \frac{y^2}{(b\sqrt{z_0})^2} = 1.$$

任何平面 $y = y_0$ 或 $x = x_0$ 截该曲面所得的截痕总是抛物线.

6. 双曲抛物面 $\dfrac{x^2}{a^2} - \dfrac{y^2}{b^2} = z$

任意的平面 $z = z_0 \neq 0$ 截该曲面所得的截痕都是该平面内的双曲线

$$\frac{x^2}{(a\sqrt{|z_0|})^2} - \frac{y^2}{(b\sqrt{|z_0|})^2} = \pm 1.$$

任何平面 $y = y_0$ 及 $x = x_0$ 截该曲面所得的截痕总是抛物线. 双曲抛物面是一个如图 8-41 所示的马鞍形曲面，也称马鞍面.

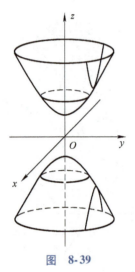

图　8-39

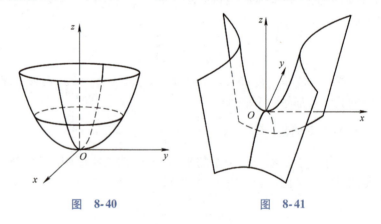

图　8-40　　　　　　　　　图　8-41

习题 8-5（A）

1. 分别写出满足下列条件的曲面方程：
   (1) 以点 $M_0(1,2,-3)$ 为球心，$R = 2$ 为半径的球面方程；
   (2) 以点 $M(1,-1,2)$ 为球心，且过原点的球面方程；
   (3) 与两定点 $A(1,2,-1)$ 和 $B(3,1,4)$ 等距的动点的轨迹；
   (4) 与原点 O 及定点 $A(2,3,4)$ 的距离之比为 1:2 的动点的轨迹.

2. 求出下列球面方程的球心坐标及半径：
   (1) $x^2 + y^2 + z^2 - 2z - 3 = 0$；
   (2) $x^2 + y^2 + z^2 - 2x + 4y + 2z = 0$.

3. 写出满足下列条件的旋转曲面方程：
   (1) 平面 yOz 上的抛物线 $z = y^2$ 绕 z 轴旋转一周；

(2)平面 yOz 上的直线 $y = 2z$ 绕 y 轴旋转一周;

(3)平面 xOy 上的椭圆 $x^2 + 3y^2 = 1$ 分别绕 x 轴及 y 轴旋转一周;

(4)平面 xOy 上的双曲线 $x^2 - 2y^2 = 1$ 分别绕 x 轴及 y 轴旋转一周.

4. 分别在平面直角坐标系和空间直角坐标系下,指出下列方程所表示的图形名称:

(1)$x = 3$;　　　　　(2)$x^2 - y^2 = 1$;　　　　　(3)$x^2 + 2y^2 = 2$.

5. 画出下列方程所表示的曲面:

(1)$(x-1)^2 + y^2 = 1$;　　　　(2)$\dfrac{y^2}{9} - \dfrac{x^2}{4} = 1$;

(3)$\dfrac{x^2}{9} + \dfrac{y^2}{4} = 1$;　　　　(4)$x^2 + z = 2$.

习题 8-5(B)

1. 一个球面过原点和 $A(4,0,0)$,$B(1,3,0)$ 和 $C(0,0,-4)$,求该球面的方程.

2. 画出下列各曲面所围立体的图形:

(1)$z = 0$,$z = 3$,$x = y$,$x = \sqrt{3}y$,$x^2 + y^2 = 1$(在第一卦限内);

(2)$x = 0$,$y = 0$,$z = 0$,$x^2 + y^2 = R^2$,$y^2 + z^2 = R^2$(在第一卦限内).

第六节　空间曲线及其方程

在我们生活的空间中,曲线随处可见.一个运动物体的轨迹、两曲面的交线都可以看作曲线.在以后研究的问题中,也会经常遇到有关曲线的问题.

一、空间曲线的一般方程

空间曲线可以看作两个曲面的交线,设两个曲面方程如下:

$$S_1:F(x,y,z) = 0, \quad S_2:G(x,y,z) = 0,$$

它们的交线为 C(见图 8-42),由于曲线 C 同时在两个曲面中,因此 C 上点的坐标必同时满足这两个方程

$$\begin{cases} F(x,y,z) = 0, \\ G(x,y,z) = 0. \end{cases} \tag{8.13}$$

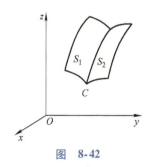

图 8-42

另一方面,如果点 M 不在曲线 C 上,那么它就不可能同时在这两个平面上,因此它的坐标不满足方程组(8.13).

方程组(8.13)称为曲线 C 的**一般方程**.

例1　方程组 $\begin{cases} z^2 = x^2 + y^2, \\ Ax + By = D \end{cases}$ (A,B 不同时为零)表示怎样的曲线?

解　$z^2 = x^2 + y^2$ 表示圆锥面,$Ax + By = D$ 是一个母线平行于 z 轴、以

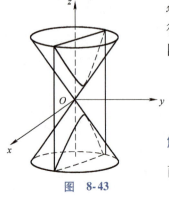

图 8-43

xOy 平面上的直线 $Ax + By = D$ 为准线的柱面(它实际就是一个平行于 z 轴的平面). 所给方程组为圆锥面与平面的交线(见图 8-43).

例 2 方程组 $\begin{cases} z = \sqrt{a^2 - x^2 - y^2}, \\ \left(x - \dfrac{a}{2}\right)^2 + y^2 = \dfrac{a^2}{4} \end{cases}$ 表示什么样的曲线?

解 方程 $z = \sqrt{a^2 - x^2 - y^2}$ 为球心在坐标原点,半径为 a 的上半球面. $\left(x - \dfrac{a}{2}\right)^2 + y^2 = \dfrac{a^2}{4}$ 表示一个母线平行于 z 轴、以 xOy 平面上的圆周 $\left(x - \dfrac{a}{2}\right)^2 + y^2 = \dfrac{a^2}{4}$ 为准线的柱面. 该方程组就表示两者的交线(见图 8-44).

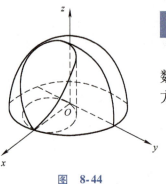

图 8-44

二、 空间曲线的参数方程

有时,把空间中的点的三个坐标都分别表示为同一个变量的函数,对描述空间曲线是比较方便的,这就引出了空间曲线的参数方程.

若空间曲线 C 上任意一点的坐标 x, y, z 都是变量 t 的函数:

$$\begin{cases} x = x(t), \\ y = y(t), \quad (a \leqslant t \leqslant b), \\ z = z(t), \end{cases} \tag{8.14}$$

称方程组(8.14)为曲线 C 的参数方程,其中 t 称为参数.

例如,曲线 C 上任意一点的坐标 x, y, z 满足

$$\begin{cases} x = R\cos t, \\ y = R\sin t, \quad (0 \leqslant t \leqslant 2\pi). \\ z = bt, \end{cases}$$

显然,不论 z 取什么值,x, y 都满足方程 $x^2 + y^2 = R^2$,因此该方程组表示的曲线一定在圆柱面 $x^2 + y^2 = R^2$ 上. 这条曲线称为螺旋线(见图 8-45).

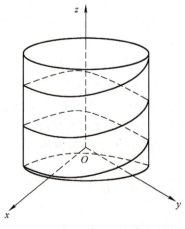

图 8-45

以后研究的曲线大多是光滑曲线. 设有空间曲线 C

$$\begin{cases} x = x(t), \\ y = y(t), \quad (a \leqslant t \leqslant b), \\ z = z(t), \end{cases}$$

若 $x'(t), y'(t), z'(t)$ 都存在且连续,并且不同时为零,则称曲线 C 是光滑曲线.

三、　空间曲线在坐标面上的投影

设有一个有界曲面 S,欲求它在坐标平面 xOy 上的投影(见图 8-46).

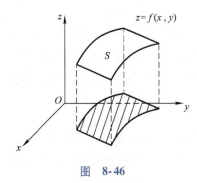

图　8-46

既然要求曲面到 xOy 平面上的"投影",我们就用来自曲面 S 上方的一组平行光线去照射曲面 S. 从图 8-46 中我们看到,xOy 平面上出现一片阴影,它就是曲面 S 在 xOy 平面上的投影. 而且我们发现,决定这片阴影形状和大小的是阴影的边界,而该边界正是 S 的边界曲线 C 在 xOy 平面上的投影. 因此,问题的关键应是找曲面 S 的边界曲线 C 在 xOy 平面上的投影. 如何找曲线 C 在 xOy 平面上的投影呢? 利用柱面的知识,我们找到了解决问题的关键:**找到以 S 的边界曲线 C 为准线、母线平行于 z 轴的柱面**.

在多元微积分中,我们要研究的许多问题都要涉及曲面、区域或空间曲线在坐标平面上的投影. 因此,下面我们来一般地讨论空间曲线在坐标面上的投影问题.

称以曲线 C 为准线、母线平行于 z 轴的柱面为曲线 C 关于坐标平面 xOy 的**投影柱面**. 类似地,有曲线 C 关于其他坐标平面的投影柱面.

该投影柱面与 xOy 平面的交线就是曲线 C 在 xOy 平面上的投影曲线.

找到空间曲线在坐标面上投影的关键是找该曲线关于该坐标面的投影柱面.

设有空间曲线 C 的一般方程为:

$$\begin{cases} F(x, y, z) = 0, \\ G(x, y, z) = 0. \end{cases} \tag{8.15}$$

投影曲线及举例

下面我们研究如何寻找曲线 C 关于坐标平面 xOy 的投影柱面.

由投影柱面的定义,将该方程组消去变量 z 得到一个二元方程

$$H(x,y) = 0. \tag{8.16}$$

我们知道,当 x,y,z 满足方程组(8.15)时,其中的 x,y 必满足方程(8.16),而不论 z 取什么样的值.因此,曲线 C 上的点必在柱面 $H(x,y) = 0$ 上,或说曲线 C 本质上就是柱面 $H(x,y) = 0$ 的准线.又由于柱面 $H(x,y) = 0$ 的母线平行于 z 轴.所以柱面 $H(x,y) = 0$ 就是我们要找的关于坐标平面 xOy 的投影柱面.因此曲线 C 在坐标平面 xOy 上的投影曲线的方程

$$\begin{cases} H(x,y) = 0, \\ z = 0. \end{cases}$$

同样,如果将方程组(8.15)消去变量 x,我们就得到曲线 C 在坐标平面 yOz 上的投影柱面方程 $R(y,z) = 0$,将它与坐标平面 yOz 的方程 $x = 0$ 联立,就得到曲线 C 在坐标平面 yOz 上的投影曲线方程

$$\begin{cases} R(y,z) = 0, \\ x = 0. \end{cases}$$

类似地,我们可以得到曲线 C 在坐标平面 zOx 上的投影柱面方程为 $T(z,x) = 0$,曲线 C 在坐标平面 zOx 上的投影曲线的方程

$$\begin{cases} T(z,x) = 0, \\ y = 0. \end{cases}$$

例 3 设有半球面 $z = \sqrt{a^2 - x^2 - y^2}$ 被圆锥面 $z = \sqrt{x^2 + y^2}$ 所截,求截得部分在 xOy 平面上的投影.

解 球面上被圆锥面 $z = \sqrt{x^2 + y^2}$ 所截得的部分是球面上的一块小的球面,其边界为空间中的曲线

$$\begin{cases} z = \sqrt{a^2 - x^2 - y^2}, \\ z = \sqrt{x^2 + y^2}. \end{cases}$$

这里问题的关键是求该曲线在 xOy 平面上的投影.为此先求该曲线关于坐标平面 xOy 的投影柱面.因此由该方程组消去 z,得到该投影柱面的方程为

$$x^2 + y^2 = \frac{a^2}{2}.$$

再将它与 xOy 平面的方程联立,得

$$\begin{cases} x^2 + y^2 = \dfrac{a^2}{2}, \\ z = 0. \end{cases}$$

该方程组就是曲线 $\begin{cases} z = \sqrt{a^2 - x^2 - y^2} \\ z = \sqrt{x^2 + y^2} \end{cases}$ 在坐标平面 xOy 上的投影曲线方程.它实际是坐标平面 xOy 上的以原点为圆心,$\dfrac{a}{\sqrt{2}}$ 为半径

的一个圆周,它所围成的区域就是所要求的投影,投影区域

为 $\begin{cases} x^2 + y^2 \leqslant \dfrac{a^2}{2}, \\ z = 0. \end{cases}$

例4 求球面 $x^2 + y^2 + z^2 = a^2$ 被圆柱面 $\left(x - \dfrac{a}{2}\right)^2 + y^2 = \dfrac{a^2}{4}$ 所截得的部分曲面在坐标平面 xOy 上的投影.

解 由例2我们知道,二者的交线关于坐标平面 xOy 的投影柱面即是圆柱面

$$\left(x - \frac{a}{2}\right)^2 + y^2 = \frac{a^2}{4},$$

因此球面 $x^2 + y^2 + z^2 = a^2$ 被圆柱面 $\left(x - \dfrac{a}{2}\right)^2 + y^2 = \dfrac{a^2}{4}$ 所截得的部分曲面在坐标平面 xOy 上的投影曲线为

$$\begin{cases} \left(x - \dfrac{a}{2}\right)^2 + y^2 = \dfrac{a^2}{4}, \\ z = 0, \end{cases}$$

它所围成的圆形区域就是所要求的投影区域,其投影区域

为 $\begin{cases} \left(x - \dfrac{a}{2}\right)^2 + y^2 \leqslant \dfrac{a^2}{4}, \\ z = 0. \end{cases}$

习题 8-6(A)

1. 说出下列曲线的名称,指出曲线的特点并作出曲线的草图:

(1) $\begin{cases} x = 1, \\ y = 2; \end{cases}$ (2) $\begin{cases} z = x^2 + y^2, \\ z = 1; \end{cases}$

(3) $\begin{cases} x^2 - y^2 = 2z, \\ z = 8; \end{cases}$ (4) $\begin{cases} x^2 - 2y^2 = 8z, \\ y = -2. \end{cases}$

2. 分别在平面直角坐标系和空间直角坐标系中,指出下列方程所表示的图形名称:

(1) $\begin{cases} y = 5x + 2, \\ y = 3x - 2; \end{cases}$ (2) $\begin{cases} x^2 + 2y^2 = 1, \\ y = \dfrac{1}{2}. \end{cases}$

3. 求曲线 $\begin{cases} z = \sqrt{2 - x^2 - y^2}, \\ z = 1 \end{cases}$ 在平面 xOy 上的投影.

4. 求曲线 $\begin{cases} 2x^2 + y^2 + z^2 = 16, \\ x^2 - y^2 + z^2 = 0 \end{cases}$ 在平面 xOz 上的投影.

5. 画出下列空间区域 Ω 的草图:

(1) Ω 由平面 $x + y + z = 1$ 及三个坐标面围成;

(2) Ω 由圆锥面 $z = \sqrt{x^2 + y^2}$ 及上半球面 $z = \sqrt{2 - x^2 - y^2}$ 围成;

(3) Ω 由抛物面 $x^2 = 1 - z$,平面 $y = 0$,$z = 0$ 及 $x + y = 1$ 围成;

（4）Ω 是由不等式 $x^2 + z^2 \leqslant R^2$ 及 $y^2 + z^2 \leqslant R^2$ 确定的第一卦限的部分.

6. 作出下列空间区域在平面 xOy 及平面 xOz 上的投影区域.

（1）Ω_1：介于球面 $x^2 + y^2 + z^2 = 4a^2$ 内的圆柱体 $(x - a)^2 + y^2 \leqslant a^2$；

（2）Ω_2：由圆锥面 $z = \sqrt{x^2 + y^2}$ 及抛物柱面 $z^2 = 2x$ 围成.

习题 8-6（B）

1. 分别求母线平行于 x 轴与 y 轴且都通过曲线 $\begin{cases} 2x^2 + y^2 + z^2 = 16, \\ x^2 - y^2 + z^2 = 0 \end{cases}$ 的柱面方程.

2. 求曲线 $\begin{cases} x^2 + 2y^2 + z^2 = 9, \\ y = z \end{cases}$ 的参数方程.

第七节　MATLAB 数学实验

　　MATLAB 中绘制空间曲线的命令为 plot3，其使用格式为 plot3 (x, y, z)；MATLAB 中绘制空间曲面的命令为 mesh 或 surf，其使用格式为 mesh(x, y, z) 或 surf(x, y, z). 下面给出具体实例.

　　例 1　画出曲线 $\begin{cases} x^2 + y^2 = 1, \\ 2x + y + z = 6. \end{cases}$

　　首先将方程组化成以下形式：$\begin{cases} x = \cos t, \\ y = \sin t, \\ z = 6 - 2\cos t - \sin t \end{cases}$　　　$0 \leqslant t \leqslant 2\pi$

【MATLAB 代码】

```
≫ t = 0:0.001:2 * pi;
≫ x = cos(t);
≫ y = sin(t);
≫ z = 6 - 2 * cos(t) - sin(t);
≫ plot3(x, y, z)
```

运行结果：

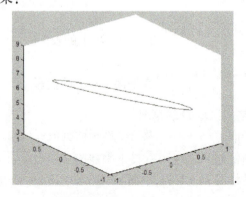

例 2　绘制曲线 $\begin{cases} z = \sqrt{1 - x^2 - 2y^2}, \\ x^2 + y^2 = 0.5^2. \end{cases}$

首先我们把方程组化成以下形式：$\begin{cases} x = 0.5\cos t, \\ y = 0.5\sin t, \\ z = \sqrt{0.75 - 0.25\sin^2 t}, \end{cases}$

$0 \leqslant t \leqslant 2\pi$.

【MATLAB 代码】

```
≫ t = 0 :0.001 :2 * pi;
≫ x = 0.5 * cos(t);
≫ y = 0.5 * sin(t);
≫ z = (0.75 - 0.25 * (sin(t)).^2).^0.5;
≫ plot3(x,y,z)
```

运行结果：

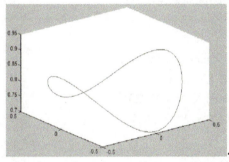

例 3　绘制曲面 $z = \dfrac{x^2}{2} - \dfrac{y^2}{3}$.

解法一：

【MATLAB 代码】

```
≫ x = -4:4;
≫ y = x;
≫ [X,Y] = meshgrid(x,y);
≫ Z = X.^2/2 - Y.^2/3;
≫ mesh(X,Y,Z)
```

运行结果：

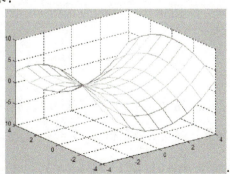

解法二：

【MATLAB 代码】

```
≫ [X,Y] = meshgrid( -4:0.04:4);
≫ Z = X.^2/2 - Y.^2/3;
≫ surf(X,Y,Z)
```
运行结果：

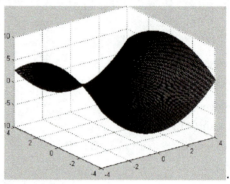

例 4 绘制圆锥面 $z^2 = x^2 + y^2$.

```
≫ x = -3:3;
≫ y = x;
≫ [X,Y] = meshgrid(x,y);
≫ z1 = sqrt(X.^2 + Y.^2);
≫ z2 = -sqrt(X.^2 + Y.^2);
≫ mesh(X,Y,z1)
≫ hold on
≫ mesh(X,Y,z2)
```
运行结果：

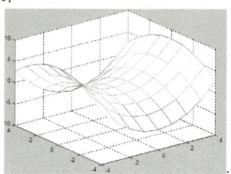

总习题八

一、填空题

1. 设向量 $\vec{a} = \vec{m} + \vec{n}, \vec{b} = \vec{m} - 2\vec{n}$, 且 $|\vec{m}| = 2, |\vec{n}| = 1, \vec{m}$ 与 $\vec{n}$ 的夹角 $\theta = \dfrac{\pi}{3}$, 则向量 $\vec{a}$ 与 $\vec{b}$ 的数量积 $\vec{a} \cdot \vec{b} = $ _____.

2. 同时垂直于 $\vec{a} = (1,2,1)$ 和 $\vec{b} = (3,4,5)$ 的单位向量为_____.

3. 设单位向量 $\vec{a}^0$ 的两个方向余弦为 $\cos\alpha = \dfrac{1}{3}, \cos\beta = \dfrac{2}{3}$，则向量 $\vec{a}^0$ 的坐标为_____.

4. 过点 $M(3，-1，2)$ 且平行于直线 $L_1:\begin{cases} x+2y+z=1, \\ 2x+3y+2z=9 \end{cases}$ 和直线 $L_2:\begin{cases} 2x-y-z=-3, \\ x+3y+z=4 \end{cases}$ 的平面方程为_____.

5. 过点 $M(0,2,-3)$ 且与平面 $x+2z=3$ 垂直的直线方程为_____.

6. 过点 $(3，-1，3)$ 且通过直线 $\dfrac{x-2}{3} = \dfrac{y+1}{1} = \dfrac{z-1}{2}$ 的平面方程为_____.

7. 平面 xOz 上的抛物线 $x=2+z^2$ 绕 x 轴旋转所形成的旋转曲面方程为_____，绕 z 轴旋转所形成的旋转曲面方程为_____.

8. 曲线 $\begin{cases} x^2+y^2-z^2=1, \\ y=x \end{cases}$ 在平面 xOz 上的投影为_____.

二、选择题

1. 设向量 $\vec{a}$ 与 $\vec{b}$ 满足 $|\vec{a}+\vec{b}| = |\vec{a}| - |\vec{b}|$，则 $\vec{a}$ 与 $\vec{b}$ 一定（　　）.

(A) 平行　　　　(B) 同向　　　　(C) 反向　　　　(D) 垂直

2. 设向量 $\vec{u} = (\vec{b}\cdot\vec{c})\vec{a} - (\vec{a}\cdot\vec{c})\vec{b}$，则有（　　）.

(A) $\vec{u}$ 与 $\vec{a}$ 垂直　　　　　　(B) $\vec{u}$ 与 $\vec{b}$ 垂直

(C) $\vec{u}$ 与 $\vec{c}$ 垂直　　　　　　(D) $\vec{u}$ 与 $\vec{c}$ 平行

3. 已知向量 $\vec{a}$ 的方向平行于向量 $\vec{b}=(-2，-1，2)$ 和 $\vec{c}=(7，-4，-4)$ 之间的角平分线，且 $|\vec{a}|=5\sqrt{6}$，则 $\vec{a}=$（　　）.

(A) $\dfrac{5}{3}(1，-7，2)$ 　　　　　　(B) $\dfrac{2}{3}(1，7，-2)$

(C) $\dfrac{5}{2}(-1，7，2)$ 　　　　　　(D) $\dfrac{2}{3}(1，7，2)$

4. 设空间直线的方程为 $\dfrac{x}{0} = \dfrac{y}{4} = \dfrac{z}{-2}$，则该直线必定（　　）.

(A) 过原点且垂直于 X 轴　　　(B) 不过原点但垂直于 X 轴
(C) 过原点且垂直于 Y 轴　　　(D) 不过原点但垂直于 Y 轴

5. 已知平面 π 通过点 $(1，0，-1)$，且垂直于直线 $L:\begin{cases} x-y-z+3=0, \\ x-2y+4=0, \end{cases}$ 则平面 π 的方程是（　　）.

(A) $x-y+2z=1$ 　　　　　　(B) $2x+y+z=1$
(C) $2x-y+z=2$ 　　　　　　(D) $x+2y-z=2$

6. 若直线 $L_1:\dfrac{x-2}{1} = \dfrac{y}{10} = \dfrac{z-1}{\lambda}$ 与直线 $L_2:\begin{cases} x+2y+1=0 \\ \lambda x-z+5=0 \end{cases}$ 垂直，

则 $\lambda =$ (　　).

(A)4　　　　　(B)2　　　　　(C)-2　　　　　(D)± 2

7. 下列结论中错误的是(　　).

(A)$z + 3x^2 + y^2 = 0$ 表示椭圆抛物面

(B)$x^2 + 3y^2 = 1 + 2z^2$ 表示双叶双曲面

(C)$x^2 + y^2 - 2z^2 = 0$ 表示圆锥面

(D)$y^2 = 4x$ 表示抛物柱面

8. 曲线 $\begin{cases} z = \sqrt{2 - x^2 - y^2} \\ z = x^2 + y^2 \end{cases}$ 在坐标平面 xOy 上的投影是(　　).

(A)$x^2 + y^2 = 1$ 　　　　　　(B)$x^2 + y^2 = 2$

(C)$\begin{cases} x^2 + y^2 = 1 \\ z = 0 \end{cases}$ 　　　　　(D)$\begin{cases} x^2 + y^2 = 2 \\ z = 0 \end{cases}$

三、解答题

1. 一个单位向量 $\vec{e}$ 与 x 轴, y 轴的夹角相等, 与 z 轴的夹角是前者的 2 倍, 求向量 $\vec{e}$.

2. 设非零向量 $\vec{a}$, $\vec{b}$ 满足 $\mathrm{Prj}_{\vec{a}} \vec{b} = 1$, 计算极限 $\lim\limits_{x \to 0} \dfrac{|\vec{a} + x\vec{b}| - |\vec{a}|}{x}$.

3. 求平面 $3x + 5y - 4z = 6$ 与 $x - y + 4z = 2$ 的等分角平面方程.

4. 过点 $M(1, 2, 3)$, 求垂直于直线 $x = y = z$ 且与 z 轴相交的直线方程.

5. 求与已知直线 $L_1: \dfrac{x+3}{2} = \dfrac{y-5}{3} = z$ 及 $L_2: \dfrac{x-10}{5} = \dfrac{y+7}{4} = z$ 相交, 且平行于直线 $L_3: \dfrac{x+2}{8} = \dfrac{y-1}{7} = z - 3$ 的直线方程.

6. 指出下列方程所表示的曲面名称, 若是旋转面, 指出它是什么曲线绕哪个轴旋转而成的.

(1)$\dfrac{x^2}{4} + \dfrac{y^2}{9} + \dfrac{z^2}{9} = 1$;　　　(2)$x^2 - \dfrac{y^2}{4} + z^2 = 1$;

(3)$x^2 - y^2 - z^2 = 1$;　　　(4)$\dfrac{x^2}{9} + \dfrac{y^2}{9} - z^2 = 0$;

(5)$x^2 - y^2 = 4z$;　　　(6)$z - \sqrt{x^2 + y^2} = 0$.

7. 指出曲面 $\dfrac{x^2}{9} - \dfrac{y^2}{25} + \dfrac{z^2}{4} = 1$ 在下列各平面上的截痕是什么曲线, 并写出其方程.

(1)$x = 2$;　　　　　　(2)$y = 5$;

(3)$z = 2$;　　　　　　(4)$z = 1$.

第九章

多元函数微分学

在上册中,我们讨论了两个变量之间互相依赖的关系,即一元函数关系.但在实际问题中,常常涉及多个变量之间互相依赖的情形.例如,圆柱的体积 V 与底面半径 r 和圆柱的高 h 有关.经济学中著名的科布－道格拉斯(Cobb－Douglas)生产函数 Q 与资金 K 和劳动力数量 L 相关.因此,我们需要研究多个变量之间的依赖关系,即多元函数关系.

本章介绍多元函数的微分学,是一元函数微分学的延伸和推广.多元函数的微分学是以一元函数微分学为基础的,尽管在分析方法和思路上有很多类似的地方,但二者在某些方面也存在着实质性的差异.本章我们将以二元函数为主要研究对象,将给出二元函数的定义,极限与连续,偏导数和全微分,极值和最值等内容.二元函数的概念和方法可以推广到二元以上的多元函数中.

第一节 多元函数的基本概念

一、 平面区域

在一元函数中,一些概念和方法都是基于一维空间 $\mathbf{R}^1$ 来讨论的,如两点间的距离、区间和邻域等.为了讨论二元函数的需要,我们要将相关的概念和方法进行推广,引入到二维空间 $\mathbf{R}^2$ 中.

1. 邻域

定义1 设 $P_0(x_0, y_0)$ 是平面 xOy 上的一定点,设 $\delta > 0$ 为一实数,在平面 xOy 上与点 $P_0(x_0, y_0)$ 的距离小于 δ 的点 $P(x, y)$ 的全体,称为点 $P_0(x_0, y_0)$ 的 δ 邻域,记作 $U(P_0, \delta)$,即

$$U(P_0, \delta) = \{(x, y) \mid \sqrt{(x - x_0)^2 + (y - y_0)^2} < \delta\}.$$

点 $P_0(x_0, y_0)$ 的**去心 δ 邻域**,记作 $\mathring{U}(P_0, \delta)$,即:

$$\mathring{U}(P_0, \delta) = \{(x, y) \mid 0 < \sqrt{(x - x_0)^2 + (y - y_0)^2} < \delta\}$$

有时也把 $U(P_0, \delta)$ 和 $\mathring{U}(P_0, \delta)$ 分别简记为 $U(P_0)$ 和 $\mathring{U}(P_0)$.

从几何上看,$U(P_0, \delta)$ 是以 $P_0(x_0, y_0)$ 为中心、δ 为半径的开圆

盘(见图 9-1)；$\mathring{U}(P_0,\delta)$ 是该开圆盘挖去其中心 $P_0(x_0,y_0)$ 之后的去心圆盘(见图 9-2)，圆盘不包括圆周.

邻域、点、集和区域

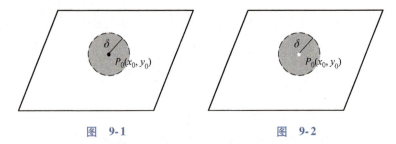

图 9-1 　　　　　　　　　图 9-2

2. 点、集和区域

有了邻域的概念作为基础，我们可以给出下述定义.

定义 2 设 P 是 $\mathbf{R}^2$ 中的任意一个点，D 为 $\mathbf{R}^2$ 中的任意一个点集，

(1)内点：如果存在 $\delta>0$，使得邻域 $U(P,\delta)\subset D$，则称 P 是 D 的**内点**；

(2)外点：如果存在 $\delta>0$，使得邻域 $U(P,\delta)\cap D=\varnothing$，则称 P 是 D 的**外点**；

(3)边界点：如果对任意 $\delta>0$，邻域 $U(P,\delta)$ 中既含有 D 中的点，也含有不属于 D 的点，则称 P 是 D 的**边界点**；

(4)聚点：如果对任意 $\delta>0$，点 P 的去心邻域 $\mathring{U}(p,\delta)$ 内总含有 D 中的点，则称点 P 是 D 的**聚点**.

定义 3 如果集合 D 中每一个点都是 D 的内点，则称 D 为 $\mathbf{R}^2$ 的**开集**；D 的边界点的全体组成的集合，称为 D 的**边界**；如果一个集合包含它的所有边界点，则称该集合为**闭集**；若点集 D 中的任意两点，都可以用 D 中的折线来连接，则称 D 为**连通集**.

例如，如图 9-3 所示，平面点集 $D=\{(x,y)\,|\,x^2+y^2<1\}$ 是一个开集，点集内的每个点均为内点，点集外的点均为外点；平面点集 $\partial D=\{(x,y)\,|\,x^2+y^2=1\}$ 都是 D 的边界点；$D_1=\{(x,y)\,|\,x^2+y^2\leqslant1\}$ 是一个闭集，并且 D_1 显然为连通集.

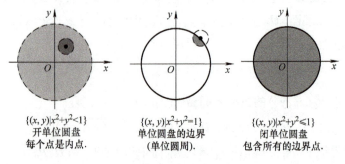

图 9-3

48

又如,平面点集 $D = \{(x,y) \mid x^2 + y^2 = 0 \text{ 或 } x^2 + y^2 \geq 1\}$ 中,原点 $(0,0)$ 是 D 的边界点,但不是 D 的聚点.

有了开集及连通集的概念,就可以给出区域的定义.

定义 4　如果点集 D 是开集,也是连通集,即对于 D 内的任意两点,都可以用 D 中的任意折线连接起来,那么称 D 为连通区域,简称开区域或**区域**.区域与其边界点组成的点集,称为**闭区域**.

例如,平面点集 $D = \{(x,y) \mid x^2 + y^2 < 4\}$ 是一个区域,$D = \{(x,y) \mid 1 \leq x^2 + y^2 \leq 4\}$ 是一个闭区域,而 $D = \{(x,y) \mid 1 < x^2 + y^2 \leq 4\}$ 既不是开集,也不是闭集.

对平面点集,我们还要给出有界集和无界集的概念.

定义 5　如果一个平面点集 D 可以包含在以原点 O 为中心、某一个正实数 r 为半径的圆盘内,即:
$$D \subset U(O,r)$$
则称 D 为**有界集**;否则称它是**无界集**.

例如,线段、半径为 r 的圆和三角形内所有的点组成的集合都是有界集,而第二象限、x 轴、任意一条直线上的点组成的集合都是无界集.

二、二元函数

在实际中,我们经常遇到多个变量相关的问题.如圆柱体的体积 $V = \pi r^2 h$(h 为圆柱的高,r 为其底面半径),科布 – 道格拉斯生产函数 $Q = cK^\alpha L^{1-\alpha}$($Q$ 为生产函数,K 为资金,L 为劳动力数量,c,α($0 < \alpha < 1$)是常数)都可以看作是具有多个自变量的函数,即多元函数.下面我们只讨论含有两个自变量的情形即二元函数.

定义 6　设 D 是 $\mathbf{R}^2$ 中的一个非空子集,如果对于 D 中的任意一点 (x,y),按照一定的对应法则 f,都有唯一的实数 z 与之相对应,则称 f 是定义在 D 上的二元函数.记作:
$$z = f(x,y), (x,y) \in D,$$
其中 x,y 称为自变量,z 称为因变量,D 称为函数的**定义域**,与 (x,y) 相对应的实数 z 也称为函数值,全体函数值的集合:
$$f(D) = \{f(x,y) \mid (x,y) \in D\}$$
称为 f 的**值域**.

二元函数的定义

因此,二元函数 $z = f(x,y)$ 的定义域 D 为 $\mathbf{R}^2$ 的一个子集,其值域为实数集的一个子集(见图 9-4).定义中的对应法则 f 是一个记号,可以任意选取,因此二元函数还可以记为 $z = z(x,y), z = g(x,y)$ 等.类似地,我们也可以定义三元及三元以上的函数.通常 n 元函数可以记作:
$$z = f(x_1, x_2, \cdots, x_n), (x_1, x_2, \cdots, x_n) \in D,$$

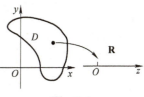

图　9-4

其中，$x_1, x_2, \cdots, x_n$ 为 n 个自变量，z 为因变量，f 为对应法则，D 为定义域.

我们知道，一元函数的几何意义是表示平面上的一条曲线. 对于二元函数 $z = f(x, y)$，$(x, y) \in D$，三维空间中的点集 $\{(x, y, z) \mid z = f(x, y), (x, y) \in D\}$ 称为二元函数 $z = f(x, y)$，$(x, y) \in D$ 的图形，它在几何上表示的是三维空间中的一张曲面，定义域 D 为空间曲面在平面 xOy 上的投影（见图 9-5）. 例如，在三维空间中，$z = \sqrt{1 - x^2 - y^2}$ 的图形是上半球面，$z = x + y$ 的图形是一个平面.

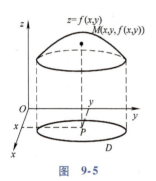

图 9-5

例 1 求函数 $z = \dfrac{\ln(x + y - 1)}{\sqrt{2 - x^2 - y^2}}$ 的定义域 D，并作出 D 的示意图.

解 定义域为集合 $D = D_1 \cap D_2$（见图 9-6），其中 $D_1 = \{(x, y) \mid x + y > 1\}$，$D_2 = \{(x, y) \mid x^2 + y^2 < 2\}$ 所以定义域 $D = \{(x, y) \mid x + y > 1, x^2 + y^2 < 2\}$.

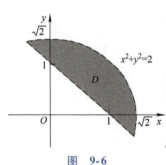

图 9-6

三、二元函数的极限

类似一元函数的极限，我们利用邻域的概念给出二元函数 $f(x, y)$ 当 $P(x, y) \to P_0(x_0, y_0)$ 时的极限.

定义 7 设二元函数 $z = f(x, y)$ 在平面点集 D 内有定义，$P_0(x_0, y_0)$ 为 D 的一个聚点，A 为一个实常数. 若对于任意给定的正数 ε，总存在正数 δ，使得当任意的 $P(x, y) \in D \cap \mathring{U}(P_0, \delta)$ 时，都有 $|f(x, y) - A| < \varepsilon$，则称当 $P(x, y) \to P_0(x_0, y_0)$ 时，函数 $z = f(x, y)$ 以常数 A 为极限，记作：

$$\lim_{(x,y) \to (x_0, y_0)} f(x, y) = A \text{ 或 } \lim_{\substack{x \to x_0 \\ y \to y_0}} f(x, y) = A,$$

也记为 $\lim\limits_{P \to P_0} f(P) = A$.

二元函数的极限定义及举例（例3）

由定义可知，ε 是任意给定的正数，用来刻画 $f(x, y)$ 与 A 接近的程度；δ 随 ε 而定，用来刻画 $P(x, y)$ 与 $P_0(x_0, y_0)$ 接近的程度.

例 2 证明：当 $(x, y) \to (0, 0)$ 时，函数

$$f(x, y) = e^{-2(x^2 + y^2)} \sin \sqrt{x^2 + y^2} \text{ 以 } 0 \text{ 为极限.}$$

证 由于 $|f(x, y) - 0| = \left| e^{-2(x^2+y^2)} \sin \sqrt{x^2+y^2} \right| \leqslant \left| \sin \sqrt{x^2+y^2} \right| \leqslant \sqrt{x^2+y^2}$，因此，对任给的 $\varepsilon > 0$，取 $\delta = \varepsilon$，当 $0 < \sqrt{(x-0)^2 + (y-0)^2} = \sqrt{x^2+y^2} < \delta$ 时，恒有

$$|f(x, y) - 0| < \varepsilon$$

成立，所以

$$\lim_{(x,y) \to (0,0)} f(x, y) = 0.$$

需要注意的是,在一元函数的极限 $\lim\limits_{x \to x_0} f(x)$ 中,一般来说 $x \to x_0$ 只能沿两种途径,即从 x_0 的左侧或右侧趋近于 x_0. 但对二元函数来说,$P(x,y)$ 既可以沿直线方向,也可以沿任意曲线方向趋近于 $P_0(x_0, y_0)$,趋近的方式是任意的. 即若 $\lim\limits_{P \to P_0} f(P) = A$,那么,不论 $P(x,y)$ 以什么方式趋近于 $P_0(x_0, y_0)$ 时,必有 $\lim\limits_{P \to P_0} f(P) = A$ 都成立,否则 $\lim\limits_{P \to P_0} f(P)$ 不存在.

例3　试判断极限 $\lim\limits_{(x,y) \to (0,0)} \dfrac{xy}{x^2 + y^2}$ 是否存在.

解　显然,函数 $\dfrac{xy}{x^2 + y^2}$ 的定义域为平面 xOy 去掉坐标原点 $(0,0)$.

当 $P(x,y)$ 沿着 x 轴趋近于 $(0,0)$ 时,这时,$x \neq 0$,$y = 0$,所以 $x \to 0$ 时

$$\lim\limits_{\substack{(x,y) \to (0,0) \\ y = 0}} \dfrac{xy}{x^2 + y^2} = 0.$$

当 $P(x,y)$ 沿着 y 轴趋近于 $(0,0)$ 时,这时,$x = 0$,$y \neq 0$,所以 $y \to 0$ 时

$$\lim\limits_{\substack{(x,y) \to (0,0) \\ x = 0}} \dfrac{xy}{x^2 + y^2} = 0.$$

但是当点 $P(x,y)$ 沿其他的方式趋于 $(0,0)$ 时,结果就不一样了. 如当点 $P(x,y)$ 沿直线 $y = kx$ 趋近于 $(0,0)$ 时,有:

$$\lim\limits_{\substack{(x,y) \to (0,0) \\ y = kx}} \dfrac{xy}{x^2 + y^2} = \lim\limits_{x \to 0} \dfrac{x \cdot kx}{x^2 + (kx)^2} = \lim\limits_{x \to 0} \dfrac{k}{1 + k^2} = \dfrac{k}{1 + k^2}.$$

我们看到,结果是随着直线 $y = kx$ 的斜率 k 的不同而改变的. 也就是说,当 $P(x,y)$ 沿斜率不同的直线 $y = kx$ 趋近于 $(0,0)$ 时,所得的极限不同,因此极限 $\lim\limits_{(x,y) \to (0,0)} \dfrac{xy}{x^2 + y^2}$ 不存在.

由例3可以看到,若要说明二元函数的极限不存在,只要找到两种不同的趋于点 P_0 的方式,使得极限不相等即可.

二元函数极限的定义是一元函数极限的定义的延伸. 有关一元函数极限的运算法则,如极限四则运算、有关不等式的结果、夹逼准则等都可以推广到二元及多元函数中.

例4　求极限 $\lim\limits_{(x,y) \to (0,1)} \dfrac{x^2 + 2xy + 1}{x^2 - 3xy + y^2}$.

解　$\lim\limits_{(x,y) \to (0,1)} \dfrac{x^2 + 2xy + 1}{x^2 - 3xy + y^2} = \dfrac{\lim\limits_{(x,y) \to (0,1)} (x^2 + 2xy + 1)}{\lim\limits_{(x,y) \to (0,1)} (x^2 - 3xy + y^2)} = \dfrac{0^2 + 2 \times 0 \times 1 + 1}{0^2 - 3 \times 0 \times 1 + 1^2} = 1.$

例5　求 $\lim\limits_{(x,y) \to (0,-1)} \dfrac{\sin(xy)}{x}$.

解 $\lim\limits_{(x,y)\to(0,-1)}\dfrac{\sin(xy)}{x} = \lim\limits_{(x,y)\to(0,-1)}\left[\dfrac{\sin(xy)}{xy} \cdot y\right]$

$\qquad\qquad = \lim\limits_{(x,y)\to(0,-1)}\dfrac{\sin(xy)}{xy} \cdot \lim\limits_{(x,y)\to(0,-1)}y$

$\qquad\qquad = 1 \times (-1) = -1.$

例 6 证明极限 $\lim\limits_{\substack{x\to 0 \\ y\to 0}}\sin\sqrt{x^2+y^2}=0.$

证 当 $x^2+y^2 \leqslant 1$ 时，有：

$0 \leqslant \sin\sqrt{x^2+y^2} \leqslant \sqrt{x^2+y^2} \leqslant \sqrt{x^2+y^2+2|x||y|} = |x|+|y|.$

由于

$\lim\limits_{\substack{x\to 0 \\ y\to 0}}(|x|+|y|) = \lim\limits_{\substack{x\to 0 \\ y\to 0}}|x| + \lim\limits_{\substack{x\to 0 \\ y\to 0}}|y| = \lim\limits_{x\to 0}|x| + \lim\limits_{y\to 0}|y| = 0+0 = 0,$

由夹逼准则，得 $\lim\limits_{\substack{x\to 0 \\ y\to 0}}\sin\sqrt{x^2+y^2}=0.$

四、二元函数的连续性

类似一元函数，有了二元函数极限的定义，我们就可以定义二元函数的连续性.

> **定义 8** 设二元函数 $z=f(x,y)$ 在区域 D 内有定义，$P_0(x_0,$ $y_0)$ 为 D 的一个聚点，且 $P_0 \in D$. Δx，Δy 分别为 x，y 的改变量，并且 $(x_0+\Delta x, y_0+\Delta y) \in D$，如果
>
> $$\lim\limits_{(x,y)\to(x_0,y_0)}f(x,y) = f(x_0,y_0),$$
>
> 或
>
> $$\lim\limits_{\substack{\Delta x\to 0 \\ \Delta y\to 0}}f(x_0+\Delta x, y_0+\Delta y) = f(x_0,y_0)$$
>
> 则称二元函数 $f(x,y)$ 在点 $P_0(x_0,y_0)$ 处连续.

如果记 $\Delta z = f(x_0+\Delta x, y_0+\Delta y) - f(x_0,y_0)$，那么 $f(x,y)$ 在点 $P_0(x_0,y_0)$ 连续 $\Leftrightarrow \lim\limits_{\substack{\Delta x\to 0 \\ \Delta y\to 0}}\Delta z = 0.$

如果函数 $z=f(x,y)$ 在区域 D 的每一个点处都连续，则称它在区域 D 上连续，或称 $f(x,y)$ 是区域 D 上的连续函数.

如果函数 $z=f(x,y)$ 在区域 D 上连续，那么它的图形是一张连续的空间曲面.

若函数 $z=f(x,y)$ 在点 $P_0(x_0,y_0)$ 处不连续，则称 $P_0(x_0,y_0)$ 为 $f(x,y)$ 的间断点或不连续点.

显然，点 $(0,0)$ 是函数 $z=\dfrac{xy}{x^2+y^2}$ 的间断点；由于

$\dfrac{x^2+2xy+1}{x^2-3xy+y^2}\bigg|_{\substack{x=0 \\ y=1}} = 1$，且 $\lim\limits_{(x,y)\to(0,1)}\dfrac{x^2+2xy+1}{x^2-3xy+y^2} = 1$，则函数 $z=$

$\dfrac{x^2 + 2xy + 1}{x^2 - 3xy + y^2}$ 在点 $(0,1)$ 处连续.

值得注意的是,与一元函数不同,二元函数的间断点可以组成平面中的一条曲线,称为间断线. 例如,y 轴是函数 $f(x,y) = \dfrac{\sin(xy)}{x}$ 的间断线;圆周 $x^2 + y^2 = 1$ 是函数 $f(x,y) = \dfrac{1}{1-x^2-y^2}$ 的间断线.

由上述关于二元函数的极限运算性质的论述易知,二元连续函数的和、差、积、商(在商式中,分母在相应点的值不为零)仍然是连续函数;同时二元连续函数的复合函数也仍然是连续的.

与一元函数一样,我们把一个由常数及具有不同自变量的一元基本初等函数经过有限次的四则运算和复合运算而得到的用一个式子所表示的函数称为二元初等函数,如 $z = \sqrt{4-x^2-y^2}$,$z = \dfrac{x-xy+3}{x^2+5xy-y^3}$,$z = \sin^2(x+y)$ 等都是二元初等函数. 二元初等函数在其定义区域内都是连续的. 这里所谓定义区域是指包含在定义域内的区域或闭区域.

与一元函数相同,求二元初等函数在其定义域内点 $P_0(x_0, y_0)$ 处的极限可以归到计算函数在该点处的函数值,即
$$\lim_{(x,y) \to (x_0,y_0)} f(x,y) = f(x_0, y_0).$$

例 7　求 $\displaystyle\lim_{(x,y) \to (2,0)} \dfrac{xy}{x^2+y^2}$.

解　由于函数 $f(x,y) = \dfrac{xy}{x^2+y^2}$ 的定义域是 $D = \{(x,y) \,|\, x \neq 0, y \neq 0\}$,点 $(2,0)$ 是函数 $f(x,y)$ 的连续点,而 $f(2,0) = 0$,因此:
$$\lim_{(x,y) \to (2,0)} \dfrac{xy}{x^2+y^2} = 0.$$

例 8　求 $\displaystyle\lim_{(x,y) \to (0,0)} \dfrac{xy}{\sqrt{xy+1}-1}$.

解
$$\lim_{(x,y) \to (0,0)} \dfrac{xy}{\sqrt{xy+1}-1} = \lim_{(x,y) \to (0,0)} \dfrac{xy(\sqrt{xy+1}+1)}{xy+1-1}$$
$$= \lim_{(x,y) \to (0,0)} (\sqrt{xy+1}+1) = (\sqrt{xy+1}+1)\Big|_{\substack{x=0 \\ y=0}} = 2.$$

可以看出,尽管点 $(0,0)$ 是函数 $z = \dfrac{xy}{\sqrt{xy+1}-1}$ 的间断点,但是在求极限时,可以先对函数作相应化简,使其化为在点 $(0,0)$ 处连续的函数,然后利用函数连续性求得极限.

与闭区间上的一元函数所具有的性质类似,在有界闭区域上的二元连续函数具有如下的性质:

性质 1　在有界闭区域 D 上的二元连续函数,必在区域 D 上有

界,且一定取得最大值与最小值.

性质 2(介值定理) 在有界闭区域 D 上连续的二元函数,在该区域上一定取得介于最大值与最小值之间的任何一个值.

以上对二元函数研究的结果,可以推广到三元或三元以上的多元函数上来.

习题 9-1(A)

1. 求下列函数的表达式:

(1)设函数 $f(x,y) = \sqrt{x^2 - y^2}$,求 $f(-y, -x)$,$f(x, -x)$;

(2)设函数 $z = \sqrt{y} + f(\sqrt[3]{x} - 1)$,已知 $y = 1$ 时,$z = x$,求 $f(x)$ 及 z 的表达式;

(3)设函数 $f(x,y) = \dfrac{x^2(1-y)}{1+y}$,求 $f\left(x+y, \dfrac{y}{x}\right)$;

(4)设函数 $f(x-y, x+y) = xy$,求 $f(x,y)$ 的表达式.

2. 求下列函数的定义域,并作出定义域内的草图:

(1)$z = \ln(y - \sqrt{x})$;　　　　　(2)$z = \arcsin y + \dfrac{1}{\sqrt{y^2 - x^2}}$;

(3)$z = \arcsin \dfrac{y}{x} + \dfrac{\sqrt{x}}{\sqrt{1 - x^2 - y^2}}$;　　(4)$z = \dfrac{\ln(16 - x^2 - y^2)}{1 + \sqrt{x^2 + y^2 - 4}}$.

3. 求下列极限:

(1)$\lim\limits_{(x,y)\to(1,1)} \dfrac{x - 2y}{2x + y}$;　　　　　(2)$\lim\limits_{(x,y)\to(0,a)} \dfrac{\sin xy}{x}$;

(3)$\lim\limits_{(x,y)\to(0,0)} x\sin \dfrac{1}{\sqrt{x^2 + y^2}}$;　　　(4)$\lim\limits_{(x,y)\to(0,1)} \dfrac{\tan xy}{2xy^2}$;

(5)$\lim\limits_{(x,y)\to(1,1)} \dfrac{\sin(x^2 - y^2)}{x - y}$;　　　(6)$\lim\limits_{(x,y)\to(1,1)} \dfrac{xy - 1}{\sqrt{xy + 3} - 2}$.

4. 证明下列极限不存在:

(1)$\lim\limits_{(x,y)\to(0,0)} \dfrac{x - y}{x + y}$;　　　　(2)$\lim\limits_{(x,y)\to(0,0)} \dfrac{x^2 y}{x^4 + y^2}$.

习题 9-1(B)

1. 某厂家生产的一种产品在甲、乙两个市场销售,销售价格分别为 x 和 y(单位:元),两个市场的销售量 Q_1 和 Q_2 各自是销售价格的均匀递减函数,当售价为 10 元时,销售量分别为 2400 件、850 件,当售价为 12 元时,销售量分别为 2000 件、700 件. 如果生产该产品的成本函数是 $C = 12000 + 20(Q_1 + Q_2)$,试用 x, y 表示该厂生产此产品的利润 L.

2. 求下列极限:

(1) $\lim\limits_{(x,y)\to(2,+\infty)}\left(1+\dfrac{1}{xy}\right)^{y}$;　　(2) $\lim\limits_{(x,y)\to(0,0)}\dfrac{e^{x^2+y^2}-1}{x^2+y^2}$;

(3) $\lim\limits_{(x,y)\to(\infty,\infty)}\dfrac{x^2+y^2}{x^4+y^4}$;　　(4) $\lim\limits_{(x,y)\to(0,0)}\dfrac{xy}{\sqrt{x^2+y^2}}$.

3. 证明:极限 $\lim\limits_{(x,y)\to(0,0)}\dfrac{x^2y^2}{x^2y^2+(y-x)^2}$ 不存在.

4. 讨论函数 $f(x,y)=\begin{cases}\dfrac{2xy}{x^2+y^2}, & x^2+y^2\neq0,\\ 0, & x^2+y^2=0\end{cases}$ 在点 $(0,0)$ 处的连续性.

第二节　偏导数

在一元函数的微分学中,我们知道导数是函数值增量与自变量增量比值的极限,它反映了函数对自变量的变化率. 在实际问题中,对于多元函数仍然要考虑函数的因变量随自变量变化时的变化率. 二元函数含有两个自变量,在考虑因变量对自变量的变化率时,我们可以把其中一个变量看成常数,讨论因变量对另一个自变量的变化率,即讨论 $f(x,y)$ 对 x 的变化率时,把 y 看成常数;讨论 $f(x,y)$ 对 y 的变化率时,把 x 看成常数,这就产生了偏导数的概念.

一、一阶偏导数的定义

1. 定义

定义　设函数 $z=f(x,y)$ 在点 $P_0(x_0,y_0)$ 的某一邻域内有定义,将 y 固定为 y_0,给 x_0 一增量 Δx(点 $(x_0+\Delta x,y_0)$ 仍属于这个邻域)时,于是函数有增量

$$\Delta z=f(x_0+\Delta x,y_0)-f(x_0,y_0),$$

如果极限

$$\lim_{\Delta x\to0}\frac{\Delta z}{\Delta x}=\lim_{\Delta x\to0}\frac{f(x_0+\Delta x,y_0)-f(x_0,y_0)}{\Delta x}$$

存在,则称该极限为函数 $z=f(x,y)$ 在点 $P_0(x_0,y_0)$ 处对自变量 x 的**偏导数**,记作:$\dfrac{\partial z}{\partial x}\Big|_{\substack{x=x_0\\y=y_0}}$,$\dfrac{\partial f}{\partial x}\Big|_{\substack{x=x_0\\y=y_0}}$,$z_x\Big|_{\substack{x=x_0\\y=y_0}}$ 或 $f'_x(x_0,y_0)$(也简记为 $f_x(x_0,y_0)$).

类似地,函数 $z=f(x,y)$ 在点 $P_0(x_0,y_0)$ 处对自变量 y 的**偏导数**定义为

$$\lim_{\Delta y\to0}\frac{\Delta z}{\Delta y}=\lim_{\Delta y\to0}\frac{f(x_0,y_0+\Delta y)-f(x_0,y_0)}{\Delta y},$$

记作

偏导数的定义

$$\dfrac{\partial z}{\partial y}\bigg|_{\substack{x=x_0\\y=y_0}},\dfrac{\partial f}{\partial y}\bigg|_{\substack{x=x_0\\y=y_0}},z_y\bigg|_{\substack{x=x_0\\y=y_0}}\ 或\ f'_y(x_0,y_0)(也简记为 f_y(x_0,y_0)).$$

如果函数 $z=f(x,y)$ 在区域 D 内的每一点 (x,y) 处对 x 的偏导数都存在,那么这个偏导数仍然是区域 D 内关于 x,y 的函数,我们称它为该函数关于自变量 x 的**偏导函数**,记作

$$\dfrac{\partial z}{\partial x},\dfrac{\partial f}{\partial x},z_x\ 或\ f'_x(x,y)(也简记为 f_x(x,y)).$$

同样,函数 $z=f(x,y)$ 对 y 的**偏导函数**,记为

$$\dfrac{\partial z}{\partial y},\dfrac{\partial f}{\partial y},z_y\ 或\ f'_y(x,y)(也简记为 f_y(x,y)).$$

偏导函数通常简称为偏导数.

从上述定义我们可以看出,求二元函数 $f(x,y)$ 对 x(或 y)的偏导数,就是把 $f(x,y)$ 中的 y(或 x)看成是常数,然后对 x(或 y)求导,这就相当于一元函数导数的计算. 因此,一元函数的求导公式和法则可以直接应用到二元函数偏导数的计算上来.

$f_x(x_0,y_0)$ 是二元函数 $f(x,y)$ 对 x 的偏导函数 $f_x(x,y)$ 在 (x_0,y_0) 点处的值;$f_y(x_0,y_0)$ 是偏导函数 $f_y(x,y)$ 在 (x_0,y_0) 点处的值.

例 1　设 $z=x^2+3xy+y^2-1$,求在点 $(4,-5)$ 处的偏导数.

解　把 y 看作常量,对 x 求导,得

$$\dfrac{\partial z}{\partial x}=2x+3y,$$

把 x 看作常量,对 y 求导,得

$$\dfrac{\partial z}{\partial y}=3x+2y,$$

将 $(4,-5)$ 代入上式有

$$\dfrac{\partial z}{\partial x}\bigg|_{\substack{x=4\\y=-5}}=(2x+3y)\bigg|_{\substack{x=4\\y=-5}}=-7,$$

$$\dfrac{\partial z}{\partial y}\bigg|_{\substack{x=4\\y=-5}}=(3x+2y)\bigg|_{\substack{x=4\\y=-5}}=2.$$

注　本题在对 x 求偏导数时,需要把 y 看作常数. 故可先把 y 的值代入,即 $f(x,-5)=x^2-15x+24$,这就化为对一元函数求导了. 同理,对 y 求偏导数时,也可以把 x 的值代入,即

$$f(4,y)=12y+y^2+15.$$

所以

$$\dfrac{\partial z}{\partial x}\bigg|_{\substack{x=4\\y=-5}}=\dfrac{\mathrm{d}}{\mathrm{d}x}(x^2-15x+24)\big|_{x=4}=(2x-15)\big|_{x=4}=-7,$$

$$\dfrac{\partial z}{\partial y}\bigg|_{\substack{x=4\\y=-5}}=\dfrac{\mathrm{d}}{\mathrm{d}y}(y^2+12y+15)\big|_{y=-5}=(2y+12)\big|_{y=-5}=2.$$

例 2　求函数 $z=y\sin(x^2y)$ 的偏导数.

解　把 y 看作常量,对 x 求导,得

$$\frac{\partial z}{\partial x} = (y\sin(x^2 y))'_x = y\cos(x^2 y) \cdot (x^2 y)'_x = y\cos(x^2 y) \cdot 2xy$$

$$= 2xy^2\cos(x^2 y);$$

把 x 看作常量,对 y 求导,得

$$\frac{\partial z}{\partial y} = (y\sin(x^2 y))'_y = \sin(x^2 y) + y\cos(x^2 y) \cdot (x^2 y)'_y$$

$$= \sin(x^2 y) + x^2 y\cos(x^2 y).$$

例 3　求函数 $f(x,y) = \dfrac{3x}{x + \cos y}$ 的偏导数.

解　把 y 看作常量,对 x 求导,得

$$\frac{\partial z}{\partial x} = \left(\frac{3x}{x+\cos y}\right)'_x = \frac{3(x+\cos y) - 3x(x+\cos y)'_x}{(x+\cos y)^2} \cdot$$

$$= \frac{3(x+\cos y) - 3x}{(x+\cos y)^2} = \frac{3\cos y}{(x+\cos y)^2}.$$

把 x 看作常量,对 y 求导,得

$$\frac{\partial z}{\partial y} = \left(\frac{3x}{x+\cos y}\right)'_y = \frac{0 - 3x(x+\cos y)'_y}{(x+\cos y)^2}$$

$$= \frac{3x\sin y}{(x+\cos y)^2}.$$

例 4　设函数 $f(x,y) = x\cos y + (x-1)\tan\sqrt[3]{\dfrac{y}{x}}$,则 $z_x(1,0)$, $z_y(1,2)$.

解　我们采用例 1 的后一种方法,先确定 $f(x,0)$, $f(1,y)$,即:

$$f(x,0) = x, f(1,y) = \cos y.$$

故 $z_x(1,0) = \dfrac{\mathrm{d}f(x,0)}{\mathrm{d}x}\Big|_{(1,0)} = 1$, $z_y(1,2) = \dfrac{\mathrm{d}f(1,y)}{\mathrm{d}y}\Big|_{(1,2)} = -\sin 2$

例 4 若求出偏导函数后再代入点,计算量繁琐. 而若先将非求偏导的变量的数值代入,化为一元函数再求导,则可以达到简化计算的目的.

例 5　求函数 $z = (x+y)^{\frac{y}{x}}$ 的偏导数.

解　因为　$z = (x+y)^{\frac{y}{x}} = \mathrm{e}^{[\ln(x+y)]\frac{y}{x}} = \mathrm{e}^{\frac{y}{x}\ln(x+y)}$,

所以 $\dfrac{\partial z}{\partial x} = \mathrm{e}^{\frac{y}{x}\ln(x+y)}\left[\dfrac{y}{x}\ln(x+y)\right]'_x$

$$= \mathrm{e}^{\frac{y}{x}\ln(x+y)}\left[-\frac{y}{x^2}\ln(x+y) + \frac{y}{x(x+y)}\right]$$

$$= (x+y)^{\frac{y}{x}} \cdot \frac{y}{x^2}\left[\frac{x}{x+y} - \ln(x+y)\right],$$

$$\frac{\partial z}{\partial y} = \mathrm{e}^{\frac{y}{x}\ln(x+y)}\left[\frac{y}{x}\ln(x+y)\right]'_y = \mathrm{e}^{\frac{y}{x}\ln(x+y)}\left[\frac{1}{x}\ln(x+y) + \frac{y}{x(x+y)}\right]$$

$$= (x+y)^{\frac{y}{x}} \cdot \frac{1}{x}\left[\ln(x+y) + \frac{y}{x+y}\right].$$

偏导数的概念可以推广到三元或三元以上的多元函数中. 例如三元函数 $u = f(x, y, z)$ 在 (x, y, z) 点处对 x 的偏导数就是

$$\frac{\partial u}{\partial x} = \lim_{\Delta x \to 0} \frac{\Delta u}{\Delta x} = \lim_{\Delta x \to 0} \frac{f(x + \Delta x, y, z) - f(x, y, z)}{\Delta x}.$$

显然, 求 $u = f(x, y, z)$ 在 (x, y, z) 点处对 x 的偏导数时, 只需视 y, z 为常数, 利用一元函数的求导法即可.

例 6 求函数 $u = (x^2 + y^2)z^2 + \sin 2x$ 的偏导数.

解 该函数是关于 x, y, z 的三元函数, 分别对自变量 x, y, z 求偏导数, 有

$$\frac{\partial u}{\partial x} = 2xz^2 + 2\cos 2x,$$

$$\frac{\partial u}{\partial y} = 2yz^2, \frac{\partial u}{\partial z} = 2z(x^2 + y^2).$$

例 7 已知一定量的理想气体的状态方程为 $PV = RT$(R 为常数), 证明:

$$\frac{\partial P}{\partial V} \cdot \frac{\partial V}{\partial T} \cdot \frac{\partial T}{\partial P} = -1.$$

证 因为

$$P = \frac{RT}{V}, \frac{\partial P}{\partial V} = -\frac{RT}{V^2},$$

$$V = \frac{RT}{P}, \frac{\partial V}{\partial T} = \frac{R}{P},$$

$$T = \frac{PV}{R}, \frac{\partial T}{\partial P} = \frac{V}{R},$$

所以 $\quad \dfrac{\partial P}{\partial V} \cdot \dfrac{\partial V}{\partial T} \cdot \dfrac{\partial T}{\partial P} = -\dfrac{RT}{V^2} \cdot \dfrac{R}{P} \cdot \dfrac{V}{R} = -\dfrac{RT}{PV} = -1.$

例 7 表明, 与一元函数的导数是微商不同, 偏导数 $\dfrac{\partial P}{\partial V}, \dfrac{\partial V}{\partial T}$ 与 $\dfrac{\partial T}{\partial P}$ 是一个整体的记号, 不能看作是分子与分母的商.

2. 偏导数的几何意义

设二元函数 $z = f(x, y)$ 在点 (x_0, y_0) 处的偏导数 $f_x(x_0, y_0)$, $f_y(x_0, y_0)$ 存在.

我们知道 $f_x(x_0, y_0)$ 是一元函数 $z = f(x, y_0)$ 对 x 的导数在 x_0 点的值. 从图形上看(见图 9-7), $z = f(x, y_0)$ 是曲面 $z = f(x, y)$ 与平面 $y = y_0$ 的交线. 由一元函数导数的几何意义可知, $f_x(x_0, y_0)$ 表示交线: $\begin{cases} z = f(x, y), \\ y = y_0 \end{cases}$ 在点 $x = x_0$ 处的切线关于 x 轴的斜率. 同样, $f_y(x_0, y_0)$ 表示交线: $\begin{cases} z = f(x, y), \\ x = x_0 \end{cases}$ 在 $y = y_0$ 处的切线关于 y 轴的斜率.

3. 函数偏导数存在与函数连续的关系

我们已经知道, 如果一元函数在某点处可导, 那么函数在这点

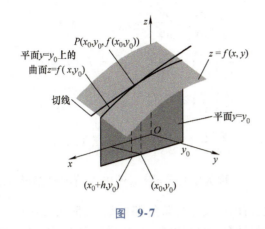

图 9-7

处一定连续. 但对二元函数来说, 如果偏导数在某点处存在, 并不能保证函数在这点处连续.

例 8 求函数 $f(x,y) = \begin{cases} \dfrac{xy}{x^2 + y^2}, & x^2 + y^2 \neq 0, \\ 0, & x^2 + y^2 = 0 \end{cases}$ 在点 $(0,0)$ 处的

偏导数的几何意义

偏导数, 并讨论函数在点 $(0,0)$ 处的连续性.

解 由偏导数的定义, 有

$$f_x(0,0) = \lim_{\Delta x \to 0} \frac{f(\Delta x, 0) - f(0,0)}{\Delta x} = \lim_{\Delta x \to 0} \frac{0}{\Delta x} = 0,$$

$$f_y(0,0) = \lim_{\Delta y \to 0} \frac{f(0, \Delta y) - f(0,0)}{\Delta y} = \lim_{\Delta y \to 0} \frac{0}{\Delta y} = 0.$$

从而 $f(x,y)$ 在点 $(0,0)$ 处的偏导数 $f_x(0,0), f_y(0,0)$ 都存在. 但是, 由本章第一节例 3 可知, $f(x,y)$ 在点 $(0,0)$ 处的极限不存在, 故 $f(x,y)$ 在点 $(0,0)$ 处不连续.

由例 8 可以看到, 偏导数存在只能够保证点 $P(x,y)$ 沿着平行于坐标轴的方向趋近于点 $P(x_0, y_0)$ 时, 函数 $f(x,y)$ 趋近于 $f(x_0, y_0)$, 但是不能保证点 $P(x,y)$ 按照任何方式趋近于点 $P(x_0, y_0)$ 时, 函数 $f(x,y)$ 都趋近于 $f(x_0, y_0)$.

二、 高阶偏导数

1. 高阶偏导数的概念

与一元函数的高阶导数类似, 也可以定义二元函数的高阶偏导数.

设函数 $z = f(x,y)$ 在区域 D 内有偏导数 $\dfrac{\partial z}{\partial x} = f_x(x,y)$ 及 $\dfrac{\partial z}{\partial y} = f_y(x,y)$, 那么这两个偏导数也是区域 D 内关于 x 和 y 的二元函数. 如果 $f_x(x,y)$ 及 $f_y(x,y)$ 在区域 D 上也都有偏导数, 那么称此偏导数为函数 $z = f(x,y)$ 的二阶偏导数. $z = f(x,y)$ 共有四个二阶偏导数, 分别记作

$$\frac{\partial}{\partial x}\left(\frac{\partial z}{\partial x}\right) = \frac{\partial^2 z}{\partial x^2} = z_{xx} = f_{xx}(x,y),$$

$$\frac{\partial}{\partial y}\left(\frac{\partial z}{\partial x}\right) = \frac{\partial^2 z}{\partial x \partial y} = z_{xy} = f_{xy}(x,y),$$

$$\frac{\partial}{\partial x}\left(\frac{\partial z}{\partial y}\right) = \frac{\partial^2 z}{\partial y \partial x} = z_{yx} = f_{yx}(x,y),$$

$$\frac{\partial}{\partial y}\left(\frac{\partial z}{\partial y}\right) = \frac{\partial^2 z}{\partial y^2} = z_{yy} = f_{yy}(x,y),$$

其中，$\dfrac{\partial^2 z}{\partial x \partial y}$ 与 $\dfrac{\partial^2 z}{\partial y \partial x}$ 称为函数 $z = f(x,y)$ 的二阶混合偏导数.

类似地，可以定义更高阶的偏导数，二阶及二阶以上阶的偏导数称为高阶偏导数，可以仿照二阶偏导数引入相应的记号.

例9 设二元函数 $z = x\cos y + y\mathrm{e}^x$，求 $\dfrac{\partial^2 z}{\partial x^2}, \dfrac{\partial^2 z}{\partial x \partial y}, \dfrac{\partial^2 z}{\partial y \partial x}, \dfrac{\partial^2 z}{\partial y^2}, \dfrac{\partial^3 z}{\partial x^3}$.

解 显然，我们必须首先求出该函数的所有一阶偏导数.

$$\frac{\partial z}{\partial x} = \cos y + y\mathrm{e}^x, \frac{\partial z}{\partial y} = -x\sin y + \mathrm{e}^x.$$

因此：

$$\frac{\partial^2 z}{\partial x^2} = y\mathrm{e}^x, \quad \frac{\partial^2 z}{\partial x \partial y} = -\sin y + \mathrm{e}^x,$$

$$\frac{\partial^2 z}{\partial y^2} = -x\cos y, \quad \frac{\partial^2 z}{\partial y \partial x} = -\sin y + \mathrm{e}^x.$$

$$\frac{\partial^3 z}{\partial x^3} = \frac{\partial}{\partial x}\left(\frac{\partial^2 z}{\partial x^2}\right) = \frac{\partial}{\partial x}(y\mathrm{e}^x) = y\mathrm{e}^x.$$

2. 混合偏导数相等的条件

从例9我们看到，函数 $z = f(x,y)$ 的两个二阶混合偏导数都存在且相等，即 $\dfrac{\partial^2 z}{\partial x \partial y} = \dfrac{\partial^2 z}{\partial y \partial x}$. 但这并不是说任意二元函数的两个混合偏导数都是相等的，下面我们不加证明的给出一个二阶混合偏导数相等的充分条件.

定理 若函数 $z = f(x,y)$ 的两个二阶混合偏导数 $\dfrac{\partial^2 z}{\partial x \partial y}$ 及 $\dfrac{\partial^2 z}{\partial y \partial x}$ 在区域 D 内连续，那么在 D 内必有

$$\frac{\partial^2 z}{\partial x \partial y} = \frac{\partial^2 z}{\partial y \partial x}.$$

可以看到，在定理的条件下，二阶混合偏导数与求导的顺序无关. 进一步，高阶混合偏导数在偏导数连续的情形下也与求导顺序无关.

例10 验证函数 $z = \ln\sqrt{x^2+y^2}$ 满足拉普拉斯方程 $\dfrac{\partial^2 z}{\partial x^2} + \dfrac{\partial^2 z}{\partial y^2} = 0$.

证 由于 $z = \ln\sqrt{x^2+y^2} = \dfrac{1}{2}\ln(x^2+y^2)$，所以

$$\frac{\partial z}{\partial x} = \frac{x}{x^2 + y^2}, \quad \frac{\partial^2 z}{\partial x^2} = \frac{x^2 + y^2 - x \cdot 2x}{(x^2 + y^2)^2} = \frac{y^2 - x^2}{(x^2 + y^2)^2}.$$

$$\frac{\partial z}{\partial y} = \frac{y}{x^2 + y^2}, \quad \frac{\partial^2 z}{\partial y^2} = \frac{x^2 - y^2}{(x^2 + y^2)^2}.$$

因此

$$\frac{\partial^2 z}{\partial x^2} + \frac{\partial^2 z}{\partial y^2} = \frac{y^2 - x^2}{(x^2 + y^2)^2} + \frac{x^2 - y^2}{(x^2 + y^2)^2} = 0.$$

例 11 验证函数 $r = \sqrt{x^2 + y^2 + z^2}$ 满足方程

$$\frac{\partial^2 r}{\partial x^2} + \frac{\partial^2 r}{\partial y^2} + \frac{\partial^2 r}{\partial z^2} = \frac{2}{r}.$$

证 $\dfrac{\partial r}{\partial x} = \dfrac{x}{\sqrt{x^2 + y^2 + z^2}} = \dfrac{x}{r}$,因此可求得:

$$\frac{\partial^2 r}{\partial x^2} = \frac{1 \cdot r - x \dfrac{\partial r}{\partial x}}{r^2} = \frac{r - x \cdot \dfrac{x}{r}}{x^2 + y^2 + z^2} = \frac{r^2 - x^2}{r^3}.$$

由对称性,易知:

$$\frac{\partial^2 r}{\partial y^2} = \frac{r^2 - y^2}{r^3}, \frac{\partial^2 r}{\partial z^2} = \frac{r^2 - z^2}{r^3}.$$

因此

$$\frac{\partial^2 r}{\partial x^2} + \frac{\partial^2 r}{\partial y^2} + \frac{\partial^2 r}{\partial z^2} = \frac{r^2 - x^2}{r^3} + \frac{r^2 - y^2}{r^3} + \frac{r^2 - z^2}{r^3} = \frac{3r^2 - (x^2 + y^2 + z^2)}{r^3}$$

$$= \frac{3r^2 - r^2}{r^3} = \frac{2}{r}.$$

习题 9-2(A)

1. 求下列函数的偏导数:

(1) $z = xy^2 + \sqrt{2x + 3y}$;　　　(2) $z = \cos^2 xy + \sin(x + y)$;

(3) $z = \sqrt{\ln(x + 2y)}$;　　　　(4) $z = \ln(x^2 + \ln y)$;

(5) $z = \sqrt{xy}\cos \dfrac{y}{x}$;　　　　(6) $z = \arcsin \sqrt{1 - xy}$;

(7) $z = \dfrac{xy}{\sqrt{x^2 + y^2}}$;　　　　(8) $z = \arctan \dfrac{x + y}{x - y}$;

(9) $u = z^{\frac{x}{y}}$;　　　　　　(10) $u = \dfrac{\tan(x^2 - y^2)}{z}$.

2. 求曲线 $\begin{cases} z = 1 + \sqrt{2 + x^2 + y^2} \\ x = 1 \end{cases}$,在点 $M(1,1,3)$ 处的切线与 x 轴正

向的夹角.

3. 设 $z = x^2 y + \mathrm{e}^x + (x - 1)\sec \dfrac{y}{\sqrt{x}}$,求 $z_x(1,0)$ 及 $z_y(1,0)$.

4. 求下列函数的高阶导数:

（1）设 $z = x^3y^2 - 3xy^3 - xy + 1$，求 $\dfrac{\partial^2 z}{\partial x^2}, \dfrac{\partial^2 z}{\partial y \partial x}, \dfrac{\partial^2 z}{\partial x \partial y}, \dfrac{\partial^2 z}{\partial y^2}, \dfrac{\partial^3 z}{\partial x^3}$；

（2）设 $z = x\ln xy$，求 $\dfrac{\partial^2 z}{\partial x^2}, \dfrac{\partial^2 z}{\partial y^2}$ 和 $\dfrac{\partial^3 z}{\partial x \partial y^2}$.

5. 证明：

（1）设函数 $u = z\arctan \dfrac{y}{x}$，证明：$\dfrac{\partial^2 u}{\partial x^2} + \dfrac{\partial^2 u}{\partial y^2} + \dfrac{\partial^2 u}{\partial z^2} = 0$；

（2）设 $z = x^y (x > 0, x \neq 1)$，求证：$\dfrac{x}{y} \dfrac{\partial z}{\partial x} + \dfrac{1}{\ln x} \dfrac{\partial z}{\partial y} = 2z$.

习题 9-2（B）

1. 设一种商品的需求量 Q 是其价格 p_1 及某相关商品价格 p_2 的函数，如果该函数存在偏导数，那么称 $E_1 = -\dfrac{\partial Q}{\partial p_1} \dfrac{p_1}{Q}$ 为需求对价格 p_1 的弹性、$E_2 = -\dfrac{\partial Q}{\partial p_2} \dfrac{p_2}{Q}$ 为需求对价格 p_2 的交叉弹性. 如果某种数码相机的销售量 Q 与其价格 p_1 及彩色喷墨打印机的价格 p_2 有关，具体为：

$$Q = 120 + \frac{250}{p_1} - 10p_2 - p_2^2,$$

当 $p_1 = 50, p_2 = 5$ 时，求需求对价格 p_1 的弹性和需求对价格 p_2 的交叉弹性.

2. 设 $z = \arcsin \dfrac{x}{\sqrt{x^2 + y^2}}$，求 $\dfrac{\partial z}{\partial x}, \dfrac{\partial z}{\partial y}$.

3. 设函数 $f(x, y) = \begin{cases} \dfrac{x+y}{x-y}, & y \neq x, \\ 0, & y = x, \end{cases}$ 证明：在点 $(0, 0)$ 处 $f(x, y)$ 的两个偏导数都不存在.

4. 设 $z = \arctan \dfrac{x+y}{x-y}$，求 $\dfrac{\partial^2 z}{\partial x^2}, \dfrac{\partial^2 z}{\partial y^2}$ 和 $\dfrac{\partial^2 z}{\partial x \partial y}$.

5. 设函数 $u = \ln \sqrt{x^2 + y^2 + z^2}$，证明：$\dfrac{\partial^2 u}{\partial x^2} + \dfrac{\partial^2 u}{\partial y^2} + \dfrac{\partial^2 u}{\partial z^2} = \dfrac{1}{x^2 + y^2 + z^2}$.

第三节　全微分

前面我们已经学过了一元函数的微分，它描述的是函数在一点处的增量与自变量的增量之间的关系. 同样，多元函数也有类似的结论. 本节我们将讨论二元函数的全微分，该结果都可以推广到三元及三元以上的多元函数中.

一、　全微分的定义

设二元函数 $z = f(x,y)$ 定义在区域 D 上,自变量 x,y 分别取增量 $\Delta x,\Delta y$,且 $(x + \Delta x,y + \Delta y) \in D$,则因变量相应的增量

$$\Delta z = f(x + \Delta x,y + \Delta y) - f(x,y)$$

称为函数 $z = f(x,y)$ 在点 (x,y) 处对应于自变量增量 Δx 和 Δy 的全增量.

一般说来,全增量 Δz 的表达式比较复杂,例如对函数 $z = x^2 y$,自变量 x,y 分别取得增量 $\Delta x,\Delta y$ 之后,函数的全增量为:

$$\Delta z = 2xy\Delta x + x^2\Delta y + (\Delta x)^2 y + 2x\Delta x\Delta y + (\Delta x)^2\Delta y.$$

由此看到,要计算这个增量比较麻烦. 为此,我们希望像一元函数一样,用 $\Delta x,\Delta y$ 的线性函数来近似代替 Δz. 这就引出了全微分的概念.

▶ 全微分的定义

> **定义**　设函数 $z = f(x,y)$ 在点 (x,y) 的某邻域内有定义,若函数 $z = f(x,y)$ 在点 (x,y) 处的全增量
> $$\Delta z = f(x + \Delta x,y + \Delta y) - f(x,y)$$
> 可表示为
> $$\Delta z = A\Delta x + B\Delta y + o(\rho),$$
> 其中, A, B 与 x, y 有关,不依赖于 Δx, Δy, $\rho = \sqrt{(\Delta x)^2 + (\Delta y)^2}$,则称函数 $z = f(x,y)$ 在点 (x,y) 处可微分,称 $A\Delta x + B\Delta y$ 为函数 $z = f(x,y)$ 在点 (x,y) 处的全微分,记作 $\mathrm{d}z$,即
> $$\mathrm{d}z = A\Delta x + B\Delta y.$$
> 如果函数 $z = f(x,y)$ 在区域 D 内每一点处都可微分,那么称函数 $z = f(x,y)$ 在区域 D 内可微分.

二、　函数可微的条件

由全微分的定义,我们容易得到函数 $z = f(x,y)$ 可微分的条件.

1. 函数可微的必要条件

定理 1(必要条件)　若函数 $z = f(x,y)$ 在点 (x,y) 处可微分,则函数 $z = f(x,y)$ 在点 (x,y) 处的偏导数 $\dfrac{\partial z}{\partial x}$ 与 $\dfrac{\partial z}{\partial y}$ 都存在,并且函数 $z = f(x,y)$ 在点 (x,y) 处的全微分为:

$$\mathrm{d}z = \frac{\partial z}{\partial x}\Delta x + \frac{\partial z}{\partial y}\Delta y.$$

证　设函数 $z = f(x,y)$ 在点 (x,y) 处可微分,即有
$$\Delta z = A\Delta x + B\Delta y + o(\rho).$$

若给自变量 x 一个增量 Δx,而 y 固定,即 $\Delta y = 0$,则有
$$\rho = \sqrt{(\Delta x)^2 + 0^2} = |\Delta x|,\text{于是}$$
$$\Delta z = A\Delta x + o(|\Delta x|).$$

上式两端同时除以 Δx，并令 $\Delta x \to 0$，得

$$\lim_{\Delta x \to 0} \frac{\Delta z}{\Delta x} = \lim_{\Delta x \to 0} \frac{A\Delta x + o(|\Delta x|)}{\Delta x} = A.$$

从而函数 $z = f(x,y)$ 在点 (x,y) 处的偏导数 $\frac{\partial z}{\partial x}$ 存在，且 $\frac{\partial z}{\partial x} = A$.

同样可证明偏导数 $\frac{\partial z}{\partial y}$ 存在，且 $\frac{\partial z}{\partial y} = B$.

因此，函数 $z = f(x,y)$ 在点 (x,y) 处的全微分为：

$$\mathrm{d}z = \frac{\partial z}{\partial x}\Delta x + \frac{\partial z}{\partial y}\Delta y.$$

我们知道，二元函数在一点处偏导数存在，并不能保证函数在该点处连续. 可是，如果二元函数在一点可微，那么函数必在该点处连续.

定理 2 如果函数 $z = f(x,y)$ 在点 (x,y) 处可微分，那么函数在点 (x,y) 必连续.

证 设函数 $z = f(x,y)$ 在点 (x,y) 处可微分，则有

$$\Delta z = f(x+\Delta x, y+\Delta y) - f(x,y) = A\Delta x + B\Delta y + o(\rho),$$

或

$$f(x+\Delta x, y+\Delta y) = f(x,y) + A\Delta x + B\Delta y + o(\rho).$$

其中，$\rho = \sqrt{(\Delta x)^2 + (\Delta y)^2}$，对上式两边关于 $\Delta x \to 0$，$\Delta y \to 0$ 取极限，得

$$\lim_{\substack{\Delta x \to 0 \\ \Delta y \to 0}} f(x+\Delta x, y+\Delta y) = f(x,y),$$

这说明 $z = f(x,y)$ 在点 (x,y) 处是连续的.

显然，定理 2 反过来是不成立的. 即使函数在某点的偏导数存在，也得不到函数在该点可微的结论. 比如函数

$$f(x,y) = \begin{cases} \dfrac{xy}{\sqrt{x^2 + y^2}}, & x^2 + y^2 \neq 0, \\ 0, & x^2 + y^2 = 0 \end{cases}$$

在点 $(0,0)$ 处的两个偏导数都是存在的，且 $f_x(0,0) = f_y(0,0) = 0$，但是该函数在 $(0,0)$ 处却是不可微的.

事实上

$$\Delta z - [f_x(0,0)\Delta x + f_y(0,0)\Delta y] = \frac{\Delta x \Delta y}{\sqrt{(\Delta x)^2 + (\Delta y)^2}},$$

所以

$$\lim_{\substack{\Delta x \to 0 \\ \Delta y \to 0}} \frac{\Delta z - [f_x(0,0)\Delta x + f_y(0,0)\Delta y]}{\rho}$$

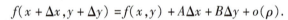

$$= \lim_{\substack{\Delta x \to 0 \\ \Delta y \to 0}} \frac{\dfrac{\Delta x \Delta y}{\sqrt{(\Delta x)^2 + (\Delta y)^2}}}{\sqrt{(\Delta x)^2 + (\Delta y)^2}} = \lim_{\substack{\Delta x \to 0 \\ \Delta y \to 0}} \frac{\Delta x \Delta y}{(\Delta x)^2 + (\Delta y)^2}.$$

可微的必要条件与充分条件

由本章第一节例 3 可知,上式极限是不存在的. 这就说明, $\Delta z - [A\Delta x + B\Delta y] \neq o(\rho)$, 因此函数在点 $(0,0)$ 处不可微.

2. 函数可微的充分条件

由前面可知,偏导数存在不能保证函数可微. 但是,如果函数的各偏导数连续,那么可以证明函数是可微分的.

定理 3 如果函数 $z = f(x,y)$ 在点 (x,y) 处的偏导数 $\dfrac{\partial z}{\partial x}$ 与 $\dfrac{\partial z}{\partial y}$ 都存在并且连续,那么在点 (x,y) 处该函数是可微的.

类似一元函数,我们习惯上把自变量的增量 $\Delta x, \Delta y$ 分别用 $\mathrm{d}x$, $\mathrm{d}y$ 来表示,则 $z = f(x,y)$ 在点 (x,y) 处的全微分可以写为

$$\mathrm{d}z = \frac{\partial z}{\partial x}\mathrm{d}x + \frac{\partial z}{\partial y}\mathrm{d}y.$$

二元函数全微分的定义及可微分的条件,都可以推广到三元及三元以上的多元函数中. 例如,若三元函数 $u = f(x,y,z)$ 可微分,则

$$\mathrm{d}u = \frac{\partial u}{\partial x}\mathrm{d}x + \frac{\partial u}{\partial y}\mathrm{d}y + \frac{\partial u}{\partial z}\mathrm{d}z.$$

例 1 求函数 $z = x^2 y + \ln\dfrac{y}{x}$ 的全微分.

解 因为

$$\frac{\partial z}{\partial x} = 2xy + \frac{x}{y}\left(-\frac{y}{x^2}\right) = 2xy - \frac{1}{x},$$

$$\frac{\partial z}{\partial y} = x^2 + \frac{x}{y} \cdot \frac{1}{x} = x^2 + \frac{1}{y},$$

所以 $\quad \mathrm{d}z = \left(2xy - \dfrac{1}{x}\right)\mathrm{d}x + \left(x^2 + \dfrac{1}{y}\right)\mathrm{d}y.$

例 2 求函数 $z = y\cos(x - 2y)$ 在点 $\left(\pi, \dfrac{\pi}{4}\right)$ 处的全微分.

解 因为

$$\frac{\partial z}{\partial x} = -y\sin(x - 2y),$$

$$\frac{\partial z}{\partial y} = \cos(x - 2y) + 2y\sin(x - 2y),$$

所以 $\quad \dfrac{\partial z}{\partial x}\bigg|_{(\pi,\frac{\pi}{4})} = \left[-y\sin(x - 2y)\right]\bigg|_{(\pi,\frac{\pi}{4})} = -\dfrac{\pi}{4},$

$$\frac{\partial z}{\partial y}\bigg|_{(\pi,\frac{\pi}{4})} = \left[\cos(x - 2y) + 2y\sin(x - 2y)\right]\bigg|_{(\pi,\frac{\pi}{4})} = \frac{\pi}{2}.$$

进而有 $\quad \mathrm{d}z = -\dfrac{\pi}{4}\mathrm{d}x + \dfrac{\pi}{2}\mathrm{d}y.$

例 3 求函数 $u = y^{xz}(y > 0)$ 的全微分.

解 因为

$$\frac{\partial u}{\partial x} = zy^{xz}\ln y, \quad \frac{\partial u}{\partial y} = xzy^{xz-1}, \quad \frac{\partial u}{\partial z} = xy^{xz}\ln y,$$

所以

$$du = zy^{xz}\ln y dx + xzy^{xz-1}dy + xy^{xz}\ln y dz.$$

三、 全微分在近似计算中的应用

由全微分的定义可知,如果函数 $z = f(x,y)$ 在点 (x_0,y_0) 处可微,那么在点 (x_0,y_0) 处有

$$\Delta z = f(x_0 + \Delta x, y_0 + \Delta y) - f(x_0, y_0)$$
$$= f_x(x_0, y_0)\Delta x + f_y(x_0, y_0)\Delta y + o(\sqrt{(\Delta x)^2 + (\Delta y)^2}).$$

当 $|\Delta x|$, $|\Delta y|$ 充分小时,有

$$f(x_0 + \Delta x, y_0 + \Delta y) - f(x_0, y_0) \approx f_x(x_0, y_0)\Delta x + f_y(x_0, y_0)\Delta y,$$

或:

$$f(x_0 + \Delta x, y_0 + \Delta y) \approx f(x_0, y_0) + f_x(x_0, y_0)\Delta x + f_y(x_0, y_0)\Delta y.$$

令 $x = x_0 + \Delta x$, $y = y_0 + \Delta y$,上式可以表示为:

$$f(x,y) \approx f(x_0, y_0) + f_x(x_0, y_0)(x - x_0) + f_y(x_0, y_0)(y - y_0).$$

上式右边是一个线性函数,我们可以利用这个线性函数对二元函数进行近似计算,这就是函数 $z = f(x,y)$ 在点 (x_0,y_0) 附近的局部线性化.

例4 求 $(1.97)^{1.05}$ 的近似值.

解 设函数 $z = f(x,y) = x^y$. 显然,要计算的值是函数在 $x = 1.97$, $y = 1.05$ 时的函数值 $f(1.97, 1.05)$

取 $x = 2$, $y = 1$, $\Delta x = -0.03$, $\Delta y = 0.05$.

因为 $f_x(x,y) = yx^{y-1}$, $f_y(x,y) = x^y\ln x$,

$f(2,1) = 2$, $f_x(2,1) = 1$, $f_y(2,1) = 2\ln 2$,

所以 $(1.97)^{1.05} \approx 2 + 1 \times (-0.03) + 2 \times \ln 2 \times 0.05 \approx 2.0393$.

例5 一个圆柱形构件受压后发生形变,它的半径由 20cm 增加到 20.05cm,高由 100cm 减少到 99cm,求此构件体积变化的近似值.

解 设构件的高为 h、底面半径为 r、体积为 V,则 $V = \pi r^2 h$.

$\dfrac{\partial V}{\partial r} = 2\pi rh$, $\dfrac{\partial V}{\partial h} = \pi r^2$,于是 $dV = 2\pi rh\Delta r + \pi r^2\Delta h$,

当 $r = 20$, $h = 100$, $\Delta r = 0.05$, $\Delta h = -1$ 时,

$\Delta V \approx dV = \pi[2 \times 20 \times 100 \times 0.05 + 20^2 \times (-1)] = -200\pi \approx -628\text{cm}^3$,

即体积大约减少了 628cm^3.

习题 9-3(A)

1. 求下列函数的全微分:

(1) $z = \sin\left(x + \dfrac{1}{y}\right)$; (2) $z = x^2 y + 2x\sqrt{y}$;

(3) $z = e^{\frac{y}{x}}$; (4) $z = \ln\tan\dfrac{x}{y}$;

(5) $u = z^{x^2+y^2}$;　　　　(6) $u = \ln(x - 3y + 2z)$.

2. 求函数 $u = \left(\dfrac{y}{x}\right)^z$ 在点 $(1,2,-1)$ 处的全微分.

3. 求函数 $z = \ln(1 + 4x^2 - y^2)$ 当 $x = 1, y = 2$ 时的全微分.

4. 求函数 $z = e^{xy}$ 在点 $(2,1)$ 处当 $\Delta x = 0.1, \Delta y = 0.2$ 时的全微分.

习题 9-3(B)

1. 计算 $(1.04)^{2.02}$ 的近似值.

2. 计算 $\sqrt{1.02^3 + 1.97^3}$ 的近似值.

3. 设函数 $f(x,y) = \begin{cases} \dfrac{x^2 y}{x^2 + y^2}, & x^2 + y^2 \neq 0, \\ 0, & x^2 + y^2 = 0. \end{cases}$ 试讨论其在点 $O(0,0)$ 处偏导数的存在性、偏导数的连续性以及函数 $f(x,y)$ 的可微性.

第四节　多元复合函数的求导法则

我们知道,在一元函数微分学中,复合函数求导法则起着重要的作用. 现在我们把一元复合函数求导的链式法则推广到多元复合函数的情形.

一、多元复合函数的求导法则

按照多元复合函数不同的复合情形,分以下三种情况讨论.

1. 复合函数的中间变量均为一元函数时的情形

定理 1　如果

(1) 函数 $u = u(t), v = v(t)$ 都在 t 点可导;

(2) 函数 $z = f(u,v)$ 在对应点处具有连续的偏导数,

则复合函数 $z = f[u(t),v(t)]$ 在点 t 可导,且有

$$\frac{\mathrm{d}z}{\mathrm{d}t} = \frac{\partial z}{\partial u}\frac{\mathrm{d}u}{\mathrm{d}t} + \frac{\partial z}{\partial v}\frac{\mathrm{d}v}{\mathrm{d}t}.$$

上式通常称为多元复合函数求导的**链式法则**. z 通过中间变量 u, v 与自变量 t 之间的关系可以用图 9-8 表示.

链式法则可以推广到复合函数的变量多于两个的情形. 例如设函数 $z = f(u,v,w)$,

$$u = u(t), v = v(t), w = w(t),$$

则在与定理 1 相类似的条件下,复合函数

$$z = f[u(t),v(t),w(t)]$$

对于 t 是可导的,且有

$$\frac{\mathrm{d}z}{\mathrm{d}t} = \frac{\partial z}{\partial u}\frac{\mathrm{d}u}{\mathrm{d}t} + \frac{\partial z}{\partial v}\frac{\mathrm{d}v}{\mathrm{d}t} + \frac{\partial z}{\partial w}\frac{\mathrm{d}w}{\mathrm{d}t}.$$

图　9-8

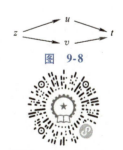

多元复合函数的
中间变量为一元函数时
求导法则及举例

例1 设函数 $z = xy$，其中，$x = t^2$，$y = \cos t$，求 $\dfrac{\mathrm{d}z}{\mathrm{d}t}$.

解 因为

$$\frac{\partial z}{\partial x} = y, \quad \frac{\partial z}{\partial y} = x,$$

$$\frac{\mathrm{d}x}{\mathrm{d}t} = 2t, \quad \frac{\mathrm{d}y}{\mathrm{d}t} = -\sin t,$$

由链式法则，有

$$\frac{\mathrm{d}z}{\mathrm{d}t} = \frac{\partial z}{\partial x}\frac{\mathrm{d}x}{\mathrm{d}t} + \frac{\partial z}{\partial y}\frac{\mathrm{d}y}{\mathrm{d}t} = y \cdot 2t + x \cdot (-\sin t) = 2t\cos t - t^2\sin t.$$

2. 复合函数的中间变量均为多元函数时的情形

定理2 如果

(1) 函数 $u = u(x, y)$，$v = v(x, y)$ 都在点 (x, y) 处存在偏导数；

(2) 函数 $z = f(u, v)$ 在点 (x, y) 的对应点 (u, v) 处存在连续的偏导数 $\dfrac{\partial z}{\partial u}$，$\dfrac{\partial z}{\partial v}$，则复合函数 $z = f[u(x, y), v(x, y)]$ 在点 (x, y) 对 x, y 的偏导数都存在，且有

$$\frac{\partial z}{\partial x} = \frac{\partial z}{\partial u}\frac{\partial u}{\partial x} + \frac{\partial z}{\partial v}\frac{\partial v}{\partial x},$$

$$\frac{\partial z}{\partial y} = \frac{\partial z}{\partial u}\frac{\partial u}{\partial y} + \frac{\partial z}{\partial v}\frac{\partial v}{\partial y}.$$

▶ 多元复合函数中间变量为多元函数时求导法则及举例

上式仍可称为链式法则，我们可以通过图 9-9 来直观地描述函数、中间变量与自变量之间的关系.

显然，在求 $\dfrac{\partial z}{\partial x}$ 时，将 y 看作常量，这时中间变量 $u = u(x, y)$ 和 $v = v(x, y)$ 可以看作关于 x 的一元函数，应用定理 1 即得. 因为函数 $u = u(x, y)$ 和 $v = v(x, y)$ 都是关于 x 和 y 的二元函数，这时对 x 求导，不再是导数，而是偏导数.

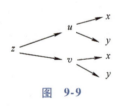

图 9-9

例2 设 $z = u^2\ln v$，而 $u = \dfrac{x}{y}$，$v = 4x - 5y$，求 $\dfrac{\partial z}{\partial x}$，$\dfrac{\partial z}{\partial y}$.

解 由链式法则得

$$\frac{\partial z}{\partial x} = \frac{\partial z}{\partial u}\frac{\partial u}{\partial x} + \frac{\partial z}{\partial v}\frac{\partial v}{\partial x} = 2u\ln v \cdot \frac{1}{y} + \frac{u^2}{v} \cdot 4$$

$$= \frac{2x}{y^2}\ln(4x - 5y) + \frac{4x^2}{y^2(4x - 5y)},$$

$$\frac{\partial z}{\partial y} = \frac{\partial z}{\partial u}\frac{\partial u}{\partial y} + \frac{\partial z}{\partial v}\frac{\partial v}{\partial y} = 2u\ln v \cdot \left(-\frac{x}{y^2}\right) + \frac{u^2}{v} \cdot (-5)$$

$$= -\frac{2x^2}{y^3}\ln(4x - 5y) - \frac{5x^2}{y^2(4x - 5y)}.$$

例3 设 $z = \mathrm{e}^{xy}\sin(x + y)$，求 $\dfrac{\partial z}{\partial x}$，$\dfrac{\partial z}{\partial y}$.

解 令 $u = xy$，$v = x + y$，这时 $z = \mathrm{e}^u\sin v$，根据链式法则，有

$$\frac{\partial z}{\partial x} = \frac{\partial z}{\partial u}\frac{\partial u}{\partial x} + \frac{\partial z}{\partial v}\frac{\partial v}{\partial x} = e^u \sin v \cdot y + e^u \cos v \cdot 1$$

$$= e^{xy} y \sin(x+y) + e^{xy} \cos(x+y)$$

$$= e^{xy}[y\sin(x+y) + \cos(x+y)],$$

$$\frac{\partial z}{\partial y} = \frac{\partial z}{\partial u}\frac{\partial u}{\partial y} + \frac{\partial z}{\partial v}\frac{\partial v}{\partial y} = e^u \sin v \cdot x + e^u \cos v \cdot 1$$

$$= e^{xy}[x\sin(x+y) + \cos(x+y)].$$

例 4 设 $w = f(x+y+z, xyz)$，f 具有二阶连续偏导数，求 $\frac{\partial w}{\partial x}, \frac{\partial^2 w}{\partial x \partial z}$.

解 令 $u = x+y+z, v = xyz$，则 $w = f(u,v)$.

显然，f 是一个抽象函数，所给函数是由 $w = f(u,v)$ 及 $u = x+y+z, v = xyz$ 复合而成，根据链式法则，得：

$$\frac{\partial w}{\partial x} = \frac{\partial f}{\partial u} \cdot \frac{\partial u}{\partial x} + \frac{\partial f}{\partial v} \cdot \frac{\partial v}{\partial x} = \frac{\partial f}{\partial u} \cdot 1 + \frac{\partial f}{\partial v} \cdot yz = f_u + yzf_v,$$

$$\frac{\partial^2 w}{\partial x \partial z} = \frac{\partial}{\partial z}\left(\frac{\partial w}{\partial x}\right) = \frac{\partial}{\partial z}(f_u + f_v \cdot yz) = \frac{\partial f_u}{\partial z} + yf_v + yz\frac{\partial f_v}{\partial z}.$$

需要注意的是，f_u 和 f_v 仍为抽象复合函数，是由偏导函数 $f_u = f_u(u,v), f_v = f_v(u,v)$ 与 $u = x+y+z, v = xyz$ 复合而成，根据链式法则，有

$$\frac{\partial f_u}{\partial z} = \frac{\partial f_u}{\partial u}\frac{\partial u}{\partial z} + \frac{\partial f_u}{\partial v}\frac{\partial v}{\partial z} = f_{uu} \cdot 1 + f_{uv} \cdot xy = f_{uu} + xyf_{uv},$$

$$\frac{\partial f_v}{\partial z} = \frac{\partial f_v}{\partial u}\frac{\partial u}{\partial z} + \frac{\partial f_v}{\partial v}\frac{\partial v}{\partial z} = f_{vu} \cdot 1 + f_{vv} \cdot xy = f_{vu} + xyf_{vv}.$$

于是

$$\frac{\partial^2 w}{\partial x \partial z} = f_{uu} + xyf_{uv} + yf_v + yz(f_{vu} + xyf_{vv}) = f_{uu} + y(x+z)f_{uv} + yf_v + xy^2 zf_{vv}.$$

注 有时，为了书写方便，我们可以引入下面的记号：

$$\frac{\partial f}{\partial u} = f_u = f'_1, \qquad \frac{\partial f}{\partial v} = f_v = f'_2,$$

$$\frac{\partial^2 f}{\partial u^2} = f_{uu} = f''_{11}, \qquad \frac{\partial^2 f}{\partial u \partial v} = f_{uv} = f''_{12},$$

$$\frac{\partial^2 f}{\partial v \partial u} = f_{vu} = f''_{21}, \qquad \frac{\partial^2 f}{\partial v^2} = f_{vv} = f''_{22},$$

这里下标 1 表示对第一个变量 u 求偏导数，下标 2 表示对第二个变量 v 求偏导数. 从而结果可以写为：

$$\frac{\partial w}{\partial x} = f'_1 + yzf'_2,$$

$$\frac{\partial^2 w}{\partial x \partial z} = f''_{11} + y(x+z)f''_{12} + yf'_2 + xy^2 zf''_{22}.$$

3. 复合函数的中间变量既有一元函数，又有多元函数时的情形

定理 3 如果函数满足以下条件：

（1）函数 $u=u(x,y)$ 在点 (x,y) 存在对 x,y 的偏导数，$v=v(x)$ 在点 x 可导；

（2）函数 $z=f(u,v)$ 在相应点 (u,v) 处存在连续偏导数 $\dfrac{\partial z}{\partial u},\dfrac{\partial z}{\partial v}$，则复合函数 $z=f[u(x,y),v(x)]$ 在点 (x,y) 对 x,y 的偏导数都存在，且有

多元复合函数的中间变量既有一元又有多元函数时求导法则及举例

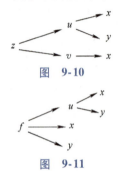

图 9-10

图 9-11

$$\frac{\partial z}{\partial x}=\frac{\partial f}{\partial u}\frac{\partial u}{\partial x}+\frac{\partial f}{\partial v}\frac{\mathrm{d}v}{\mathrm{d}x},$$

$$\frac{\partial z}{\partial y}=\frac{\partial f}{\partial u}\frac{\partial u}{\partial y}.$$

图 9-10 描述了函数、中间变量与自变量之间的关系。上述情形实际上是情形 2 的一种特例，即在情形 2 中，如变量 v 与 y 无关，从而 $\dfrac{\partial v}{\partial y}=0$；而 $v=v(x)$ 是关于 x 的一元函数，故导数记为 $\dfrac{\mathrm{d}v}{\mathrm{d}x}$。

当中间变量有三个或三个以上，其中有的是多元函数，有的是一元函数时，也有类似的结论。设 $z=f(u,x,y)$ 具有连续偏导数，$u=u(x,y)$ 具有偏导数，则复合函数 $z=f(u(x,y),x,y)$ 可以看作情形 2 中 $v=x,w=y$ 的特殊情形。函数变量间的关系图可以由图 9-11 表示。

由链式法则可得复合函数 $z=f(u(x,y),x,y)$ 对自变量 x 和 y 的偏导数为

$$\frac{\partial z}{\partial x}=\frac{\partial f}{\partial u}\frac{\partial u}{\partial x}+\frac{\partial f}{\partial x},$$

$$\frac{\partial z}{\partial y}=\frac{\partial f}{\partial u}\frac{\partial u}{\partial y}+\frac{\partial f}{\partial y},$$

需要注意的是，这里的 $\dfrac{\partial z}{\partial x}$ 与 $\dfrac{\partial f}{\partial x}$ 是不同的。$\dfrac{\partial z}{\partial x}$ 是把复合函数 $z=f(u(x,y),x,y)$ 中的 y 看作常数，对 x 求偏导数；$\dfrac{\partial f}{\partial x}$ 是把 $z=f(u,x,y)$ 中的 u 和 y 看作常数，对 x 求偏导数。不能把式中的 $\dfrac{\partial f}{\partial x}$ 写为 $\dfrac{\partial z}{\partial x}$。符号 $\dfrac{\partial z}{\partial y}$ 与 $\dfrac{\partial f}{\partial y}$ 也有类似的区别。

例5 设 $z=u^2\sin v$，而 $u=xy,v=2y$，求 $\dfrac{\partial z}{\partial x},\dfrac{\partial z}{\partial y}$。

解 $\dfrac{\partial z}{\partial x}=\dfrac{\partial z}{\partial u}\dfrac{\partial u}{\partial x}=2u\sin v\cdot y=2xy^2\sin(2y)$，

$\dfrac{\partial z}{\partial y}=\dfrac{\partial z}{\partial u}\dfrac{\partial u}{\partial y}+\dfrac{\partial z}{\partial v}\dfrac{\mathrm{d}v}{\mathrm{d}y}=2u\sin v\cdot x+u^2\cos v\cdot 2$

$\qquad =2x^2y\sin(2y)+2x^2y^2\cos(2y)$。

例6 设 $z=f(u,v,w)$，其中 $u=\mathrm{e}^x,v=xy,w=y\cos x$，求 $\dfrac{\partial z}{\partial x},\dfrac{\partial z}{\partial y}$。

解 图 9-12 画出了函数变量之间的关系图，由链式法则，有

$$\frac{\partial z}{\partial x} = \frac{\partial f}{\partial u}\frac{\mathrm{d}u}{\mathrm{d}x} + \frac{\partial f}{\partial v}\frac{\partial v}{\partial x} + \frac{\partial f}{\partial w}\frac{\partial w}{\partial x}$$

$$= \mathrm{e}^x f'_1 + yf'_2 - y\sin x f'_3,$$

$$\frac{\partial z}{\partial y} = \frac{\partial f}{\partial v}\frac{\partial v}{\partial y} + \frac{\partial f}{\partial w}\frac{\partial w}{\partial y} = xf'_2 + f'_3\cos x.$$

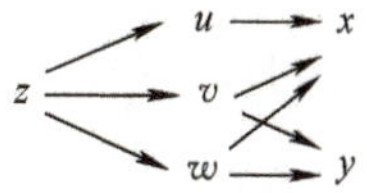

例 7 求函数 $z = f(x, y, \mathrm{e}^{xy})$ 的偏导数 $\dfrac{\partial z}{\partial x}, \dfrac{\partial z}{\partial y}$.

解 令 $u = x, v = y, w = \mathrm{e}^{xy}$，则 $z = f(u, v, w)$，由链式法则，有

$$\frac{\partial z}{\partial x} = \frac{\partial f}{\partial u}\frac{\mathrm{d}u}{\mathrm{d}x} + \frac{\partial f}{\partial w}\cdot\frac{\partial w}{\partial x} = \frac{\partial f}{\partial u}\cdot 1 + \frac{\partial f}{\partial w}\cdot \mathrm{e}^{xy}y = f'_1 + y\mathrm{e}^{xy}f'_3,$$

$$\frac{\partial z}{\partial y} = \frac{\partial f}{\partial v}\frac{\mathrm{d}v}{\mathrm{d}y} + \frac{\partial f}{\partial w}\cdot\frac{\partial w}{\partial y} = \frac{\partial f}{\partial v}\cdot 1 + \frac{\partial f}{\partial w}\cdot \mathrm{e}^{xy}x = f'_2 + x\mathrm{e}^{xy}f'_3.$$

图 9-12

二、 全微分形式的不变性

在一元函数的微分中，不论 u 是中间变量还是自变量，函数 $z = f(u)$ 的微分都有 $\mathrm{d}z = f'(u)\mathrm{d}u$ 的形式，称为一元函数的一阶微分形式的不变性.

与一元函数类似，多元函数也有微分形式的不变性的性质.

设函数 $z = f(u, v)$ 可微，当 u, v 是自变量时，有全微分

$$\mathrm{d}z = \frac{\partial z}{\partial u}\mathrm{d}u + \frac{\partial z}{\partial v}\mathrm{d}v.$$

当 u, v 是关于 x, y 的函数时，即 $u = u(x, y), v = v(x, y)$，且都具有连续偏导数，则复合函数 $z = f[u(x, y), v(x, y)]$ 在点 (x, y) 处的全微分为

$$\mathrm{d}z = \frac{\partial z}{\partial x}\mathrm{d}x + \frac{\partial z}{\partial x}\mathrm{d}y.$$

利用复合函数的链式法则

$$\frac{\partial z}{\partial x} = \frac{\partial f}{\partial u}\frac{\partial u}{\partial x} + \frac{\partial f}{\partial v}\frac{\partial v}{\partial x}, \qquad \frac{\partial z}{\partial y} = \frac{\partial f}{\partial u}\frac{\partial u}{\partial y} + \frac{\partial f}{\partial v}\frac{\partial v}{\partial y}.$$

因此

$$\mathrm{d}z = \frac{\partial z}{\partial x}\mathrm{d}x + \frac{\partial z}{\partial y}\mathrm{d}y = \left(\frac{\partial f}{\partial u}\frac{\partial u}{\partial x} + \frac{\partial f}{\partial v}\frac{\partial v}{\partial x}\right)\mathrm{d}x + \left(\frac{\partial f}{\partial u}\frac{\partial u}{\partial y} + \frac{\partial f}{\partial v}\frac{\partial v}{\partial y}\right)\mathrm{d}y$$

$$= \frac{\partial f}{\partial u}\left(\frac{\partial u}{\partial x}\mathrm{d}x + \frac{\partial u}{\partial y}\mathrm{d}y\right) + \frac{\partial f}{\partial v}\left(\frac{\partial v}{\partial x}\mathrm{d}x + \frac{\partial v}{\partial y}\mathrm{d}y\right)$$

$$= \frac{\partial f}{\partial u}\mathrm{d}u + \frac{\partial f}{\partial v}\mathrm{d}v.$$

由此可见，无论 u, v 是自变量还是中间变量，函数 $z = f(u, v)$ 的全微分形式都是一样的. 这个性质称为**全微分形式的不变性**.

例 8 利用微分形式不变性求本节例 2 函数的全微分.

解 由一阶全微分形式的不变性，我们有

$$\mathrm{d}z = \frac{\partial z}{\partial u}\mathrm{d}u + \frac{\partial z}{\partial v}\mathrm{d}v = 2u\ln v\mathrm{d}u + \frac{u^2}{v}\mathrm{d}v,$$

又因 u,v 是关于 x,y 的函数，且

$$du = d\left(\frac{x}{y}\right) = \frac{y dx - x dy}{y^2}, \quad dv = 4dx - 5dy,$$

代入后合并含 dx 和 dy 的项，得

$$dz = \left[\frac{2x}{y^2}\ln(4x-5y) + \frac{4x^2}{y^2(4x-5y)}\right]dx + \left[-\frac{2x^2}{y^3}\ln(4x-5y) - \frac{5x^2}{y^2(4x-5y)}\right]dy.$$

显然，全微分表达式中的两个偏导数 $\frac{\partial z}{\partial x}$，$\frac{\partial z}{\partial y}$ 与例 2 的结果是一致的.

习题 9-4（A）

1. 求下列函数的全导数：

(1) 设函数 $z = e^{u-2v}$，$u = \sin t$，$v = t^3$，求 $\dfrac{dz}{dt}$；

(2) 设函数 $z = uv + \sin t$，而 $u = e^t$，$v = \cos t$，求全导数 $\dfrac{dz}{dt}$；

(3) 设函数 $z = x^2\cos y$ 而 $y = y(x)$ 是 x 的可微函数，求 $\dfrac{dz}{dx}$.

2. 求下列函数的一阶偏导数：

(1) 设函数 $z = e^{\frac{u}{v}}$，而 $u = x+y$，$v = x-y$，求 $\dfrac{\partial z}{\partial x}$ 和 $\dfrac{\partial z}{\partial y}$；

(2) 设函数 $z = (x^2+y^2)^{xy+1}$，求 $\dfrac{\partial z}{\partial x}$ 和 $\dfrac{\partial z}{\partial y}$.

3. 求下列函数的一阶偏导数（其中，函数 f 具有一阶连续的偏导数或导数）：

(1) $z = f\left(\dfrac{x}{y}, e^{xy}\right)$；　　　(2) $z = f(xy, x^2-y^2)$；

(3) $z = xf(\sqrt{x^2+y^2})$；　　(4) $u = f(x, xy, xyz)$.

4. 设函数 $z = \dfrac{y}{f(x^2-y^2)}$，其中，$f(u)$ 是可微函数，证明：

$$\frac{1}{x}\frac{\partial z}{\partial x} + \frac{1}{y}\frac{\partial z}{\partial y} = \frac{z}{y^2}.$$

5. 设函数 $z = xyf\left(\dfrac{y}{x}\right)$，其中 $f(u)$ 是可微函数，证明：

$$x\frac{\partial z}{\partial x} + y\frac{\partial z}{\partial y} = 2z.$$

6. 利用全微分形式的不变性求函数 $u = e^{y+z} + \cos(x^2+y^2+z^2)$ 的全微分.

习题 9-4（B）

1. 求下列函数的二阶偏导数（其中，函数 f 具有二阶连续偏导数）：
   (1) $z = f(xy, x+y)$；　　　　(2) $z = f(x, x^2+y^2)$.

2. 设函数 $z = x^3 f\left(xy, \dfrac{y}{x}\right)$，其中，函数 $f(u, v)$ 具有二阶连续偏导数，
   求 $\dfrac{\partial z}{\partial y}, \dfrac{\partial^2 z}{\partial y^2}, \dfrac{\partial^2 z}{\partial x \partial y}$.

3. 设 $z = f(x, y)$ 有连续的一阶偏导数，且 $x = r\cos\theta, y = r\sin\theta$. 求
   $\dfrac{\partial z}{\partial r}, \dfrac{\partial z}{\partial \theta}$，并证明：$\left(\dfrac{\partial z}{\partial r}\right)^2 + \dfrac{1}{r^2}\left(\dfrac{\partial z}{\partial \theta}\right)^2 = \left(\dfrac{\partial z}{\partial x}\right)^2 + \left(\dfrac{\partial z}{\partial y}\right)^2$.

第五节　隐函数的求导公式

在一元函数微分学中，我们讨论了由二元方程 $F(x, y) = 0$ 确定的隐函数的导数的计算方法. 本节我们将分别研究由二元方程 $F(x, y) = 0$ 及三元方程 $F(x, y, z) = 0$ 能够唯一确定隐函数所需的条件，并给出一元隐函数和二元隐函数的求导公式.

一、一个方程的情况

在实际中，对于一个二元方程 $F(x, y) = 0$，未必能唯一确定一个隐函数. 比如方程 $x^2 + y^2 = 1$，在点 $(1, 0)$ 附近对任意的 x, y 都有的两个值 $y = \pm\sqrt{1-x^2}$ 与它对应. 因此，在点 $(1, 0)$ 附近该方程不能确定一个隐函数 $y = f(x)$. 为此我们不加证明地给出隐函数存在的条件：

一元隐函数

定理 1　设函数 $F(x, y)$ 在点 $P_0(x_0, y_0)$ 的某一邻域内有定义，且满足

(1) $F(x_0, y_0) = 0$；

(2) 偏导数 $F_x(x, y)$ 及 $F_y(x, y)$ 连续，且 $F_y(x_0, y_0) \neq 0$.

则在点 (x_0, y_0) 的某邻域内由方程 $F(x, y) = 0$ 恒能唯一确定一个连续且有连续导数的函数 $y = f(x)$，满足 $y_0 = f(x_0)$，并有

$$\frac{\mathrm{d}y}{\mathrm{d}x} = -\frac{F_x(x, y)}{F_y(x, y)}. \tag{9.1}$$

我们仅对公式作如下推导.

将由二元方程 $F(x, y) = 0$ 所确定的隐函数 $y = f(x)$ 代入该方程中，得：

$$F(x, f(x)) = 0.$$

方程的左端可以看作 $F(x, y)$ 及 $y = f(x)$ 复合而成的复合函数.

将方程的两端分别对 x 求导,左端利用复合函数求导的链式法则,可得:

$$\frac{\partial F}{\partial x} + \frac{\partial F}{\partial y} \cdot \frac{\mathrm{d}y}{\mathrm{d}x} = 0,$$

由于 $F_y(x,y)$ 连续及 $F_y(x_0,y_0) \neq 0$,因此存在点 $P_0(x_0,y_0)$ 的一个邻域,在这个邻域内,$F_y(x,y) \neq 0$,于是得

$$\frac{\mathrm{d}y}{\mathrm{d}x} = -\frac{F_x(x,y)}{F_y(x,y)}.$$

例 1 设方程 $\sin y + \mathrm{e}^x = xy^2$ 确定 y 是关于 x 的函数,求 $\dfrac{\mathrm{d}y}{\mathrm{d}x}$.

解 设 $F(x,y) = \sin y + \mathrm{e}^x - xy^2$,

则 $F_x(x,y) = \mathrm{e}^x - y^2$, $F_y(x,y) = \cos y - 2xy$.

应用隐函数求导公式,有

$$\frac{\mathrm{d}y}{\mathrm{d}x} = -\frac{F_x}{F_y} = -\frac{\mathrm{e}^x - y^2}{\cos y - 2xy} = \frac{y^2 - \mathrm{e}^x}{\cos y - 2xy}.$$

注 本题也可以直接采取将原方程两边分别对 x 求导求得.

另解 将方程 $\sin y + \mathrm{e}^x = xy^2$ 两边分别对 x 求导,注意到这里 y 是 x 的函数 $y = f(x)$,得

$$y'\cos y + \mathrm{e}^x = y^2 + 2xyy',$$

解得

$$y' = \frac{y^2 - \mathrm{e}^x}{\cos y - 2xy}.$$

例 2 设方程 $x^2 + y^2 - 1 = 0$ 确定 y 是关于 x 的函数,求:

$\dfrac{\mathrm{d}y}{\mathrm{d}x}$ 与 $\dfrac{\mathrm{d}^2 y}{\mathrm{d}x^2}$ 在点 $(0,1)$ 的导数.

解 令 $F(x,y) = x^2 + y^2 - 1$,则

$$F_x = 2x, F_y = 2y,$$

所以 $$\frac{\mathrm{d}y}{\mathrm{d}x} = -\frac{F_x}{F_y} = -\frac{x}{y}, \frac{\mathrm{d}y}{\mathrm{d}x}\bigg|_{x=0} = 0.$$

$$\frac{\mathrm{d}^2 y}{\mathrm{d}x^2} = \frac{\mathrm{d}}{\mathrm{d}x}\left(-\frac{x}{y}\right) = -\frac{y - x\dfrac{\mathrm{d}y}{\mathrm{d}x}}{y^2} = -\frac{y - x\left(-\dfrac{x}{y}\right)}{y^2} = -\frac{x^2 + y^2}{y^3} = -\frac{1}{y^3},$$

$$\frac{\mathrm{d}^2 y}{\mathrm{d}x^2}\bigg|_{x=0} = -1.$$

定理 1 讨论的是由二元方程 $F(x,y) = 0$ 确定一个隐函数 $y = f(x)$ 时的情形. 以上的结论我们可以推广到三元方程 $F(x,y,z) = 0$ 的情形,即三元方程 $F(x,y,z) = 0$ 在一定条件下,也可以确定一个二元隐函数.

定理 2 设函数 $F(x,y,z)$ 在点 $P_0(x_0,y_0,z_0)$ 的某一邻域内有定义,且满足

（1）$F(x_0,y_0,z_0)=0$；

（2）偏导数 $F_x(x,y,z)$，$F_y(x,y,z)$ 及 $F_z(x,y,z)$ 连续，且 $F_z(x_0,y_0,z_0)\neq0$，则在点 P_0 的某一邻域内由方程 $F(x,y,z)=0$ 恒能唯一确定一个有连续偏导数的函数 $z=f(x,y)$，满足 $z_0=f(x_0,y_0)$，并有

$$\frac{\partial z}{\partial x}=-\frac{F_x}{F_z},\quad \frac{\partial z}{\partial y}=-\frac{F_y}{F_z}. \tag{9.2}$$

二元隐函数

与定理 1 相同，我们也仅对公式给出如下推导．

将由三元方程 $F(x,y,z)=0$ 所确定的隐函数 $z=f(x,y)$ 代入该方程中，得

$$F(x,y,f(x,y))=0.$$

将方程的两端分别对 x 和 y 求导，左端利用复合函数求导的链式法则，可得

$$\frac{\partial F}{\partial x}+\frac{\partial F}{\partial z}\cdot\frac{\partial z}{\partial x}=0,\frac{\partial F}{\partial y}+\frac{\partial F}{\partial z}\cdot\frac{\partial z}{\partial y}=0$$

由于 $F_z(x,y,z)$ 连续且 $F_z(x_0,y_0,z_0)\neq0$，因此存在点 $P_0(x_0,y_0,z_0)$ 的一个邻域，在这个邻域内，有 $F_z(x,y,z)\neq0$，于是得

$$\frac{\partial z}{\partial x}=-\frac{\dfrac{\partial F}{\partial x}}{\dfrac{\partial F}{\partial z}}=-\frac{F_x}{F_z},\frac{\partial z}{\partial y}=-\frac{\dfrac{\partial F}{\partial y}}{\dfrac{\partial F}{\partial z}}=-\frac{F_y}{F_z}.$$

例 3　设 $z(x,y)$ 是由 $x^2+y^2-z^2-xy=0$ 确定的二元函数，求：$\dfrac{\partial z}{\partial y}$ 及 $\dfrac{\partial^2 z}{\partial x^2}$．

解　令 $F(x,y,z)=x^2+y^2-z^2-xy$，

则　　　　　　$F_x=2x-y,F_y=2y-x,F_z=-2z.$

所以

$$\frac{\partial z}{\partial x}=-\frac{F_x}{F_z}=-\frac{2x-y}{-2z}=\frac{2x-y}{2z},$$

$$\frac{\partial z}{\partial y}=-\frac{F_y}{F_z}=-\frac{2y-x}{-2z}=\frac{2y-x}{2z}.$$

于是　　$\dfrac{\partial^2 z}{\partial x^2}=\dfrac{\partial}{\partial x}\left(\dfrac{\partial z}{\partial x}\right)=\dfrac{\partial}{\partial x}\left(\dfrac{2x-y}{2z}\right)$

$$=\frac{2\cdot2z-(2x-y)2\dfrac{\partial z}{\partial x}}{4z^2}=\frac{4z-(2x-y)2\dfrac{2x-y}{2z}}{4z^2}$$

$$=\frac{4z^2-(2x-y)^2}{4z^3}.$$

需要注意的是，在求隐函数的二阶偏导数时，一般利用公式法或直接法先求出一阶偏导数，在对其继续对 x 或 y 求偏导数，就得到了二阶偏导数，这中间仍会出现一阶偏导数 $\dfrac{\partial z}{\partial x}$，$\dfrac{\partial z}{\partial y}$，则将已求得的

一阶偏导数代入即可.

例 4 设 $z(x,y)$ 是由 $x^2 + y^2 + z^2 = yf(yz)$ 确定的二元函数，求：$\dfrac{\partial z}{\partial x}, \dfrac{\partial z}{\partial y}$.

解 令 $F(x,y,z) = x^2 + y^2 + z^2 - yf(yz)$，则

$$F_x = 2x, \quad F_y = 2y - f(yz) - yzf'(yz), \quad F_z = 2z - y^2f'(yz).$$

从而

$$\frac{\partial z}{\partial x} = -\frac{F_x}{F_z} = -\frac{2x}{2z - y^2f'(yz)} = \frac{2x}{y^2f'(yz) - 2z},$$

$$\frac{\partial z}{\partial y} = -\frac{F_y}{F_z} = -\frac{2y - f(yz) - yzf'(yz)}{2z - y^2f'(yz)}$$

$$= \frac{2y - f(yz) - yzf'(yz)}{y^2f'(yz) - 2z}.$$

例 2、例 3 和例 4 中求一阶偏导数都可以利用类似例 1 中的直接法，根据复合函数求导法则，在方程两边分别对 x 和 y 求解偏导数.

二、 方程组时的情形

下面研究由方程组所确定的隐函数的存在性条件，并给出偏导数的计算方法.

假设方程组

$$\begin{cases} F(x,y,u,v) = 0, \\ G(x,y,u,v) = 0. \end{cases} \tag{9.3}$$

一般地，方程组的四个变量中只能有两个变量独立变化，因此方程组就有可能确定两个二元函数. 可以根据函数 F, G 的性质判定由方程组所确定的两个二元函数的存在以及它们的性质，从而我们有下面的定理.

定理 3 设函数 $F(x,y,u,v)$，$G(x,y,u,v)$ 在点 $P_0(x_0,y_0,u_0,v_0)$ 的某一邻域内有定义，且

（1）$F(x_0,y_0,u_0,v_0) = 0, G(x_0,y_0,u_0,v_0) = 0$；

（2）存在着对所有自变量的连续偏导数，并且行列式

$$J = \begin{vmatrix} F_u & F_v \\ G_u & G_v \end{vmatrix}_{P_0} \neq 0.$$

则在点 P_0 的某一邻域内方程组能唯一确定一组具有连续偏导数的函数 $u = u(x,y), v = v(x,y)$，满足 $u_0 = u(x_0,y_0), v_0 = v(x_0,y_0)$，并有

$$\frac{\partial u}{\partial x} = -\frac{1}{J}\frac{\partial(F,G)}{\partial(x,v)} = -\frac{\begin{vmatrix} F_x & F_v \\ G_x & G_v \end{vmatrix}}{\begin{vmatrix} F_u & F_v \\ G_u & G_v \end{vmatrix}}, \frac{\partial v}{\partial x} = -\frac{1}{J}\frac{\partial(F,G)}{\partial(u,x)} = -\frac{\begin{vmatrix} F_u & F_x \\ G_u & G_x \end{vmatrix}}{\begin{vmatrix} F_u & F_v \\ G_u & G_v \end{vmatrix}},$$

$$\frac{\partial u}{\partial y} = -\frac{1}{J}\frac{\partial(F,G)}{\partial(y,v)} = -\frac{\begin{vmatrix} F_y & F_v \\ G_y & G_v \end{vmatrix}}{\begin{vmatrix} F_u & F_v \\ G_u & G_v \end{vmatrix}}, \frac{\partial v}{\partial y} = -\frac{1}{J}\frac{\partial(F,G)}{\partial(u,y)} = -\frac{\begin{vmatrix} F_u & F_y \\ G_u & G_y \end{vmatrix}}{\begin{vmatrix} F_u & F_v \\ G_u & G_v \end{vmatrix}},$$

其中 $J = \dfrac{\partial(F,G)}{\partial(u,v)} = \begin{vmatrix} F_u & F_v \\ G_u & G_v \end{vmatrix}$ 称为雅可比(Jacobi)行列式.

与只有一个方程时的讨论类似,我们仅对公式给出如下推导.

将由方程组所确定的隐函数 $u = u(x,y), v = v(x,y)$ 代入方程组中,得

$$\begin{cases} F(x,y,u(x,y),v(x,y)) = 0, \\ G(x,y,u(x,y),v(x,y)) = 0, \end{cases}$$

将方程组的两端对 x 求导,左端利用复合函数求导的链式法则,可得

$$\begin{cases} F_x(x,y,u,v) + F_u(x,y,u,v)\dfrac{\partial u}{\partial x} + F_v(x,y,u,v)\dfrac{\partial v}{\partial x} = 0, \\ G_x(x,y,u,v) + G_u(x,y,u,v)\dfrac{\partial u}{\partial x} + G_v(x,y,u,v)\dfrac{\partial v}{\partial x} = 0. \end{cases}$$

因为雅可比行列式 $J \neq 0$,由克拉默法则,即可求得 $\dfrac{\partial u}{\partial x}, \dfrac{\partial v}{\partial x}$. 同理,可求得 $\dfrac{\partial u}{\partial y}, \dfrac{\partial v}{\partial y}$.

求由方程组所确定的一组隐函数的偏导数时,通常可以通过对方程组的各方程两边分别关于指定的自变量求偏导数,得到一个关于要求的偏导数的方程组,解这个方程组,即得要求的偏导数.

例 5　求由方程组 $\begin{cases} x^2 + y^2 - uv = 0, \\ xy - u^2 + v^2 = 0 \end{cases}$ 所确定的隐函数

$u = u(x,y), v = v(x,y)$ 的偏导数 $\dfrac{\partial u}{\partial x}, \dfrac{\partial v}{\partial x}$.

解　将所给方程的两边对 x 求偏导数,注意到这里 x,y 是相互独立的,u,v 是 x,y 的函数. 我们有

$$\begin{cases} 2x - v\dfrac{\partial u}{\partial x} - u\dfrac{\partial v}{\partial x} = 0, \\ y - 2u\dfrac{\partial u}{\partial x} + 2v\dfrac{\partial v}{\partial x} = 0. \end{cases}$$

移项并整理,有

$$\begin{cases} v\dfrac{\partial u}{\partial x} + u\dfrac{\partial v}{\partial x} = 2x, \\[2mm] 2u\dfrac{\partial u}{\partial x} - 2v\dfrac{\partial v}{\partial x} = y. \end{cases}$$

这里雅可比行列式 $J = \begin{vmatrix} v & u \\ 2u & -2v \end{vmatrix} = -2u^2 - 2v^2$，在 $J = -2u^2 - 2v^2 \neq 0$ 的条件下，

$$\frac{\partial u}{\partial x} = \frac{\begin{vmatrix} 2x & u \\ y & -2v \end{vmatrix}}{\begin{vmatrix} v & u \\ 2u & -2v \end{vmatrix}} = \frac{4xv + yu}{2(u^2 + v^2)},$$

$$\frac{\partial v}{\partial x} = \frac{\begin{vmatrix} v & 2x \\ 2u & y \end{vmatrix}}{\begin{vmatrix} v & u \\ 2u & -2v \end{vmatrix}} = \frac{4xu - yv}{2(u^2 + v^2)}.$$

注　若将所给方程的两边对 y 求偏导数. 与上面类似，可以求得 $\dfrac{\partial u}{\partial y}, \dfrac{\partial v}{\partial y}.$

习题 9-5（A）

1. 若函数 $y = y(x)$ 分别由下列方程确定，分别求 $\dfrac{\mathrm{d}y}{\mathrm{d}x}$.

   （1）$y = 1 + x\cos y$；　　　　　　　　（2）$y^2 = x + \mathrm{e}^y$；

   （3）$\ln\sqrt{x^2 + y^2} = \arctan\dfrac{y}{x}$.

2. 设 $y = y(x)$ 是由方程 $y = x\mathrm{e}^y + 1$ 确定的隐函数，求 $\dfrac{\mathrm{d}^2 y}{\mathrm{d}x^2}\bigg|_{x=0}$.

3. 设函数 $z = x^y$，而函数 $y = y(x)$ 由方程 $x = y + \mathrm{e}^y$ 确定，求全导数 $\dfrac{\mathrm{d}z}{\mathrm{d}x}$.

4. 若函数 $z = z(x, y)$ 分别由下列方程确定，求 $\dfrac{\partial z}{\partial x}$ 及 $\dfrac{\partial z}{\partial y}$.

   （1）$z^2 y - xz = 1$；　　　　　　　　（2）$x^2 + y^2 - z^2 = 2xyz$；

   （3）$\sin(xyz^2) = xyz^2$；　　　　　　（4）$\dfrac{x}{z} = \ln\dfrac{z}{y}$.

5. 设 $x^2 + y^2 + z^2 - 4z = 0$，求 $\dfrac{\partial^2 z}{\partial x^2}$.

6. 若函数 $x = x(y, z)$，$y = y(x, z)$，$z = z(x, y)$ 都是由方程 $F(x, y, z) = 0$ 确定的隐函数，其中，$F(x, y, z)$ 有一阶连续非零的偏导数，证明：$\dfrac{\partial x}{\partial y} \cdot \dfrac{\partial y}{\partial z} \cdot \dfrac{\partial z}{\partial x} = -1$.

7. 若 z 是 x, y 的函数，并由 $x^2 + y^2 + z^2 = yf\left(\dfrac{z}{y}\right)$ 确定，求 $\dfrac{\partial z}{\partial x}, \dfrac{\partial z}{\partial y}$.

习题 9-5(B)

1. 设函数 $u = e^{xyz}$，而函数 $y = y(x)$ 和 $z = z(x)$ 分别由方程 $y = e^{xy}$ 及 $xz = e^z$ 确定，求全导数 $\dfrac{\mathrm{d}u}{\mathrm{d}x}$.

2. 设函数 $u = x^2 yz^3$，而 $z = z(x, y)$ 由方程 $x^2 + y^2 + z^2 = 3xyz$ 确定，求 $\dfrac{\partial u}{\partial x}\bigg|_{(1,1,1)}$.

3. 设 $z = f(x + y + z, xyz)$，求 $\dfrac{\partial z}{\partial x}, \dfrac{\partial x}{\partial y}, \dfrac{\partial y}{\partial z}$.

4. 若函数 $z = z(x, y)$ 由方程 $z^3 - 3xyz = 1$ 确定，求 $\dfrac{\partial^2 z}{\partial x \partial y}$.

5. 设 $F(u, v)$ 具有连续的偏导数，方程 $F[a(x - z), b(y - z)] = 0$（其中 a, b 是非零常数）确定 z 是 x, y 的隐函数，且 $aF_u + bF_v \neq 0$，求 $\dfrac{\partial z}{\partial x} + \dfrac{\partial z}{\partial y}$.

6. 求由下列方程组所确定函数的导数或偏导数：

(1) $\begin{cases} x + y + z = 1, \\ x^2 + y^2 + z^2 = 4. \end{cases}$ 求 $\dfrac{\mathrm{d}y}{\mathrm{d}x}$ 和 $\dfrac{\mathrm{d}z}{\mathrm{d}x}$；

(2) $\begin{cases} x = e^u + u\sin v, \\ y = e^u - u\cos v. \end{cases}$ 求 $\dfrac{\partial u}{\partial x}, \dfrac{\partial u}{\partial y}, \dfrac{\partial v}{\partial x}$ 及 $\dfrac{\partial v}{\partial y}$.

第六节　多元函数的极值

在一元函数的微分学中，我们曾讨论了极值问题. 同样，在很多管理科学、经济学和工程、科技等实际问题中，也常常需要分析多元函数的极值问题. 本节主要研究二元函数的极值问题，进而解决实际问题中遇到的最大值与最小值问题. 本节所得到的结论，大部分可以推广到三元及三元以上的多元函数中.

一、 二元函数的极值

1. 二元函数极值的概念

定义　设函数 $z = f(x, y)$ 在区域 D 内有定义，点 $P_0(x_0, y_0)$ 是 D 的一个内点. 若存在 P_0 的某一个邻域 $U(P_0) \subset D$，使得对于该邻域内异于点 $P_0(x_0, y_0)$ 的任意点 $P(x, y)$，都有

$$f(x,y) < f(x_0,y_0)(f(x,y) > f(x_0,y_0)),$$

则称 $f(x_0,y_0)$ 为函数 $z = f(x,y)$ 的一个极大（小）值，称 P_0 为该函数的极大（小）值点. 极大值点与极小值点统称为极值点，极大值与极小值统称为极值.

例 1 函数 $z = (x-2)^2 + y^2$ 在点 $(2,0)$ 处取得极小值. 因为对点 $(2,0)$ 的任意一个邻域内异于 $(2,0)$ 的点，函数值恒为正，而在点 $(2,0)$ 处 $z = 0$. 因此，点 $(2,0)$ 是函数 $z = (x-2)^2 + y^2$ 的极小值点. 从几何上看，点 $(2,0,0)$ 其实是开口朝上的抛物面 $z = (x-2)^2 + y^2$ 的顶点.

多元函数极值的概念及举例

例 2 函数 $z = -2\sqrt{x^2 + y^2}$ 在点 $(0,0)$ 处取得极大值. 因为对点 $(0,0)$ 的任意一个邻域内异于 $(0,0)$ 的点，恒有函数值为负，而在点 $(0,0)$ 处 $z = 0$. 因此，点 $(0,0)$ 是函数 $z = -2\sqrt{x^2 + y^2}$ 的极大值点. 从几何上看，点 $(0,0,0)$ 是位于平面 xOy 下方的圆锥面 $z = -2\sqrt{x^2 + y^2}$ 的顶点.

例 3 坐标原点 $(0,0)$ 既不是函数 $z = xy$ 的极大值点，也不是其极小值点. 这是因为在点 $(0,0)$ 的任一邻域内，都有使函数 $z = xy$ 为正的点，也有使其为负的点，而在点 $(0,0)$ 处，函数 $z = xy$ 的值为零. 因此点 $(0,0)$ 不是函数 $z = xy$ 的极值点.

2. 极值存在的必要条件

我们知道，若一元函数 $z = f(x)$ 在可导点 x_0 处取得极值，则必有 $f'(x_0) = 0$. 对于二元函数也有类似的结论.

定理 1（极值存在的必要条件） 若函数 $z = f(x,y)$ 在点 $P_0(x_0,y_0)$ 处的偏导数 $f_x(x_0,y_0)$ 与 $f_y(x_0,y_0)$ 都存在，且在点 $P_0(x_0,y_0)$ 处取得极值，则必有

$$f_x(x_0,y_0) = 0, \quad f_y(x_0,y_0) = 0.$$

证 不妨设函数 $z = f(x,y)$ 在区域 D 内的点 $P_0(x_0,y_0)$ 处取得极大值（当取极小值时完全可以用同样的方法讨论）. 由极大值的定义，对点 $P_0(x_0,y_0)$ 的某个邻域内的任意异于 $P_0(x_0,y_0)$ 的点 $P(x,y)$，都有

$$f(x,y) < f(x_0,y_0),$$

特殊地，在这个邻域内满足 $x \neq x_0, y = y_0$ 的点 (x,y_0) 处，也有

$$f(x,y_0) < f(x_0,y_0).$$

这说明一元函数 $z = f(x,y_0)$ 在 $x = x_0$ 点处取极大值. 又由于 $z = f(x,y)$ 在点 $P_0(x_0,y_0)$ 点存在偏导数，即一元函数 $z = f(x,y_0)$ 在点 x_0 处可导. 由一元函数存在极值的必要条件，$z = f(x,y_0)$ 在点 x_0 处（关于变量 x）的导数必等于零. 也就是

$$f_x(x_0,y_0) = 0;$$

类似地可证 $f_y(x_0,y_0) = 0$.

与一元函数类似,称满足方程组 $\begin{cases} f_x(x,y)=0, \\ f_y(x,y)=0 \end{cases}$ 的点 (x,y) 为函数 $z=f(x,y)$ 的驻点(稳定点). 定理 1 告诉我们,具有偏导数的二元函数的极值点必是驻点. 但二元函数的驻点未必都是极值点. 比如对函数 $z=xy$ 来说,点 $(0,0)$ 是其驻点,但函数在此点处不取极值.

怎样判断一个驻点是否是极值点呢? 下面给出二元函数在驻点处取得极值的充分条件.

3. 极值存在的充分条件

定理 2　若函数 $z=f(x,y)$ 满足

(1)在点 $P_0(x_0,y_0)$ 的一个邻域内存在连续的二阶偏导数,

(2) $f_x(x_0,y_0)=0, f_y(x_0,y_0)=0$.

令　　　　　$A=f_{xx}(x_0,y_0), B=f_{xy}(x_0,y_0), C=f_{yy}(x_0,y_0).$

则函数 $z=f(x,y)$ 在点 $P_0(x_0,y_0)$ 处,当

(1) $AC-B^2>0$ 时,取得极值,并且当 $A<0$ 时取得极大值, $A>0$ 时取得极小值;

(2) $AC-B^2<0$ 时,不取极值;

(3) $AC-B^2=0$ 时,可能取得极值,也可能不取极值,需另做讨论.

定理证明略.

根据以上两个定理,在求具有二阶连续偏导数的函数 $z=f(x,y)$ 的极值时,有如下的步骤:

(1)通过解方程组 $\begin{cases} f_x(x,y)=0, \\ f_y(x,y)=0 \end{cases}$ 求出该函数的所有驻点;

(2)求二阶偏导数,并计算在所有驻点处的 A,B,C 的值;

(3)确定在每一个点处所对应的 $AC-B^2$ 的符号,依照定理 2,判别在该点处是否取得极值,当取极值时是取得极大值还是取得极小值.

例 4　求函数 $f(x,y)=x^3-y^3+6x^2+3y^2+9x$ 的极值.

解　显然,该函数在全平面内处处有偏导数及连续的二阶偏导数.

解方程组

$$\begin{cases} f_x(x,y)=3x^2+12x+9=0, \\ f_y(x,y)=-3y^2+6y=0, \end{cases}$$

得函数的所有驻点是 $(-1,0),(-1,2),(-3,0),(-3,2)$.

再求出其二阶偏导数

$$f_{xx}(x,y)=6x+12, f_{xy}(x,y)=0, f_{yy}(x,y)=-6y+6.$$

在点 $(-1,0)$ 处,有 $A=6, B=0, C=6, AC-B^2=36>0$,依定理 2,函数在这点处取极值,且 $A>0$,所以函数在 $(-1,0)$ 处取极小值 $f(-1,0)=-4$;

在点$(-1,2)$处,有$A=6,B=0,C=-6,AC-B^2=-36<0$,所以$f(-1,2)$不是极值;

在点$(-3,0)$处,有$A=-6,B=0,C=6,AC-B^2=-36<0$,所以$f(-3,0)$不是极值;

在点$(-3,2)$处,有$A=-6,B=0,C=-6,AC-B^2=36>0$,依定理2,函数在这点处取极值,且$A<0$,所以函数在$(-3,2)$处取极大值$f(-3,2)=4$.

由前述可知,如果函数在所讨论的区域内具有偏导数,那么极值只可能在驻点处取得. 然而,如果函数在个别点处的偏导数不存在,那么这些点显然不是驻点,函数在这些点处也可能取得极值. 如例2中的圆锥面$z=-2\sqrt{x^2+y^2}$在点$(0,0)$处的一阶偏导数不存在,但在点$(0,0)$处取极大值. 因此,在讨论函数的极值问题时,驻点和一阶偏导数不存在的点都应当考虑.

二、 二元函数的最值

与一元函数类似,二元函数的极值也是一个局部概念,是相对于极值点附近点处的函数值而言的. 函数的最值是整体的概念,是对函数的整个定义域而言的.

在第一节中,我们已经知道,如果函数$z=f(x,y)$在有界闭区域D上连续,那么函数$z=f(x,y)$在区域D上必能取得最大值和最小值. 这种使函数取得最大值和最小值的点既可能在区域D的内部,也可能在区域D的边界上.

为了求出函数$z=f(x,y)$在有界闭区域D上的最值,通常首先计算出函数$f(x,y)$的驻点和偏导数不存在的点,并求出它们的函数值,然后再求出区域D边界上的最大值和最小值,将这些函数值比较大小,最大的函数值就是函数在有界闭区域D上的最大值,最小的函数值就是函数在有界闭区域D上的最小值. 但由于求函数在区域D的边界上的最大值和最小值比较复杂,因此,如果根据实际问题可知函数$f(x,y)$的最值一定在区域D的内部取得,而函数在区域D上只有一个驻点,那么函数在区域D上的最值一定在这个唯一的驻点处取得.

例5 求函数$f(x,y)=(x^2+y^2-2x-2y)^2+1$在圆域$D:x^2+y^2-2x-2y\leqslant0$上的最小值和最大值.

解 令
$$\begin{cases}f_x=4(x^2+y^2-2x-2y)(x-1)=0,\\f_y=4(x^2+y^2-2x-2y)(y-1)=0,\end{cases}$$

在区域D的内部,得驻点$(1,1)$,且$f(1,1)=5$,

在区域D的边界$x^2+y^2-2x-2y=0$上,函数$f(x,y)=(x^2+y^2-2x-2y)^2+1$的值恒为1.

比较区域 D 内部的驻点和边界上的函数值. 可知, 函数 $z = (x^2 + y^2 - 2x - 2y)^2 + 1$ 在点 $(1,1)$ 处取最大值 $f(1,1) = 5$, 在边界 $x^2 + y^2 - 2x - 2y = 0$ 上所有点处取最小值 1.

例 6　某工厂要用铁板制作一个容积为 V 的长方体有盖水箱, 问如何设计最省材料?

解　设水箱的长、宽和高分别为 x, y, z, 则水箱所用材料的表面积为
$$S = 2(xy + yz + xz), 且 xyz = V,$$

由于 $z = \dfrac{V}{xy}$, 于是有

$$S = 2\left(xy + \frac{V}{x} + \frac{V}{y}\right), x > 0, y > 0.$$

显然, S 为关于 x 和 y 的二元函数, 将等式两边分别对 x 和 y 求偏导数, 令

$$\begin{cases} S_x = 2\left(y - \dfrac{V}{x^2}\right) = 0, \\ S_y = 2\left(x - \dfrac{V}{y^2}\right) = 0, \end{cases}$$

解方程得　$x = \sqrt[3]{V}, y = \sqrt[3]{V}$.

根据题意可知, 水箱表面积的最小值一定存在, 且必在目标函数的定义域内取得. 而函数在定义域内有唯一的驻点 $(\sqrt[3]{V}, \sqrt[3]{V})$. 因此, 最小值一定在唯一驻点处取得. 即当长、宽和高均为 $x = y = z = \sqrt[3]{V}$ 时, 水箱所用的材料最省.

例 7　某厂家生产的一种产品同时在两个市场销售, 售价分别为 P_1 和 P_2, 销售量分别为 Q_1 和 Q_2, 需求函数分别为 $Q_1 = 24 - 0.2 P_1, Q_2 = 10 - 0.5 P_2$, 总成本函数为 $C = 34 + 40(Q_1 + Q_2)$, 问: 厂家如何确定两个市场的售价, 能使其获得的总利润最大? 最大利润为多少?

解　由题意, 总利润函数为
$$\begin{aligned} L(P_1, P_2) &= Q_1 P_1 + Q_2 P_2 - C \\ &= (24 - 0.2 P_1) P_1 + (10 - 0.5 P_2) P_2 - [34 + 40(34 - \\ &\quad 0.2 P_1 - 0.5 P_2)] \\ &= -0.2 P_1^2 - 0.5 P_2^2 + 32 P_1 + 30 P_2 - 1394, \end{aligned}$$

令

$$\begin{cases} L_{P_1} = -0.4 P_1 + 32 = 0, \\ L_{P_2} = -P_2 + 30 = 0, \end{cases}$$

解方程得　$P_1 = 80, P_2 = 30$.

又由于　$L_{P_1 P_1} = -0.4 < 0, L_{P_1 P_2} = 0, L_{P_2 P_2} = -1$,

可知　$AC - B^2 = 0.4 > 0$.

所以 $L(P_1, P_2)$ 在点 $(80,30)$ 处取得极大值. 又因为驻点唯一, 因而可以说明, 当两个市场的售价分别为 80 和 30 时, 总利润最大.

此时,最大利润为 $L(80,30)=336$.

三、 条件极值与拉格朗日乘数法

在上面所讨论的极值问题中,函数的自变量在定义域内不受任何限制,通常称为无条件极值. 但在实际中,经常还会遇到对函数的自变量有附加条件的极值问题.

我们把要求自变量满足一定限制条件的求极值问题称为**条件极值**问题. 在条件极值问题中,把自变量所要满足的附加条件称为**约束条件**,把要求极值的函数称为**目标函数**. 如例 5 实际上是求三元函数 $S=2(xy+yz+xz)$ 在条件 $xyz=V$ 下的极值问题. 其中函数 $S=2(xy+yz+xz)$ 是目标函数,条件 $xyz=V$ 是约束条件.

在求解条件极值问题时,可以根据约束条件,把条件极值化为无条件极值,然后用前述的方法加以解决. 如在例 5 中,由条件 $xyz=V$,将 z 表示成

$$z=\frac{V}{xy},$$

代入表面积表达式中,即化为了无条件极值问题.

这种方法是通过显化约束条件中的某一个自变量,再代入目标函数中消去此自变量,从而把三元函数的条件极值问题化为求二元函数的无条件极值问题. 但在很多情形下,利用这种方法将条件极值化为无条件极值并不简单. 因而我们需要探讨不显化或消元求解条件极值问题. 这就是下面要介绍的拉格朗日乘数法.

一般地,我们要寻求二元函数 $z=f(x,y)$ 在约束条件

$$\varphi(x,y)=0$$

下取得极值的必要条件.

如果函数 $z=f(x,y)$ 在点 (x_0,y_0) 处取得极值,则有

$$\varphi(x_0,y_0)=0. \tag{9.4}$$

假设函数 $f(x,y)$ 与 $\varphi(x,y)$ 都有连续的一阶偏导数,且 $\varphi_y(x,y)\neq0$. 则由隐函数存在定理,方程 $\varphi(x,y)=0$ 可以确定一个具有连续导数的隐函数 $y=y(x)$,并且由隐函数的求导法则,有

$$\frac{\mathrm{d}y}{\mathrm{d}x}\bigg|_{x=x_0}=-\frac{\varphi_x(x_0,y_0)}{\varphi_y(x_0,y_0)}.$$

将 $y=y(x)$ 代入 $z=f(x,y)$ 中,得

$$z=f(x,y(x)),$$

从而求二元函数 $z=f(x,y)$ 条件极值的问题就转化为求一元函数 $z=f(x,y(x))$ 的无条件极值的问题. 由一元可导函数取得极值的必要条件,有

$$\frac{\mathrm{d}z}{\mathrm{d}x}\bigg|_{x=x_0}=f_x(x_0,y_0)+f_y(x_0,y_0)\cdot\frac{\mathrm{d}y}{\mathrm{d}x}\bigg|_{x=x_0}=0, \tag{9.5}$$

将 $\dfrac{\mathrm{d}y}{\mathrm{d}x}\bigg|_{x=x_0}=-\dfrac{\varphi_x(x_0,y_0)}{\varphi_y(x_0,y_0)}$ 代入式(9.5)中,就得到方程

$$f_x(x_0, y_0) - f_y(x_0, y_0) \cdot \frac{\varphi_x(x_0, y_0)}{\varphi_y(x_0, y_0)} = 0, \qquad (9.6)$$

式(9.4)和式(9.6)就是函数 $z = f(x, y)$ 在约束条件 $\varphi(x, y) = 0$ 下在点 (x_0, y_0) 处取得极值的必要条件.

 拉格朗日乘数法

若设 $\lambda = -\dfrac{f_y(x_0, y_0)}{\varphi_y(x_0, y_0)}$,则上述必要条件就变为

$$\begin{cases} f_x(x_0, y_0) + \lambda \varphi_x(x_0, y_0) = 0, \\ f_y(x_0, y_0) + \lambda \varphi_y(x_0, y_0) = 0, \\ \varphi(x_0, y_0) = 0. \end{cases} \qquad (9.7)$$

为了便于记忆,我们引进辅助函数

$$L(x, y, \lambda) = f(x, y) + \lambda \varphi(x, y),$$

则式(9.7)可写为

$$\begin{cases} L_x(x_0, y_0) = 0, \\ L_y(x_0, y_0) = 0, \\ L_\lambda(x_0, y_0) = 0. \end{cases}$$

函数 $L(x, y, \lambda)$ 称为拉格朗日函数,参数 λ 称为拉格朗日乘子.

基于以上讨论,我们可以得到以下结论.

拉格朗日乘数法 为求函数 $z = f(x, y)$ 在约束条件 $\varphi(x, y) = 0$ 下可能的极值点,先构造拉格朗日函数 $L(x, y, \lambda) = f(x, y) + \lambda \varphi(x, y)$,然后求拉格朗日函数的驻点,为此解方程组

$$\begin{cases} L_x(x, y, \lambda) = f_x(x, y) + \lambda \varphi_x(x, y) = 0, \\ L_y(x, y, \lambda) = f_y(x, y) + \lambda \varphi_y(x, y) = 0, \\ L_\lambda(x, y, \lambda) = \varphi(x, y) = 0. \end{cases}$$

方程组解出 x, y 及 λ,点 (x, y) 就是函数 $z = f(x, y)$ 在约束条件 $\varphi(x, y) = 0$ 下可能的极值点.

上述求条件极值的拉格朗日乘数法对求 $n(n \geqslant 3)$ 元函数的条件极值也是适用的.

例 8 利用拉格朗日乘数法解答例 5 中的问题.

解 显然,例 5 中的拉格朗日函数可以构造为

$$L(x, y, z, \lambda) = 2(xy + yz + xz) + \lambda(xyz - V).$$

令

$$\begin{cases} L_x(x, y, z, \lambda) = 2y + 2z + \lambda yz = 0, \\ L_y(x, y, z, \lambda) = 2x + 2z + \lambda xz = 0, \\ L_z(x, y, z, \lambda) = 2y + 2x + \lambda xy = 0, \\ L_\lambda(x, y, z, \lambda) = xyz - V = 0. \end{cases}$$

将前三个方程分别消去 λ 得到 $x = y = z$,代入 $xyz - V = 0$ 中,即得

$$x = y = z = \sqrt[3]{V}.$$

由实际问题可知,容积为 V 的长方体的表面积的最小值一定存在,而该函数又仅有唯一的可能极值点 $(\sqrt[3]{V},\sqrt[3]{V},\sqrt[3]{V})$,因此,点 $(\sqrt[3]{V},\sqrt[3]{V},\sqrt[3]{V})$ 必是函数的最小值点.

一般说来,在求解实际问题时,如果从实际问题中可以看出要求的最大值或最小值一定存在,而函数又只有一个可能的极值点,那么这个可能的极值点就一定是所求的最值点.

拉格朗日乘数法不仅对 $n(n \geqslant 3)$ 元函数适用,而且在约束条件不止一个时,也是适用的. 不妨以目标函数有四个自变量,两个约束条件时的情形为例.

要求四元函数 $u = f(x, y, z, t)$ 在约束条件 $\varphi(x, y, z, t) = 0$,$\psi(x, y, z, t) = 0$ 下的极值,为此构造拉格朗日函数

$$L(x, y, z, t, \lambda, \mu) = f(x, y, z, t) + \lambda\varphi(x, y, z, t) + \mu\psi(x, y, z, t),$$

令

$$\begin{cases} L_x = f_x(x, y, z, t) + \lambda\varphi_x(x, y, z, t) + \mu\psi_x(x, y, z, t) = 0, \\ L_y = f_y(x, y, z, t) + \lambda\varphi_y(x, y, z, t) + \mu\psi_y(x, y, z, t) = 0, \\ L_z = f_z(x, y, z, t) + \lambda\varphi_z(x, y, z, t) + \mu\psi_z(x, y, z, t) = 0, \\ L_t = f_t(x, y, z, t) + \lambda\varphi_t(x, y, z, t) + \mu\psi_t(x, y, z, t) = 0, \\ L_\lambda = \varphi(x, y, z, t) = 0, \\ L_\mu = \psi(x, y, z, t) = 0. \end{cases}$$

求解方程组,即可得到函数 $u = f(x, y, z, t)$ 在约束条件 $\varphi(x, y, z, t) = 0$ 和 $\psi(x, y, z, t) = 0$ 下可能的极值点.

例9 某商家通过电视及网络两种媒体做某商品的广告. 根据统计资料,销售收入 R(百万)与电视广告费用 x(百万)和网络推广广告费用 y(百万)有如下关系:

$$R = 15 + 14x + 32y - 8xy - 2x^2 - 10y^2,$$

(1)在不限定广告费用的情况下,求最优广告策略;

(2)若限定广告费用为 1.5(百万)时,求最优广告策略.

解 由题意,最优广告策略即为使利润最大化.

(1)利润函数为

$$\begin{aligned} L &= R - C = 15 + 14x + 32y - 8xy - 2x^2 - 10y^2 - (x + y) \\ &= 15 + 13x + 31y - 8xy - 2x^2 - 10y^2, \quad (x \geqslant 0, y \geqslant 0). \end{aligned}$$

令

$$\begin{cases} L_x(x, y) = 13 - 8y - 4x = 0, \\ L_y(x, y) = 31 - 8x - 20y = 0, \end{cases}$$

得 $x = 0.75$,$y = 1.25$.

由实际问题可知,利润函数的最大值一定存在,且必在唯一的驻点 $(0.75, 1.25)$ 处取得. 所以在不限定广告费用时,当电视广告

费用为 0.75 万元, 网络推广广告费用为 1.25 万元时, 广告策略最优.

(2) 当广告费用限定为 1.5 (百万) 时, 即求利润函数
$$L = 15 + 13x + 31y - 8xy - 2x^2 - 10y^2$$
在约束条件 $x + y = 1.5$ 下的极值.

利用拉格朗日乘数法, 构造拉格朗日函数为
$$L(x, y, \lambda) = 15 + 13x + 31y - 8xy - 2x^2 - 10y^2 + \lambda(x + y - 1.5),$$
令
$$\begin{cases} L_x(x, y, \lambda) = 13 - 8y - 4x + \lambda = 0, \\ L_y(x, y, \lambda) = 31 - 8x - 20y + \lambda = 0, \\ L_\lambda(x, y, \lambda) = x + y - 1.5 = 0, \end{cases}$$

得 $x = 0, y = 1.5$.

由实际问题可知, 利润函数的最大值一定存在, 必在唯一可能的极值点 $(0, 1.5)$ 处取得. 所以在广告费用限定为 1.5 (百万) 时, 广告费用全部用于网络推广可获得最大利润.

例 10　在所有对角线长为 d 的长方体中, 求有最大体积的长方体的尺寸?

解　设长方体的长、宽和高分别为 x, y, z, 则长方体的体积为
$$V = xyz, \quad x, y, z > 0.$$
由题意, x, y, z 有关系式
$$d = \sqrt{x^2 + y^2 + z^2}, \text{ 即 } d^2 = x^2 + y^2 + z^2.$$
构造拉格朗日函数
$$L(x, y, z, \lambda) = xyz + \lambda(x^2 + y^2 + z^2 - d^2),$$
令
$$\begin{cases} L_x = yz + 2x\lambda = 0, \\ L_y = xz + 2y\lambda = 0, \\ L_z = xy + 2z\lambda = 0, \\ L_\lambda = x^2 + y^2 + z^2 - d^2 = 0. \end{cases}$$

解方程组得　$x = y = z = \dfrac{d}{\sqrt{3}}$.

由实际问题可知, 体积 V 的最大值一定存在, 必在唯一可能的极值点 $\left(\dfrac{d}{\sqrt{3}}, \dfrac{d}{\sqrt{3}}, \dfrac{d}{\sqrt{3}}\right)$ 处取得, 所以在长、宽和高都为 $\dfrac{d}{\sqrt{3}}$ 时, 长方体的体积最大.

例 11　求函数 $z = 2x^2 + 3y^2 - 1$ 在闭区域 $D: x^2 + y^2 \leq 4$ 上的最小值与最大值.

解　先找区域内部的可能极值点, 由 $\begin{cases} z_x = 4x = 0, \\ z_y = 6y = 0, \end{cases}$ 得驻点 $(0, 0)$, 且

$z(0,0) = -1.$

再求函数在区域边界上的最值，我们采用拉格朗日乘数法，求函数 $z = 2x^2 + 3y^2 - 1$ 在条件 $x^2 + y^2 = 4$ 下的极值.

构造拉格朗日函数

$$L(x,y) = 2x^2 + 3y^2 - 1 + \lambda(x^2 + y^2 - 4),$$

令

$$\begin{cases} L_x = 2x(2 + \lambda) = 0, \\ L_y = 2y(3 + \lambda) = 0, \\ x^2 + y^2 = 4, \end{cases}$$

得可能极值点: $(0, \pm 2)(\lambda = -3)$ 和 $(\pm 2, 0)(\lambda = -2)$,

在这些点上函数值为 $z(0, \pm 2) = 11$、$z(\pm 2, 0) = 7$, 于是函数在边界上的最小值为 $m_1 = 7$, 最大值为 $M_1 = 11$.

比较 m_1, M_1 及 $z(0,0) = -1$, 得函数在闭区域 $D: x^2 + y^2 \leqslant 4$ 上函数的最小值为 $m = z(0,0) = -1$, 最大值为 $M = z(0, \pm 2) = 11$.

习题 9-6(A)

1. 求下列函数的极值:

   (1) $f(x,y) = 2x - x^2 - y^2$;

   (2) $f(x,y) = x^3 - y^3 + 6x^2 + 3y^2 + 9x$;

   (3) $f(x,y) = e^x(x + 2y + y^2)$;

   (4) $f(x,y) = 1 - (x^2 + y^2)^{3/2}$.

2. 求函数 $z = xy + \dfrac{50}{x} + \dfrac{20}{y}(x > 0, y > 0)$ 的极值.

3. 求曲面 $z^2 - xy = 1(z > 0)$ 上到原点距离最近的点.

4. 将正数 12 分成三个正数 x, y, z 之和 使得 $u = x^3 y^2 z$ 为最大.

5. 用面积为 $12m^2$ 的铁板做一个长方体无盖水箱, 问如何设计使得容积最大?

6. 在斜边长为 l 的直角三角形中, 求周长最大的三角形及其周长.

7. 有一宽为 $24cm$ 的长方形铁板, 把它折起来做成一断面为等腰梯形的水槽. 问如何折才能使断面的面积最大.

习题 9-6(B)

1. 求由方程 $x^2 + y^2 + z^2 - 2x + 2y - 4z - 10 = 0(z > 0)$ 确定的函数 $z = f(x,y)$ 的极值.

2. 求二元函数 $z = f(x,y) = x^2 y(4 - x - y)$ 在由直线 $x + y = 6, x$ 轴和 y 轴所围成的闭区域 D 上的最大值与最小值.

3. 求椭圆 $\begin{cases} x^2 + y^2 = 2, \\ x + y + z = 1 \end{cases}$ 上竖坐标 z 的最小值与最大值.

4. 平面 $x + y + z = 1$ 截圆柱面 $x^2 + y^2 = 1$ 得一椭圆周,求此椭圆周上到原点的最近点及最远点.

第七节 最小二乘法

在许多工程和经济问题中,常常需要根据两个变量的实验数据,来找出这两个变量近似满足的函数关系式,我们把这个近似的函数关系式称为经验公式. 经验公式建立以后,就可以把生产或实验中积累的某些经验,提升到理论层次上加以分析. 下面我们通过举例来介绍常用的一种建立经验公式的方法.

例1 某银行为了解各营业所储蓄人数 x 和存款 y 之间的关系,统计了 11 个营业所储蓄人数和存款的数据如表 9-1 所示.

表 **9-1**

编号	1	2	3	4	5	6	7	8	9	10	11
x_i	2900	5100	1200	1300	1250	920	722	1100	476	780	5300
y_i	270	490	135	119	140	84	64	171	60	103	515

试根据上面的数据建立存款 y 与储蓄人数 x 之间的经验公式 $y = f(x)$.

解 首先,要确定 $y = f(x)$ 的类型. 为此,我们建立直角坐标系,取 x 为横坐标,取 y 为纵坐标,在坐标系中描出各对数据的对应点,如图 9-13 所示. 从图中可以看出,这些点基本上分布在一条直线附近,连线大致接近于这条直线. 于是,我们可以认为 $y = f(x)$ 是线性函数,并设

$$f(x) = ax + b,$$

其中,a, b 是待定的常数.

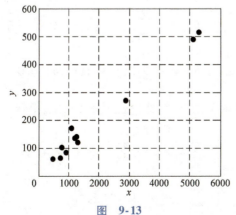

图 **9-13**

确定了 $y = f(x)$ 的类型后,问题的关键是如何确定常数 a, b. 最理想的情形就是选取适当的常数 a, b,使得直线 $y = ax + b$ 经过图中所有的对应点. 但在实际中这是不可能的,因为这些点并不在同一条直线上. 因此,我们只能要求取这样的 a, b,使 $f(x) = ax + b$ 在 x_1, $x_2, \cdots, x_{11}$ 点处的函数值与实验数据 $y_1, y_2, \cdots, y_{11}$ 相差都很小,即要使偏差

$$y_i - f(x_i)$$

都很小. 那么如何达到这一要求呢? 能否说明当所有偏差的和

$$\sum_{i=1}^{11} [y_i - f(x_i)]$$

很小时,每个偏差都很小呢? 显然不能,因为偏差有正有负,在求和时,可能互相抵消. 所以为了避免这种情形,可对偏差取绝对值再求和,即只要

$$\sum_{i=1}^{11} |y_i - f(x_i)|$$

很小时,就可以保证每个偏差都很小. 但是,这个式子中有绝对值符号,不便于进一步地分析讨论. 由于任何实数的平方都是正数或零,因此我们可以考虑选取常数 a, b,使得

$$u(a, b) = \sum_{i=1}^{11} [y_i - f(x_i)]^2 = \sum_{i=1}^{11} [y_i - ax_i - b]^2$$

最小来保证每个偏差的绝对值都很小. 这种根据偏差的平方和为最小的条件来选择常数 a, b 的方法称为**最小二乘法**.

现在我们来研究,在经验公式 $f(x) = ax + b$ 中的常数 a, b 满足什么条件时,可以使得上述的 $u(a, b)$ 最小. 显然,问题的实质是求关于 a, b 的二元函数 $u(a, b)$ 的最小值问题.

为此,解方程组

$$\begin{cases} u_a(a, b) = 0, \\ u_b(a, b) = 0. \end{cases}$$

求取驻点,即令

$$\begin{cases} u_a(a, b) = -\sum_{i=1}^{11} 2(y_i - ax_i - b)x_i = 0, \\ u_b(a, b) = -\sum_{i=1}^{11} 2(y_i - ax_i - b) = 0, \end{cases}$$

将括号内的各项整理合并,并把 a, b 分离出来,得到

$$\begin{cases} \left(\sum_{i=1}^{11} x_i^2 \right) a + \left(\sum_{i=1}^{11} x_i \right) b = \sum_{i=1}^{11} x_i y_i, \\ \left(\sum_{i=1}^{11} x_i \right) a + 11b = \sum_{i=1}^{11} y_i. \end{cases}$$

根据实验数据,我们可以计算得到 $\sum\limits_{i=1}^{11} x_i$, $\sum\limits_{i=1}^{11} x_i^2$, $\sum\limits_{i=1}^{11} y_i$ 和 $\sum\limits_{i=1}^{11} x_i y_i$. 代入上式方程组中即可得到 a, b 的值,即

$$a = 18.5, b = 0.09253,$$

这样便得到经验公式

$$y = 18.5 + 0.09253x.$$

拟合的效果图如图 9-14 所示,可以看出,这些点的连线非常接近于经验公式的直线.

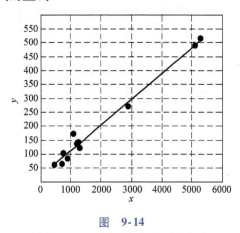

图 9-14

偏差的平方和为 $Error = 4346.3$, 它的平方根 $\sqrt{Error} = 65.9262$. 我们称 $\sqrt{Error}$ 为均方误差,它的大小在一定程度上反映了用经验公式近似表达原来函数关系的近似程度的好坏.

例 1 中,按实验数据描出的对应点连线接近于一条直线,我可以认为函数关系是线性函数类型,通过求解一个二元一次方程组,就可得到近似的经验公式. 但是在实际中,经验公式的类型很多不是线性函数,这时候我们可以设法把它化成线性函数的类型来分析讨论.

例 2 在研究某单分子化学反应速度时,得到下列数据如表 9-2 所示.

表 9-2

i	1	2	3	4	5	6	7	8
t_i	3	6	9	12	15	18	21	24
y_i	57.6	41.9	31.0	22.7	16.6	12.2	8.9	6.5

其中,t 表示从实验开始算起的时间,y 表示该时刻反应物的量. 试根据上述数据给出经验公式 $y = f(t)$.

解 由化学反应速度的理论知,$y = f(t)$ 是指数函数 $y = ke^{mt}$,其中,

k, m 为待定的常数. 对这批数据, 我们先来验证这个结论. 为此, 在 $y = ke^{mt}$ 的两边同时取自然对数, 得

$$\ln y = mt + \ln k,$$

显然, $\ln y$ 是关于 t 的线性函数. 我们把表中数据 y_i 取对数 $\ln y_i$, 然后把数据点 $(x_i, \ln y_i)$ 描在直角坐标系中, 如图 9-15 所示. 从图中可以看出, 这些点的连线非常接近于一条直线, 这说明 $y = f(t)$ 确实可以认为是指数函数.

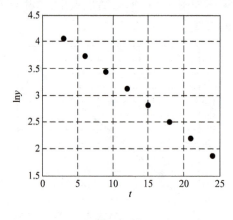

图　9-15

下面根据例 1 中的结论, 定出常数 k, m 的值.

由于

$$\ln y = mt + \ln k,$$

其中, m 相当于 a, $\ln k$ 相当于 b, 则有

$$\begin{cases} \left(\sum_{i=1}^{8} t_i^2 \right) m + \left(\sum_{i=1}^{8} t_i \right) \ln k = \sum_{i=1}^{8} t_i \ln y_i, \\ \left(\sum_{i=1}^{8} t_i \right) m + 8 \ln k = \sum_{i=1}^{8} \ln y_i. \end{cases}$$

通过表中的数据, 可以计算得到 $\sum\limits_{i=1}^{8} t_i$, $\sum\limits_{i=1}^{8} t_i^2$, $\sum\limits_{i=1}^{8} \ln y_i$ 和 $\sum\limits_{i=1}^{8} t_i \ln y_i$. 将它们代入上式, 即可得

$$m = -0.1036, \ln k = 1.8964,$$ 此时 $k = 78.78,$

因此所求的经验公式为

$$y = 78.78 e^{-0.1036t}.$$

拟合的效果图如图 9-16 所示, 可以看出, 这些点的连线非常接近于经验公式的曲线.

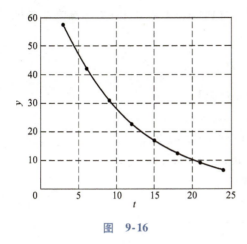

图　9-16

习题 9-7

1. 为了弄清楚某企业利润 y 和产值 x 间的函数关系, 我们把该企业从 2010 年到 2019 年间的利润(百万元)和产值(百万元)的统计数据整理如表 9-3 所示.

表　9-3

年份	2010	2011	2012	2013	2014	2015	2016	2017	2018	2019
x_i	4.92	5.00	4.93	4.90	4.90	4.95	4.98	4.99	5.02	5.02
y_i	1.67	1.70	1.68	1.66	1.66	1.68	1.69	1.70	1.70	1.71

试根据上面的统计数据建立利润 y 与产值 x 之间的经验公式 $y = f(x)$.

2. 已知有一组实验数据如表 9-4 所示.

表　9-4

i	0	1	2	3	4
x_i	-2	-1	0	1	2
y_i	35.2	35.9	36.7	37.4	38.4

根据该组数据试用最小二乘法对二次多项式 $y = ax^2 + bx + c$ 进行拟合.

第八节　MATLAB 数学实验

MATLAB 中求解多元函数极限的命令为 limit, 其使用格式为 limit(limit(f,x,x0),y,y0), 表示表达式 f 当自变量 $x \to x_0, y \to y_0$ 时的二重极限; MATLAB 中求解多元函数偏导数的命令为 diff, 其使用格式为 diff(diff(f,x,n),y,m), 表示表达式 f 对 x 和 y 的 $n + m$ 阶混

合偏导数;利用 MATLAB 中命令 DIFF 计算隐函数的导数. 下面给出具体实例.

例 1 求极限 $\lim\limits_{(x,y)\to(a,b)}\dfrac{k}{1+x^2+y^2}$.

【MATLAB 代码】

$\gg$ syms a b k x y;

$\gg$ f = k/(1 + x^2 + y^2);

$\gg$ L = limit(limit(f,x,a),y,b)

运行结果:

L =

k/(a^2 + b^2 + 1).

即 $\lim\limits_{(x,y)\to(a,b)}\dfrac{k}{1+x^2+y^2}=\dfrac{k}{1+a^2+b^2}$.

例 2 求极限 $\lim\limits_{(x,y)\to(0,0)}\dfrac{2-\sqrt{xy+4}}{xy}$.

【MATLAB 代码】

$\gg$ syms x y;

$\gg$ f = (2 - sqrt(x * y + 4))/x * y;

$\gg$ L = limit(limit(f,x,0),y,0)

运行结果:

L =

0.

即 $\lim\limits_{(x,y)\to(0,0)}\dfrac{2-\sqrt{xy+4}}{xy}=0$.

例 3 求函数 $z=\arctan\dfrac{y}{x}$ 的偏导数 $\dfrac{\partial z}{\partial x},\dfrac{\partial z}{\partial y}$.

【MATLAB 代码】

$\gg$ syms x y;

$\gg$ z = atan(y/x);

$\gg$ zx = diff(z,x)

运行结果:

zx =

-y/(x^2 * (y^2/x^2 + 1))

$\gg$ zy = diff(z,y)

运行结果:

zy =

1/(x * (y^2/x^2 + 1)).

即 $\dfrac{\partial z}{\partial x}=\dfrac{-y}{x^2+y^2},\dfrac{\partial z}{\partial y}=\dfrac{x}{x^2+y^2}$.

例 4 求函数 $u=\ln(xy-z)$ 的偏导数 $\dfrac{\partial^3 u}{\partial z\partial y\partial x}$.

【MATLAB 代码】

≫ syms x y z;

≫ u = log(x * y − z);

≫ uz = diff(u,z);

≫ uzy = diff(uz,y) ;

≫ uzyx = diff(uzy,x)

运行结果:

uzyx =

1/(z − x * y)^2 + (2 * x * y)/(z − x * y)^3.

即 $\dfrac{\partial^3 u}{\partial z \partial y \partial x} = \dfrac{1}{(z - xy)^2} + \dfrac{2xy}{(z - xy)^3}$.

例 5　设方程 $e^z \sin x + e^y z + e^x \cos y = 0$,求 $\dfrac{\partial z}{\partial y}, \dfrac{\partial x}{\partial y}$.

【MATLAB 代码】

≫ syms x y z;

≫ f = exp(z) * sin(x) + exp(y) * z + exp(x) * cos(y);

≫ dzdy = − diff(f,y)/diff(f,z)

运行结果:

dzdy =

(exp(x) * sin(y) − z * exp(y))/(exp(y) + exp(z) * sin

(x))

≫ dxdy = − diff(f,y)/diff(f,x)

运行结果:

dxdy =

(exp(x) * sin(y) − z * exp(y))/(exp(x) * cos(y) + exp

(z) * cos(x)).

即　$\dfrac{\partial z}{\partial y} = \dfrac{e^x \sin y - z e^y}{e^y + e^z \sin x}, \dfrac{\partial x}{\partial y} = \dfrac{e^x \sin y - z e^y}{e^x \cos y + e^z \cos x}$.

总习题九

1. 填空题:

在"充分、必要、充分必要、无关"四者中选择一个正确的填入下列空格内:

（1）二元函数 $z = f(x, y)$ 在点 P_0 连续是该函数在点 P_0 可微的_____条件,是该函数在点 P_0 极限存在的_____条件,是该函数在点 P_0 偏导数存在的_____条件,是该函数在点 P_0 有定义的_____条件;

（2）二元函数 $z = f(x, y)$ 在点 (x, y) 的偏导数 $\dfrac{\partial z}{\partial x}$ 及 $\dfrac{\partial z}{\partial y}$ 存在是 $f(x, y)$ 在该点可微的_____条件. $z = f(x, y)$ 在点 (x, y) 可

微是函数在该点的偏导数$\frac{\partial z}{\partial x}$及$\frac{\partial z}{\partial y}$存在的_____条件;

（3）二元函数 $z = f(x,y)$ 在点 (x,y) 的偏导数$\frac{\partial z}{\partial x}$及$\frac{\partial z}{\partial y}$存在,且偏导数连续是 $f(x,y)$ 在该点处可微分的_____条件.

2. 选择题:

（1）设函数 $f(x,y) = \sqrt{x^2+y^2}$,在原点处 $f_x(0,0)$ 及 $f_y(0,0)$（　　）.

(A)都不存在 　　　　　　　　　　(B)都存在,但不相等
(C)都存在,且都等于 0 　　　　　(D)都存在,且都等于 1

（2）若函数 $f(x+y,x-y) = x^2-y^2$,则$\frac{\partial f}{\partial x}+\frac{\partial f}{\partial y}$=（　　）.

(A)$2(x-y)$ 　　(B)$2(x+y)$ 　　(C)$x-y$ 　　(D)$x+y$

3. 设函数 $f(x,y) = x^2 + (y-1)^2 \arctan\frac{x+1}{y+1}$,求 $f_x(x,1)$.

4. 设函数 $z = \arctan\frac{x+y}{1-xy}$,求$\frac{\partial^2 z}{\partial x^2}, \frac{\partial^2 z}{\partial y^2}$和$\frac{\partial^2 z}{\partial x \partial y}$.

5. 设函数 $u = z^{\frac{x}{y}}$,求 du 及 $du\big|_{(1,1,e)}$.

6. 设函数 $z = 2\cos^2\left(x-\frac{t}{2}\right)$,证明:$2\frac{\partial^2 z}{\partial t^2} + \frac{\partial^2 z}{\partial x \partial t} = 0$.

7. 设函数 $z = e^{-x} - f(x-2y)$,且当 $y = 0$ 时,$z = x^2$,求$\frac{\partial z}{\partial x}$和$\frac{\partial z}{\partial y}$.

8. 设函数 $u = f(x,y,z)$(其中,f 可微),又有 $z = x^2\sin t, t = \ln(x+y)$,求$\frac{\partial u}{\partial x}$.

9. 设函数 $z = z(x,y)$ 由方程 $xe^x - ye^y = ze^z$ 确定,求 dz.

10. 设函数 $z = x^n f\left(\frac{y}{x^2}\right)$,其中,$f(u)$ 可导,证明:$x\frac{\partial z}{\partial x} + 2y\frac{\partial z}{\partial y} = nz$.

11. 设函数 $z = z(x,y)$ 由方程 $\phi(bz-cy, cx-az, ay-bx) = 0$ 确定,其中,$\varphi(u,v,w)$ 有连续的偏导数,证明:$a\frac{\partial z}{\partial x} + b\frac{\partial z}{\partial y} = c$.

12. 若函数 $f(u,v)$ 可微,而函数 $z = z(x,y)$ 由方程 $f(x^2-y^2, y^2-z^2) = 0$ 确定,证明:$yz\frac{\partial z}{\partial x} + xz\frac{\partial z}{\partial y} = xy$.

13. 设 $z = f(2x-y) + g(x,xy)$,其中,函数 $f(u)$ 具有二阶导数,$g(u,v)$ 具有二阶连续的偏导数,求$\frac{\partial^2 z}{\partial x^2}, \frac{\partial^2 z}{\partial y^2}$及$\frac{\partial^2 z}{\partial x \partial y}$.

14. 求函数 $f(x,y) = x^4 + y^4 - x^2 - 2xy - y^2$ 的极值.

15. 求圆周 $(x+1)^2 + y^2 = 1$ 上的点与定点 $(0,1)$ 距离的最小值与最大值.

第十章

二重积分

二重积分是二元函数在平面区域上的积分,同定积分类似,也是某种特定和式的极限,它可以计算空间几何体的体积和不均匀薄片的质量.本章主要介绍二重积分的概念、计算方法以及它的一些应用.

第一节 二重积分的概念和性质

一、二重积分的概念

引例 1 曲顶柱体的体积

设有一立体 Ω,将其放到空间直角坐标系中.它的底是平面 xOy 上的有界闭区域 D,侧面是以区域 D 的边界曲线为准线、母线平行于 z 轴的柱面,顶是曲面 $z = f(x, y)$,这里 $f(x, y) \geq 0$,在区域 D 上是连续的,称这种立体 Ω 为曲顶柱体(见图 10-1).

下面我们研究如何计算这种曲顶柱体的体积 V.

如果这个曲顶柱体的顶 $z = f(x, y) \equiv C$,那么曲顶柱体就可以转化为平顶柱体,我们就可以计算该柱体的体积.

利用公式:体积 = 底面积 × 高.

现在的问题是曲顶柱体的顶 $z = f(x, y) \neq C$,当点 (x, y) 在区域 D 上变动时,高度 $f(x, y)$ 是一个变化的量,因此它的体积不可以用上述的关系式计算.但是我们可以采用类似第六章定积分中计算曲边梯形面积的方法,用局部的平顶来代替曲顶,从而解决曲顶柱体的体积计算问题.

首先,用一组曲线网把区域 D 分割成 n 个小闭区域: ΔD_1, $\Delta D_2, \cdots, \Delta D_n$. 以这些小闭区域的边界曲线为准线,作母线平行于 z 轴的柱面,这些柱面将立体 Ω 相应地分割成 n 个小的曲顶柱体 $\Delta \Omega_i$ ($\Delta \Omega_i$ 以 ΔD_i 为底, $i = 1, 2, \cdots, n$). 当小闭区域 $\Delta D_1, \Delta D_2, \cdots, \Delta D_n$ 的直径很小时(一个闭区域的直径是指该区域上任意两点间距离的最大值),由于 $z = f(x, y)$ 的连续性,对于一个小闭区域来说, $f(x, y)$ 的变化很小,此时就可以把小的曲顶柱体近似看作一个平顶柱体.在每个 $\Delta \Omega_i$ 的底 ΔD_i 上任取一点 (ξ_i, η_i),以 $f(\xi_i, \eta_i)$ 为高,底为 ΔD_i 的平顶柱体(见图 10-2)的体积为 $f(\xi_i, \eta_i) \Delta \sigma_i$($\Delta \sigma_i$ 为

曲顶柱体的体积

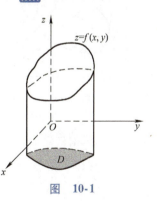
图 10-1

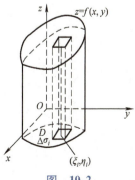
图 10-2

ΔD_i 的面积)($i = 1, 2, \cdots, n$). 这 n 个小平顶柱体的体积之和

$$\sum_{i=1}^{n} f(\xi_i, \eta_i) \Delta \sigma_i$$

就可以看作是整个曲顶柱体 Ω 的体积的近似值. 令 n 个小区域 $\Delta D_1, \Delta D_2, \cdots, \Delta D_n$ 的直径最大者 λ 趋于零, 则上述和式的极限

$$\lim_{\lambda \to 0} \sum_{i=1}^{n} f(\xi_i, \eta_i) \Delta \sigma_i$$

就是我们所讨论的曲顶柱体 Ω 的体积 V.

引例 2 平面薄片的质量

设有一个平面薄片, 将该薄片放在平面 xOy 上, 占有平面 xOy 上的闭区域 D, 并且该薄片在点 (x, y) 处的面密度为 $\rho(x, y)$, 其中, $\rho(x, y)$ 在区域 D 上连续. 现在, 我们来计算它的质量 M.

我们知道, 如果薄片是均匀的, 即面密度 $\rho(x, y)$ 是常数, 那么薄片的质量可以用公式

质量 = 面密度 × 面积

计算. 现在面密度 $\rho(x, y)$ 是变量, 薄片的质量就不能用上式来计算了. 我们可以用处理曲顶柱体体积问题的方法来解决平面薄片的质量问题.

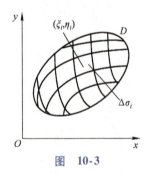

为此用曲线网将区域 D 分成 n 个小闭区域 $\Delta D_1, \Delta D_2, \cdots, \Delta D_n$ (ΔD_i 的面积记为 $\Delta \sigma_i$), 当小闭区域 ΔD_i 的直径很小时, 由 $\rho(x, y)$ 连续, 这些小闭区域就可以近似地看作均匀薄片, 在每一个小区域 ΔD_i 上任取一点 (ξ_i, η_i), 则 $\rho(\xi_i, \eta_i) \Delta \sigma_i$ ($i = 1, 2, \cdots, n$) 就是小薄片 ΔD_i ($i = 1, 2, \cdots, n$) 质量的近似值 (见图 10-3), 通过分割、近似、求和、取极限, 就可以得出该平面薄片的质量

$$M = \lim_{\lambda \to 0} \sum_{i=1}^{n} \rho(\xi_i, \eta_i) \Delta \sigma_i.$$

图 10-3

二重积分的定义

1. 二重积分的定义

在上述两个引例中, 一个是几何问题, 另一个是物理问题, 尽管它们的实际意义不同, 但都采取了分割、近似、求和、取极限的计算步骤, 最终都得到了形式上相同的和式的极限. 类似的, 在物理、力学、几何和工程技术中, 有许多物理量或几何量都可以归结为这一形式的和式的极限. 为此我们把它们抽象出来, 就得到下面的二重积分的定义.

> **定义** 设 $f(x, y)$ 是有界闭区域 D 上的有界函数, 将闭区域 D 任意分割成为 n 个小闭区域:
>
> $$\Delta \sigma_1, \Delta \sigma_2, \cdots, \Delta \sigma_n,$$
>
> 其中 $\Delta \sigma_i$ 表示第 i 个小闭区域, 也表示它的面积. 在每个小区域 $\Delta \sigma_i$ 上任取一点 (ξ_i, η_i), 作乘积 $f(\xi_i, \eta_i) \Delta \sigma_i$ ($i = 1, 2, \cdots, n$), 并作和式 $\sum_{i=1}^{n} f(\xi_i, \eta_i) \Delta \sigma_i$. 如果当各小区域的直径最大者 λ

趋于零时,和式的极限

$$\lim_{\lambda \to 0} \sum_{i=1}^{n} f(\xi_i, \eta_i) \Delta \sigma_i$$

总存在,那么称函数 $f(x,y)$ 在区域 D 上是可积的,并称此极限值为函数 $z = f(x,y)$ 在闭区域 D 上的二重积分,

记作 $\iint\limits_D f(x,y)\mathrm{d}\sigma$,即

$$\iint\limits_D f(x,y)\mathrm{d}\sigma = \lim_{\lambda \to 0} \sum_{i=1}^{n} f(\xi_i, \eta_i) \Delta \sigma_i,$$

其中,$f(x,y)$ 称为被积函数,$f(x,y)\mathrm{d}\sigma$ 称为被积表达式,$\mathrm{d}\sigma$ 称为**面积元素**,x 与 y 称为**积分变量**,D 称为**积分区域**,$\sum_{i=1}^{n} f(\xi_i, \eta_i) \Delta \sigma_i$ 称为**积分和**.

在二重积分的定义中,用任意曲线网对闭区域 D 进行划分,如果在直角坐标系中用平行于坐标轴的直线网来划分 D.那么除了包含边界点的一些小闭区域外,其余的小闭区域一定是矩形闭区域.设矩形区域 $\Delta \sigma_i$ 的边长分别为 Δx_i 和 Δy_i,则 $\Delta \sigma_i = \Delta x_i \cdot \Delta y_i$. 因此在直角坐标系中也把面积元素记作 $\mathrm{d}x\mathrm{d}y$,相应的把二重积分记作

$$\iint\limits_D f(x,y)\mathrm{d}x\mathrm{d}y.$$

由二重积分的定义可知,前面讨论的曲顶柱体的体积是函数 $f(x,y)$ 在平面闭区域 D 上的二重积分

$$V = \iint\limits_D f(x,y)\mathrm{d}\sigma.$$

平面薄片的质量是它的面密度 $\rho(x,y)$ 在薄片所占闭区域 D 上的二重积分

$$M = \iint\limits_D \rho(x,y)\mathrm{d}\sigma.$$

现在对二重积分的定义作出如下几点说明:

(1)二重积分存在时,其值与闭区域 D 的分法以及在每个小闭区域内点 (ξ_i, η_i) 的取法无关.

(2)函数 $f(x,y)$ 在有界闭区域 D 上有界是对应二重积分存在的必要条件,函数有界并不能保证相应的二重积分存在.

(3)利用定义判断函数 $f(x,y)$ 在有界闭区域 D 上可积的计算繁琐,且绝大部分情况下无法计算,于是需要给出函数 $f(x,y)$ 可积的判别条件. 我们不加证明地给出函数 $f(x,y)$ 二重积分存在的一个**充分条件**:如果函数 $f(x,y)$ 在有界闭区域 D 上连续,那么 $f(x,y)$ 在区域 D 上是可积的.本节中,我们总假定 $f(x,y)$ 在有界闭区域 D 上连续,从而二重积分都是存在的.

2. 二重积分的几何意义

由引例1可知,二重积分中被积函数 $f(x,y)$ 可以解释为曲顶柱体的顶在点 (x,y) 处的竖坐标,二重积分也就是对应曲顶柱体的体积,具体为:

(1)当 $f(x,y) \geqslant 0$ 时, $\iint\limits_{D} f(x,y)\mathrm{d}\sigma$ 的几何意义为以区域 D 为底,以 $z = f(x,y)$ 为顶的曲顶柱体的体积;

(2)当 $f(x,y) \leqslant 0$ 时,曲顶柱体在平面 xOy 的下方, $\iint\limits_{D} f(x,y)\mathrm{d}\sigma$ 等于曲顶柱体体积的相反数.

(3)如果 $f(x,y)$ 在 D 的若干区域上大于零,而在其他若干区域上小于零,则 $\iint\limits_{D} f(x,y)\mathrm{d}\sigma$ 等于所有在平面 xOy 上方的曲顶柱体的体积与所有在平面 xOy 下方的曲顶柱体的体积之差.

二、 二重积分的性质

比较定积分与二重积分的定义可知,二重积分与定积分具有类似的性质,二重积分的性质如下:

性质1 设 α,β 为常数,则有

$$\iint\limits_{D} [\alpha f(x,y) \pm \beta g(x,y)]\mathrm{d}\sigma = \alpha\iint\limits_{D} f(x,y)\mathrm{d}\sigma \pm \beta\iint\limits_{D} g(x,y)\mathrm{d}\sigma.$$

性质2(积分区域可加性) 如果闭区域 D 被有限条曲线分为有限个闭区域,那么在区域 D 上的二重积分等于在各部分闭区域上的二重积分的和.

例如,若区域 D 被分为两个闭区域 D_1 和 D_2,则

$$\iint\limits_{D} f(x,y)\mathrm{d}\sigma = \iint\limits_{D_1} f(x,y)\mathrm{d}\sigma + \iint\limits_{D_2} f(x,y)\mathrm{d}\sigma.$$

性质3 如果在区域 D 上, $f(x,y) = 1$, σ 为区域 D 的面积,那么 $\sigma = \iint\limits_{D} 1 \cdot \mathrm{d}\sigma = \iint\limits_{D} \mathrm{d}\sigma$

根据重积分的几何意义可知,高为1的平顶柱体的体积在数值上就等于柱体的底面积,显然性质3成立.

性质4 如果在 D 上, $f(x,y) \leqslant g(x,y)$,那么有

$$\iint\limits_{D} f(x,y)\mathrm{d}\sigma \leqslant \iint\limits_{D} g(x,y)\mathrm{d}\sigma.$$

特殊的,由于

$$-|f(x,y)| \leqslant f(x,y) \leqslant |f(x,y)|$$

故有

$$\left|\iint\limits_{D} f(x,y)\mathrm{d}\sigma\right| \leqslant \iint\limits_{D} |f(x,y)|\mathrm{d}\sigma.$$

性质5(二重积分估值定理) 设 M,m 分别是函数 $f(x,y)$ 在闭区域 D 上的最大值与最小值, σ 是闭区域 D 的面积,则有

$$m\sigma \leqslant \iint\limits_D f(x,y)\,\mathrm{d}\sigma \leqslant M\sigma.$$

证 因为 $m \leqslant f(x,y) \leqslant M$,所以由性质4有

$$\iint\limits_D m\,\mathrm{d}\sigma \leqslant \iint\limits_D f(x,y)\,\mathrm{d}\sigma \leqslant \iint\limits_D M\,\mathrm{d}\sigma$$

再应用性质1和性质3,就得到该估值不等式.

性质6(二重积分的中值定理) 设函数 $f(x,y)$ 在闭区域 D 上连续, σ 是闭区域 D 的面积,则在区域 D 上至少存在一点 (ξ,η),使得

$$\iint\limits_D f(x,y)\,\mathrm{d}\sigma = f(\xi,\eta)\sigma.$$

证 显然 $\sigma \neq 0$. 把性质5中的不等式两边各除以 σ,有

$$m \leqslant \frac{1}{\sigma}\iint\limits_D f(x,y)\,\mathrm{d}\sigma \leqslant M.$$

因此, $\dfrac{1}{\sigma}\iint\limits_D f(x,y)\,\mathrm{d}\sigma$ 是介于函数 $f(x,y)$ 的最大值 M 和最小值 m 之间的. 根据闭区域上连续函数的介值定理,在区域 D 上至少存在一点 (ξ,η),使得函数在该点的值与这个确定的数值相等,即:

$$\frac{1}{\sigma}\iint\limits_D f(x,y)\,\mathrm{d}\sigma = f(\xi,\eta).$$

上式两端各乘以 σ,就得所需证明的公式.

下面给出二重积分性质的应用.

例1 估计积分 $I = \iint\limits_D \dfrac{\mathrm{d}\sigma}{\sqrt{x^2+y^2+16}}$ 的值,其中, $D = \{(x,y) \mid 0 \leqslant x \leqslant \sqrt{5}, 0 \leqslant y \leqslant 2\}$.

解 $f(x,y) = \dfrac{1}{\sqrt{x^2+y^2+16}}$ 在 $D = \{(x,y) \mid 0 \leqslant x \leqslant \sqrt{5}, 0 \leqslant y \leqslant 2\}$ 上的最大值 $M = f(0,0) = \dfrac{1}{4}$,最小值 $m = f(\sqrt{5},2) = \dfrac{1}{5}$,并且区域 D 的面积 $\sigma_D = 2\sqrt{5}$,因此由二重积分估值定理可得

$$\frac{2\sqrt{5}}{5} \leqslant I = \iint\limits_D \frac{\mathrm{d}\sigma}{\sqrt{x^2+y^2+16}} \leqslant \frac{\sqrt{5}}{2}.$$

例2 比较下面两个二重积分的大小.

$I_1 = \iint\limits_D \sqrt{x+y}\,\mathrm{d}\sigma$ 与 $I_2 = \iint\limits_D (x+y)^2\,\mathrm{d}\sigma$, 其中, D 由直线 $x+y=1$ 及两坐标轴围成.

解 因为在区域 D 上, $0 \leqslant x+y \leqslant 1$,所以,对于任意 $(x,y) \in D$,都有

$$\sqrt{x+y} \geqslant (x+y)^2.$$

因此,由性质 4 可得　　　$I_1 \geqslant I_2$.

习题 10-1（A）

1. 设 $I_1 = \iint\limits_{D_1} (x^2 + y^2)^3 \mathrm{d}\sigma$, 其中, $D_1 = \{(x,y) \mid -1 \leqslant x \leqslant 1, -2 \leqslant y \leqslant 2\}$; $I_2 = \iint\limits_{D_2} (x^2 + y^2)^3 \mathrm{d}\sigma$, 其中 $D_2 = \{(x,y) \mid 0 \leqslant x \leqslant 1, 0 \leqslant y \leqslant 2\}$, 利用二重积分的几何意义说明 I_1 与 I_2 的关系.

2. 用几何意义计算下列二重积分的值:

(1) $\iint\limits_{D} (2 - x - y) \mathrm{d}\sigma$, 其中 D 由直线 $x + y = 2$ 及两个坐标轴围成;

(2) $\iint\limits_{D} \sqrt{9 - x^2 - y^2} \mathrm{d}\sigma$, 其中 $D: x^2 + y^2 \leqslant 9$.

3. 比较下列二重积分的大小:

(1) $\iint\limits_{D} \sqrt{x + y} \mathrm{d}\sigma$ 与 $\iint\limits_{D} (x + y)^4 \mathrm{d}\sigma$, 其中 D 由直线 $x + y = 1$ 及两个坐标轴围成;

(2) $\iint\limits_{D} (x + y) \mathrm{d}\sigma$ 与 $\iint\limits_{D} x^2 y \mathrm{d}\sigma$, 其中, $D = \{(x,y) \mid x^2 + y^2 \leqslant 1, x + y \geqslant 1\}$;

(3) $\iint\limits_{D} \ln(x + y) \mathrm{d}\sigma$ 与 $\iint\limits_{D} [\ln(x+y)]^2 \mathrm{d}\sigma$, 其中 $D = \{(x,y) \mid 1 \leqslant x + y \leqslant 2, 0 \leqslant x \leqslant 2\}$;

(4) $\iint\limits_{D} [\ln(x + y)]^2 \mathrm{d}\sigma$ 与 $\iint\limits_{D} [\ln(x + y)]^3 \mathrm{d}\sigma$, 其中 D 是以点 $A(3,0), B(3,3), C(6,0)$ 为顶点的三角形区域.

4. 估计下列二重积分的值:

(1) $I = \iint\limits_{D} xy(x + y)^2 \mathrm{d}\sigma$, 其中 $D = \{(x,y) \mid 0 \leqslant x \leqslant 1, 0 \leqslant y \leqslant 1\}$;

(2) $I = \iint\limits_{D} (2x + y + 1) \mathrm{d}\sigma$, 其中 $D = \{(x,y) \mid 0 \leqslant x \leqslant 1, 0 \leqslant y \leqslant 2\}$;

(3) $I = \iint\limits_{D} (x^2 + 4y^2 + 3) \mathrm{d}\sigma$, 其中 $D = \{(x,y) \mid x^2 + y^2 \leqslant 1\}$.

习题 10-1（B）

1. 利用二重积分的几何意义说明:

(1) 当积分区域 D 关于 y 轴对称, 且函数 $f(x,y)$ 满足 $f(-x,y) =$

$-f(x,y)$（即函数 $f(x,y)$ 是变量 x 的奇函数）时,有

$$\iint\limits_{D} f(x,y)\mathrm{d}\sigma = 0.$$

（2）当积分区域 D 关于 y 轴对称,且函数 $f(x,y)$ 满足 $f(-x,y) = f(x,y)$（即函数 $f(x,y)$ 是变量 x 的偶函数）时,有

$\iint\limits_{D} f(x,y)\mathrm{d}\sigma = 2\iint\limits_{D_1} f(x,y)\mathrm{d}\sigma$,其中 D_1 为 D 在 $x \geqslant 0$ 的部分. 并由

此计算下列二重积分的值,其中, $D = \{(x,y)\,|\,x^2 + y^2 \leqslant R^2\}$.

1）$\iint\limits_{D} xy^2\mathrm{d}\sigma$; 2）$\iint\limits_{D} y\ln(R^2 + x^2 + y^2)\mathrm{d}\sigma$; 3）$\iint\limits_{D} \dfrac{y^3\cos x}{R^2 - x^2 - y^2}\mathrm{d}\sigma$.

2. 估计积分 $I = \iint\limits_{D} \dfrac{\mathrm{d}\sigma}{\sqrt{x^2 + y^2 + 2xy + 16}}$ 的值,其中

$$D = \{(x,y)\,|\,0 \leqslant x \leqslant 1, 0 \leqslant y \leqslant 2\}.$$

3. 判断积分 $I = \iint\limits_{D} \ln(x^2 + y^2)\mathrm{d}x\mathrm{d}y$ 的符号,其中

$$D = \{(x,y)\,|\,r \leqslant |x| + |y| \leqslant 1\}.$$

第二节　在直角坐标系下计算二重积分

按照二重积分的定义来计算二重积分,对少数特别简单的被积函数和积分区域来说是可行的,但对于绝大多数函数和积分区域来说,就不是一种切实可行的办法. 本节主要介绍一种在平面直角坐标系下计算二重积分的方法.

一、利用直角坐标计算二重积分

1. 积分区域为 X 型区域

所谓积分区域是 X 型区域（见图 10-4）,其特点是:穿过积分区域 D 的内部且与 y 轴平行的直线与区域 D 的边界至多有两个交点. 下面来研究二元函数 $f(x,y)$ 在 X 型区域 D 上二重积分的计算方法.

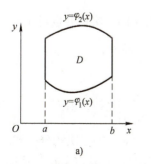
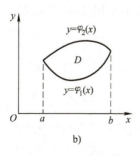

a)　　　　　　b)

图 10-4

不妨假设,对于任意 $(x,y) \in D, f(x,y) \geqslant 0$,这里,积分区域 D

由直线 $x = a, x = b(a < b)$ 及曲线 $y = \varphi_1(x), y = \varphi_2(x)(\varphi_1(x) \leqslant \varphi_2(x)$，当 $a \leqslant x \leqslant b$ 时）所围成的平面区域（见图 10-4），其中，$\varphi_1(x)$ 和 $\varphi_2(x)$ 在区间 $[a, b]$ 上连续.

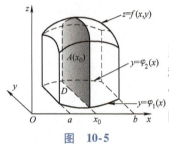

图 10-5

按照二重积分的几何意义，二重积分 $\iint\limits_D f(x, y) \mathrm{d}\sigma$ 的值等于以区域 D 为底，以曲面 $z = f(x, y)$ 为顶的曲顶柱体（见图 10-5）的体积. 其中曲面 $z = f(x, y)$ 是连续的曲面. 下面我们由第七章中计算"平行截面面积已知的立体的体积"的方法，来计算这个曲顶柱体的体积.

我们应该先计算平行截面的面积. 在区间 $[a, b]$ 上任意取一定点 x_0，作平行于平面 yOz 的平面 $x = x_0$. 这个平面截曲顶柱体所得的截面是一个以区间 $[\varphi_1(x_0), \varphi_2(x_0)]$ 为底、曲线 $z = f(x_0, y)$ 为曲边的曲边梯形（见图 10-5 中阴影部分），所以截面面积为：

$$A(x_0) = \int_{\varphi_1(x_0)}^{\varphi_2(x_0)} f(x_0, y) \mathrm{d}y.$$

一般地，对应于区间 $[a, b]$ 内任一点 x 且平行于平面 yOz 的平面截曲顶柱体所得截面的面积为

$$A(x) = \int_{\varphi_1(x)}^{\varphi_2(x)} f(x, y) \mathrm{d}y.$$

于是，由计算平行截面面积为已知的立体体积的方法，得到曲顶柱体的体积为

$$V = \int_a^b A(x) \mathrm{d}x = \int_a^b \left[\int_{\varphi_1(x)}^{\varphi_2(x)} f(x, y) \mathrm{d}y \right] \mathrm{d}x.$$

积分区域为 X 型区域时二重积分的计算（先 y 后 x）

这个体积就是所求的二重积分的值，故有等式

$$\iint\limits_D f(x, y) \mathrm{d}\sigma = \int_a^b \left[\int_{\varphi_1(x)}^{\varphi_2(x)} f(x, y) \mathrm{d}y \right] \mathrm{d}x.$$

上式右端的积分称为先对 y、后对 x 的二次积分，也叫作累次积分. 也就是说，先计算函数 $f(x, y)$ 关于 y 在区间 $[\varphi_1(x), \varphi_2(x)]$ 上的定积分 $A(x) = \int_{\varphi_1(x)}^{\varphi_2(x)} f(x, y) \mathrm{d}y$，然后计算函数 $A(x)$ 在区间 $[a, b]$ 上的定积分. 这个先对 y、后对 x 的二次积分也记作

$$\int_a^b \mathrm{d}x \int_{\varphi_1(x)}^{\varphi_2(x)} f(x, y) \mathrm{d}y,$$

因此二重积分也可以写成

$$\iint\limits_D f(x, y) \mathrm{d}\sigma = \int_a^b \mathrm{d}x \int_{\varphi_1(x)}^{\varphi_2(x)} f(x, y) \mathrm{d}y. \tag{10.1}$$

这就是将二重积分化为先对 y、后对 x 的二次积分公式.

注 利用类似的方法，只要函数 $f(x, y)$ 是定义在 X 型闭区域 D 上的连续函数，公式（10.1）均成立.

2. 积分区域为 Y 型区域

所谓积分区域是 Y 型区域（见图 10-6），其特点为：穿过积分区

域 D 的内部且与 x 轴平行的直线与区域 D 的边界至多有两个交点. 类似的,给出二元函数 $f(x,y)$ 在 Y 型区域 D 上重积分的计算方法.

如果积分区域 D 是由直线 $y=c$,$y=d$($c<d$) 及曲线 $x=\psi_1(y)$,$x=\psi_2(y)$($\psi_1(y)\leqslant\psi_2(y)$,当 $c\leqslant y\leqslant d$ 时)所围成的平面区域(见图 10-6),其中 $\psi_1(y)$,$\psi_2(y)$ 在区间 $[c,d]$ 上连续,那么有

积分区域为 Y 型区域时二重积分的计算(先 x 后 y)

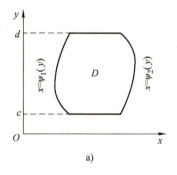

a)

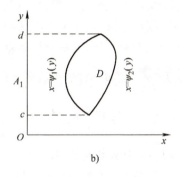

b)

图 10-6

$$\iint\limits_{D}f(x,y)\,\mathrm{d}\sigma = \int_c^d\Big[\int_{\psi_1(y)}^{\psi_2(y)}f(x,y)\,\mathrm{d}x\Big]\mathrm{d}y.$$

上式右端的积分称为先对 x、后对 y 的二次积分. 此积分也经常记作

$$\int_c^d\mathrm{d}y\int_{\psi_1(y)}^{\psi_2(y)}f(x,y)\,\mathrm{d}x.$$

因此,上式也可以写成

$$\iint\limits_{D}f(x,y)\,\mathrm{d}\sigma = \int_c^d\mathrm{d}y\int_{\psi_1(y)}^{\psi_2(y)}f(x,y)\,\mathrm{d}x, \qquad (10.2)$$

此公式就是将二重积分化为先对 x、后对 y 的二次积分公式.

3. 其他类型的积分区域

(1)如果积分区域 D 既不是 X 型区域,也不是 Y 型区域,那么就需要把区域 D 分成几个部分,使得每个部分为 X 型区域或 Y 型区域. 如在图 10-7 中,把区域 D 分成三个部分 D_1,D_2,D_3,这三部分都是 X 型区域,从而在这三部分上计算二重积分就都可以应用公式(10.1). 将在各部分上计算出的二重积分的结果,再应用二重积分的性质 2,就可以得到在 D 上的二重积分了.

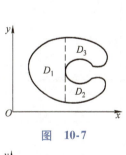

图 10-7

(2)如果积分区域 D 既是 X 型区域又是 Y 型区域(见图10-8),那么由公式(10.1)和公式(10.2)就可以得到

$$\iint\limits_{D}f(x,y)\,\mathrm{d}\sigma = \int_a^b\mathrm{d}x\int_{\varphi_1(x)}^{\varphi_2(x)}f(x,y)\,\mathrm{d}y = \int_c^d\mathrm{d}y\int_{\psi_1(y)}^{\psi_2(y)}f(x,y)\,\mathrm{d}x.$$

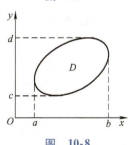

图 10-8

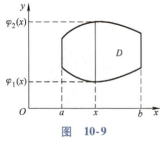

图 10-9

计算二重积分时要将二重积分化为二次积分,关键是如何确定积分上、下限. 积分限是由积分区域决定的,首先画出积分区域 D 的图形,然后判断积分区域 D 是 X 型区域还是 Y 型区域,从而决定应用公式(10.1)还是公式(10.2). 假如积分区域 D 是 X 型区域(见图 10-9),在区间 $[a,b]$ 上任意取定一个 x 值,在积分区域上以这个 x 值为横坐标作一条直线平行于 y 轴,该直线与积分区域的两个交点的纵坐标分别为 $\varphi_1(x)$ 和 $\varphi_2(x)$(其中,$\varphi_1(x) < \varphi_2(x)$),这两个交点的纵坐标就是公式(10.1)中先把 x 看作常量对 y 积分时的下限和上限. 由于 x 是在区间 $[a,b]$ 上任意取定的,于是再把 x 看作变量而对 x 积分,积分区间就是 $[a,b]$.

二、 重积分的计算例题

例 1 计算二重积分 $I = \iint\limits_D xy\mathrm{d}\sigma$,其中,$D$ 是由直线 $x + y = 1$, $x = 1, y = 1$ 所围成的闭区域.

解法 1 首先画出积分区域 D(见图 10-10). 区域 D 是 X 型区域,区域 D 上点的横坐标的变化范围是区间 $[0,1]$,在区间 $[0,1]$ 上任意取定一个 x 值,则在区域 D 上以这个 x 值为横坐标的点在一段直线上,这段直线平行于 y 轴,该线段上的点的纵坐标的变化范围是区间 $[1-x,1]$. 利用公式(10.1)可得

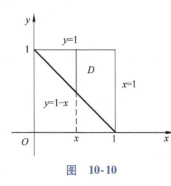

图 10-10

$$I = \iint\limits_D xy\mathrm{d}x\mathrm{d}y = \int_0^1 \mathrm{d}x \int_{1-x}^1 xy\mathrm{d}y$$

$$= \int_0^1 \left[x \cdot \frac{y^2}{2} \right]_{1-x}^1$$

$$\mathrm{d}x = \int_0^1 \left(x^2 - \frac{x^3}{2} \right)\mathrm{d}x = \frac{5}{24}.$$

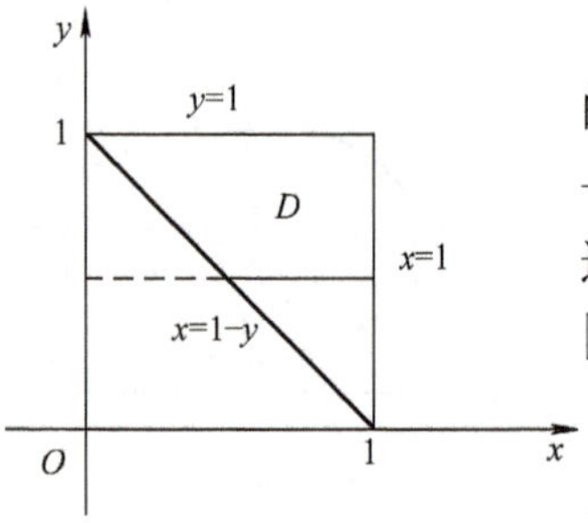

解法 2 如图 10-11 所示,积分区域 D 是 Y 型区域,区域 D 上的点的纵坐标的变化范围是区间 $[0,1]$,在区间 $[0,1]$ 上任意取定一个 y 值,则在区域 D 上以这个 y 值为纵坐标的点在一段直线上,这段直线平行于 x 轴,该线段上的点的横坐标的变化范围是区间 $[1-y,1]$. 利用公式(10.2)可得

图 10-11

$$I = \iint\limits_D xy\mathrm{d}x\mathrm{d}y = \int_0^1 \mathrm{d}y \int_{1-y}^1 xy\mathrm{d}x$$

$$= \int_0^1 \left[y \cdot \frac{x^2}{2} \right]_{1-y}^1$$

$$\mathrm{d}y = \int_0^1 \left(y^2 - \frac{y^3}{2} \right)\mathrm{d}y = \frac{5}{24}.$$

例 2 计算二重积分 $I = \iint\limits_D xy\mathrm{d}\sigma$,其中,$D$ 是由直线 $x + y = 2$ 与抛物线 $y^2 = x$ 与所围成的闭区域.

解 画出积分区域 D 如图 10-12 所示,解方程组 $\begin{cases} y^2 = x, \\ x + y = 2, \end{cases}$ 得交点

坐标 $(1,1)$ 和 $(4,-2)$,区域 D 既是 X 型区域,又是 Y 型区域. 若将

区域 D 看作 Y 型区域(见图 10-12),则区域 D 可以表示为

$$D = \{(x,y) \,|\, y^2 \leq x \leq 2 - y, \, -2 \leq y \leq 1\}.$$

于是

$$I = \iint_D xy\mathrm{d}x\mathrm{d}y = \int_{-2}^1 \mathrm{d}y \int_{y^2}^{2-y} xy\mathrm{d}x = \int_{-2}^1 \left[y \cdot \frac{x^2}{2} \right]_{y^2}^{2-y} \mathrm{d}y$$

$$= \int_{-2}^1 \left(2y - 2y^2 + \frac{y^3}{2} - \frac{y^5}{2} \right) \mathrm{d}y = -\frac{45}{8}.$$

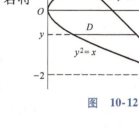

图 10-12

若将区域 D 看作 X 型区域(见图 10-13),由于在区间 $[1,4]$ 区域上边界曲线的解析表达式不相同,所以我们用过点 $(1,1)$ 且平行于 y 轴的直线 $x = 1$ 把区域 D 分割成 D_1 和 D_2 两部分(见图 10-13),其中:

$$D_1 = \{(x,y) \,|\, -\sqrt{x} \leq y \leq \sqrt{x}, 0 \leq x \leq 1\},$$

$$D_2 = \{(x,y) \,|\, -\sqrt{x} \leq y \leq 2 - x, 1 \leq x \leq 4\}.$$

因此,由二重积分的性质 2,有

$$I = \iint_D xy\mathrm{d}\sigma = \iint_{D_1} xy\mathrm{d}\sigma + \iint_{D_2} xy\mathrm{d}\sigma$$

$$= \int_0^1 \left[\int_{-\sqrt{x}}^{\sqrt{x}} xy\mathrm{d}y \right] \mathrm{d}x + \int_1^4 \left[\int_{-\sqrt{x}}^{2-x} xy\mathrm{d}y \right] \mathrm{d}x = -\frac{45}{8}.$$

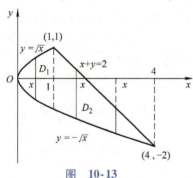

图 10-13

由此可见,如果采用公式(10.1)计算两个二次积分,比较繁琐.

例3 计算二重积分 $I = \iint_D (\mathrm{e}^{x^2} + y^2)\mathrm{d}\sigma$,其中区域 D 是由直线

$y = x, x = 1$ 及 x 轴所围成的闭区域.

解 画出积分区域 D 如图 10-14 所示. 区域 D 既是 X 型区域又是 Y 型区域,利用积分性质 1 可将二重积分化为:

$$I = \iint_D (\mathrm{e}^{x^2} + y^2)\mathrm{d}\sigma = I_1 + I_2,$$

其中,令 $I_1 = \iint_D \mathrm{e}^{x^2}\mathrm{d}\sigma, I_2 = \iint_D y^2\mathrm{d}\sigma.$

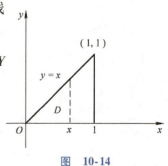

图 10-14

对于积分 I_1，如果将积分区域 D 看成 Y 型区域来计算，则计算无法完成. 如果将积分区域 D 看成 X 型区域（见图 10-14），则区域 D 可以表示为 $D = \{(x,y) \mid 0 \leqslant y \leqslant x, 0 \leqslant x \leqslant 1\}$，于是积分

$$I_1 = \iint\limits_D e^{x^2} d\sigma = \iint\limits_D e^{x^2} dx dy = \int_0^1 e^{x^2} dx \int_0^x dy = \int_0^1 x e^{x^2} dx = \left. \frac{1}{2} e^{x^2} \right|_0^1$$

$$= \frac{1}{2}(e - 1).$$

对于积分 I_2，如果将积分区域 D 看成 Y 型区域（见图 10-15），则区域 D 可以表示为 $D = \{(x,y) \mid y \leqslant x \leqslant 1, 0 \leqslant y \leqslant 1\}$，于是积分

$$I_2 = \iint\limits_D y^2 d\sigma = \iint\limits_D y^2 dx dy = \int_0^1 y^2 dy \int_y^1 dx = \int_0^1 y^2 (1 - y) dy = \frac{1}{12}.$$

由此可得，

$$I = \iint\limits_D (e^{x^2} + y^2) d\sigma = I_1 + I_2 = \frac{1}{2}(e - 1) + \frac{1}{12} = \frac{e}{2} - \frac{5}{12}.$$

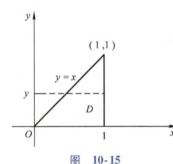

图 10-15

上述几个例子说明，在将二重积分化为二次积分时，为了计算简便合理，需要选择恰当的二次积分的次序. 这时，既要考虑积分区域 D 的形状，又要考虑被积函数 $f(x,y)$ 的特性.

例4 交换积分次序 $I = \int_0^\pi dy \int_y^\pi \frac{\sin x}{x} dx$，并求其值.

▶ 例4 讲解（交换积分次序）

解 由上述的二次积分可知，与它对应的二重积分 $\iint\limits_D \frac{\sin x}{x} d\sigma$ 的积分区域为

$$D = \{(x,y) \mid y \leqslant x \leqslant \pi, 0 \leqslant y \leqslant \pi\},$$

即由直线 $y = x, x = \pi$ 及 x 轴围成的封闭区域，如图 10-16 所示. 要交换积分次序，可将区域 D 表示为 $D = \{(x,y) \mid 0 \leqslant y \leqslant x, 0 \leqslant x \leqslant \pi\}$，于是有

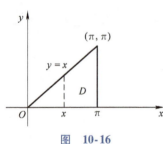

图 10-16

$$I = \int_0^\pi dy \int_y^\pi \frac{\sin x}{x} dx$$

$$= \int_0^\pi dx \int_0^x \frac{\sin x}{x} dy$$

$$= \int_0^\pi \sin x dx$$

$$= -\cos x \Big|_0^\pi = 2.$$

例5 求以 xOy 面上的圆域 $D = \{(x,y) \mid x^2 + y^2 \leqslant 1\}$ 为底，圆柱面 $x^2 + y^2 = 1$ 为侧面，抛物面 $z = 2 - x - y$ 为顶的曲顶柱体的体积.

解 如图 10-17 所示，所求曲顶柱体的体积为

$$V = \iint\limits_D (2 - x - y) d\sigma,$$

其中积分区域 D 可表示为

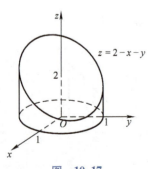

图 10-17

$$D = \{(x,y) \mid -\sqrt{1 - x^2} \leqslant y \leqslant \sqrt{1 - x^2}, -1 \leqslant x \leqslant 1\}.$$

于是

$$V = \iint\limits_{D}(2 - x - y)\mathrm{d}\sigma = \int_{-1}^{1}\mathrm{d}x\int_{-\sqrt{1-x^2}}^{\sqrt{1-x^2}}(2 - x - y)\mathrm{d}y$$

$$= \int_{-1}^{1}[4\sqrt{1-x^2} - 2x\sqrt{1-x^2}]\mathrm{d}x = \int_{-1}^{1}4\sqrt{1-x^2}\mathrm{d}x - \int_{-1}^{1}2x\sqrt{1-x^2}\mathrm{d}x$$

$$= 4\int_{-1}^{1}\sqrt{1-x^2}\mathrm{d}x + \left[\frac{2\sqrt{(1-x^2)^3}}{3}\right]_{-1}^{1}$$

$$= 4\int_{-1}^{1}\sqrt{1-x^2}\mathrm{d}x = 2\pi.$$

例6 城市 A 受地理条件的限制呈三角形分布,斜边邻近一座山. 由于地理位置的关系,城市区域发展不太均衡,这一点从税收的情况可以反映出来. 以两直角边为坐标轴建立直角坐标系,位于 x 轴和 y 轴上的城市长度分别为 24km 和 16km,且税收情况与地理位置的关系为 $z = 30x + 20y$(万元/km²),试计算该市总的税收收入.

解 这是一个二重积分的经济应用问题. 其中积分区域 D 由 x 轴和 y 轴及直线 $\dfrac{x}{24} + \dfrac{y}{16} = 1$ 围成,可以表示为

$$D = \left\{(x,y)\,\Big|\,0 \leqslant y \leqslant 16 - \frac{2}{3}x, 0 \leqslant x \leqslant 24\right\},\text{所以税收总收入为}$$

$$L = \iint\limits_{D}z(x,y)\mathrm{d}\sigma = \int_{0}^{24}\mathrm{d}x\int_{0}^{16-\frac{2}{3}x}(30x + 20y)\mathrm{d}y$$

$$= \int_{0}^{24}\left(2560 + \frac{800}{3}x - \frac{140}{9}x^2\right)\mathrm{d}x$$

$$= 66560 \text{ 万元.}$$

即该市总的税收收入为 66560 万元.

习题 10-2(A)

1. 在下列区域 D 上分别将二重积分 $I = \iint\limits_{D}f(x,y)\mathrm{d}\sigma$ 化为直角坐标系下的二次积分:

(1)由直线 $x + y = 1$,x 轴和 y 轴围成;

(2)由抛物线 $y = x^2$ 和直线 $y = 2x$ 围成;

(3)由曲线 $y = \sqrt{x}$,$x + y = 6$ 及 $x = 0$ 围成;

(4)由抛物线 $y = 5 - x^2$ 及直线 $y = 4x$ 围成;

(5)由不等式 $|x| \leqslant y \leqslant 3$ 确定;

(6)由不等式 $x^2 + y^2 \leqslant 4x$ 确定.

2. 利用直角坐标计算下列二重积分:

(1) $\iint\limits_{D} (x + 3y)^2 \mathrm{d}x\mathrm{d}y$,其中 D 由直线 $x = 0$,$x = 1$,$y = 0$,$y = 1$ 围成;

(2) $\iint\limits_{D} y\mathrm{d}x\mathrm{d}y$,其中 D 由直线 $x + y = 1$,$x = 0$ 及 $y = 0$ 围成;

(3) $\iint\limits_{D} xy^2 \mathrm{d}x\mathrm{d}y$,其中 D 由直线 $y = x$,$y = x - 1$,$y = 0$ 及 $y = 1$ 围成;

(4) $\iint\limits_{D} \dfrac{x^3}{y^2} \mathrm{d}x\mathrm{d}y$,其中 D 由双曲线 $xy = 1$ 及直线 $y = x$,$x = 2$ 围成;

(5) $\iint\limits_{D} ye^{xy} \mathrm{d}x\mathrm{d}y$,其中 D 由双曲线 $xy = 2$ 及直线 $y = 2$,$x = 2$ 围成.

3. 如果二重积分 $\iint\limits_{D} f(x,y)\mathrm{d}x\mathrm{d}y$ 的被积函数 $f(x,y)$ 是两个函数 $f_1(x)$ 与 $f_2(y)$ 的乘积,即 $f(x,y) = f_1(x) \cdot f_2(y)$,并且积分区域 $D = \{(x,y) \,|\, a \leqslant x \leqslant b, c \leqslant y \leqslant d\}$,证明:这个二重积分等于两个定积分的乘积,即

$$\iint\limits_{D} f(x,y)\mathrm{d}x\mathrm{d}y = \iint\limits_{D} f_1(x) \cdot f_2(y)\mathrm{d}x\mathrm{d}y = \left[\int_{a}^{b} f_1(x)\mathrm{d}x \right] \cdot \left[\int_{c}^{d} f_2(y)\mathrm{d}y \right].$$

并由此计算二重积分 $\iint\limits_{D} \dfrac{2y + 1}{1 + x} \mathrm{d}x\mathrm{d}y$,其中 $D = \{(x,y) \,|\, 0 \leqslant x \leqslant 1, -1 \leqslant y \leqslant 1\}$.

4. 交换下列二次积分的次序:

(1) $\int_{0}^{1} \mathrm{d}x \int_{x}^{1} f(x,y)\mathrm{d}y$;   (2) $\int_{0}^{1} \mathrm{d}y \int_{e^y}^{e} f(x,y)\mathrm{d}x$;

(3) $\int_{0}^{1} \mathrm{d}x \int_{x}^{2x} f(x,y)\mathrm{d}y$;   (4) $\int_{0}^{1} \mathrm{d}y \int_{0}^{\sqrt{1-y^2}} f(x,y)\mathrm{d}x$;

(5) $\int_{0}^{1} \mathrm{d}y \int_{2-y}^{2} f(x,y)\mathrm{d}x + \int_{1}^{2} \mathrm{d}y \int_{y}^{2} f(x,y)\mathrm{d}x$.

5. 计算下列二次积分:

(1) $\int_{0}^{1} \mathrm{d}x \int_{x}^{1} e^{-\frac{y^2}{2}}\mathrm{d}y$;   (2) $\int_{0}^{\frac{\pi}{2}} \mathrm{d}y \int_{y}^{\frac{\pi}{2}} \dfrac{\sin x}{x}\mathrm{d}x$.

6. 设平面薄片所占的闭区域 D 由直线 $x + y = 2$,$y = x$ 和 x 轴所围成,它的面密度 $\mu(x,y) = x + y$,求该薄片的质量.

7. 求由平面 $x = 0$,$y = 0$,$z = 0$ 及 $x + 2y + z = 1$ 所围成的立体的体积.

8. 为修建高速公路,要在一山坡中开辟出一条长 500m,宽 20m 的通道. 据测量,以出发点一侧为原点,往另一侧方向为 x 轴($0 \leqslant x \leqslant 20$),往公路延伸方向为 y 轴($0 \leqslant y \leqslant 500$),且山坡的高度为:

$$z = 10\left(\sin\dfrac{\pi y}{500} + \sin\dfrac{\pi x}{20} \right)\mathrm{m},$$

试计算所需挖掉的土方量.

习题 10-2(B)

1. 在直角坐标系计算下列二重积分:

(1) $\iint\limits_{D}\dfrac{2x}{1+y}\mathrm{d}x\mathrm{d}y$,其中,$D$ 是由抛物线 $y=1+x^2$,直线 $y=2x$ 及 y 轴围成的闭区域;

(2) $\iint\limits_{D}\mathrm{e}^{x+y}\mathrm{d}x\mathrm{d}y$,其中,$D$ 是由 $|x|+|y|\leqslant1$ 所围成的闭区域;

(3) $\iint\limits_{D}(x^2+y^2-x)\mathrm{d}x\mathrm{d}y$,其中,$D$ 由直线 $y=2$,$y=x$ 及 $y=2x$ 所围成的闭区域.

2. 将二重积分化为定积分:

(1) $\displaystyle\int_0^2\mathrm{d}x\int_0^x xf(y)\mathrm{d}y$,其中,$f(y)$ 在区间 $[0,2]$ 上连续;

(2) $\iint\limits_{D}f(y)\mathrm{d}x\mathrm{d}y$,其中,$D$ 是由直线 $y=0$,$y=x$ 及 $x+y=2$ 所围成的闭区域,函数 $f(x)$ 连续.

3. 交换积分次序:

(1) $\displaystyle\int_{\frac{1}{4}}^{\frac{1}{2}}\mathrm{d}y\int_{\frac{1}{2}}^{\sqrt{y}}\mathrm{e}^{\frac{x}{y}}\mathrm{d}x+\int_{\frac{1}{2}}^{1}\mathrm{d}y\int_{y}^{\sqrt{y}}\mathrm{e}^{\frac{y}{x}}\mathrm{d}x$;

(2) $\displaystyle\int_0^1\mathrm{d}y\int_{1-\sqrt{1-y^2}}^{2-y}f(x,y)\mathrm{d}x$.

4. 设 $f(x)$ 在 $[0,1]$ 上连续,并设 $\displaystyle\int_0^1 f(x)\mathrm{d}x=A$,计算

$$\int_0^1\mathrm{d}x\int_x^1 f(x)f(y)\mathrm{d}y.$$

5. 若函数 $f(u)$ 在区间 $[0,c]$ 上连续,区域 D 为 $0\leqslant x\leqslant c,0\leqslant y\leqslant c$,证明:

$$\iint\limits_{D}\frac{af(x)+bf(y)}{f(x)+f(y)}\mathrm{d}x\mathrm{d}y=\frac{c^2}{2}(a+b).$$

第三节 在极坐标系下计算二重积分

在计算二重积分时,有些积分区域的边界曲线用极坐标表示非常简单,在极坐标系下有些被积函数也能够简化. 为此,我们有必要研究在极坐标系下计算二重积分 $\iint\limits_{D}f(x,y)\mathrm{d}\sigma$ 的方法.

按照二重积分的定义,我们知道

$$\iint\limits_{D}f(x,y)\mathrm{d}\sigma=\lim_{\lambda\to0}\sum_{i=1}^{n}f(\xi_i,\eta_i)\Delta\sigma_i.$$

下面我们来研究这个和式的极限在极坐标系中的表达形式.

假定由极点 O 出发且穿过区域 D 的内部的射线与区域 D 的边界曲线相交不多于两点. 我们用以极点为中心的一族同心圆:$\rho =$ 常数以及从极点出发的一族射线:$\theta =$ 常数,把 D 分割成 n 个小闭区域(见图10-18). 除了包含边界点的一些小闭区域外,小闭区域的面积 $\Delta\sigma_i$ 可计算如下:

$$\Delta\sigma_i = \frac{1}{2}(\rho_i + \Delta\rho_i)^2 \cdot \Delta\theta_i - \frac{1}{2}\rho_i{}^2 \cdot \Delta\theta_i = \frac{1}{2}(2\rho_i + \Delta\rho_i)\Delta\rho_i \cdot \Delta\theta_i$$

$$= \frac{\rho_i + (\rho_i + \Delta\rho_i)}{2} \cdot \Delta\rho_i \cdot \Delta\theta_i = \overline{\rho}_i \cdot \Delta\rho_i \cdot \Delta\theta_i$$

其中 $\overline{\rho}_i$ 表示相邻两圆弧的半径的平均值. 在这个小闭区域内取圆周 $\rho = \overline{\rho}_i$ 上的点 $(\overline{\rho}_i, \overline{\theta}_i)$,该点的直角坐标设为 (ξ_i, η_i),则由直角坐标与极坐标的关系知 $\xi_i = \overline{\rho}_i\cos\overline{\theta}_i, \eta_i = \overline{\rho}_i\sin\overline{\theta}_i$. 于是

$$\lim_{\lambda\to 0}\sum_{i=1}^n f(\xi_i, \eta_i)\Delta\sigma_i = \lim_{\lambda\to 0}\sum_{i=1}^n f(\overline{\rho}_i\cos\overline{\theta}_i, \overline{\rho}_i\sin\overline{\theta}_i)\overline{\rho}_i \cdot \Delta\rho_i \cdot \theta_i,$$

即:

$$\iint\limits_{D} f(x,y)\mathrm{d}\sigma = \iint\limits_{D} f(\rho\cos\theta, \rho\sin\theta)\rho\mathrm{d}\rho\mathrm{d}\theta. \tag{10.3}$$

这里我们把点 (ρ, θ) 看作是在同一平面上的点 (x,y) 的极坐标,同一个点在两种坐标系下的坐标具有如下关系:

$$\begin{cases} x = \rho\cos\theta, \\ y = \rho\sin\theta. \end{cases}$$

式(10.3)就是二重积分从直角坐标转化为极坐标的变换公式,其中,$\rho\mathrm{d}\rho\mathrm{d}\theta$ 就是**极坐标系中的面积元素**.

公式(10.3)表明,要把二重积分从直角坐标变换为极坐标来计算需要注意以下三点:将被积函数中的 x 与 y 分别换成 $\rho\cos\theta$ 与 $\rho\sin\theta$;把直角坐标系中的面积元素 $\mathrm{d}x\mathrm{d}y$ 换成极坐标系中的面积元素 $\rho\mathrm{d}\rho\mathrm{d}\theta$;将积分区域 D 用 ρ 和 θ 相关的不等式来表达.

由此可见,在极坐标系下计算二重积分,同样可以把二重积分转化为二次积分来处理.

设积分区域 D 可以用不等式表示为:

$$\varphi_1(\theta) \leqslant \rho \leqslant \varphi_2(\theta), \alpha \leqslant \theta \leqslant \beta$$

(见图10-19),其中,函数 $\varphi_1(\theta), \varphi_2(\theta)$ 在区间 $[\alpha, \beta]$ 上连续.

图 10-18

极坐标系下二重积分的转化及化为极坐标系下的二次积分

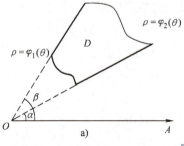

a)

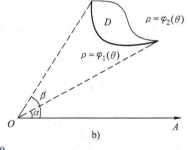

b)

图 10-19

先在区间$[\alpha,\beta]$上任意取定一个θ值. 对应于这个θ值,区域D上的点(见图 10-20)的极径ρ从$\varphi_1(\theta)$变到$\varphi_2(\theta)$. 又由于θ是$[\alpha,\beta]$上任意取定的,所以θ的变化范围是区间$[\alpha,\beta]$. 由此可得

$$\iint\limits_{D}f(\rho\cos\theta,\rho\sin\theta)\rho\mathrm{d}\rho\mathrm{d}\theta = \int_{\alpha}^{\beta}\Big[\int_{\varphi_1(\theta)}^{\varphi_2(\theta)}f(\rho\cos\theta,\rho\sin\theta)\rho\mathrm{d}\rho\Big]\mathrm{d}\theta,$$

上式也可以写成

$$\iint\limits_{D}f(\rho\cos\theta,\rho\sin\theta)\rho\mathrm{d}\rho\mathrm{d}\theta = \int_{\alpha}^{\beta}\mathrm{d}\theta\int_{\varphi_1(\theta)}^{\varphi_2(\theta)}f(\rho\cos\theta,\rho\sin\theta)\rho\mathrm{d}\rho.$$

(10.4)

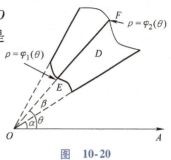

图 10-20

根据积分区域D的形状和位置,我们分4种情况讨论将二重积分化为极坐标系下的二次积分.

(1)极点在区域D的边界外(见图 10-19),边界曲线方程为$\rho=\varphi_1(\theta),\rho=\varphi_2(\theta)$,此时$\alpha\leqslant\theta\leqslant\beta,\varphi_1(\theta)\leqslant\rho\leqslant\varphi_2(\theta)$,于是有

$$\iint\limits_{D}f(\rho\cos\theta,\rho\sin\theta)\rho\mathrm{d}\rho\mathrm{d}\theta = \int_{\alpha}^{\beta}\mathrm{d}\theta\int_{\varphi_1(\theta)}^{\varphi_2(\theta)}f(\rho\cos\theta,\rho\sin\theta)\rho\mathrm{d}\rho.$$

(10.5)

极坐标系下二重积分的计算(含(1)－(4)及例1,2,3.)

(2)极点在区域D的边界上(见图 10-21),边界曲线方程为$\rho=\varphi(\theta)$,此时$\alpha\leqslant\theta\leqslant\beta,0\leqslant\rho\leqslant\varphi(\theta)$,于是有

$$\iint\limits_{D}f(\rho\cos\theta,\rho\sin\theta)\rho\mathrm{d}\rho\mathrm{d}\theta = \int_{\alpha}^{\beta}\mathrm{d}\theta\int_{0}^{\varphi(\theta)}f(\rho\cos\theta,\rho\sin\theta)\rho\mathrm{d}\rho.$$

(10.6)

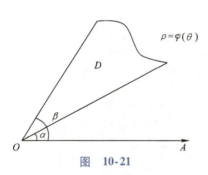

图 10-21

(3)极点在区域D的内部(见图 10-22),边界曲线方程为$\rho=\varphi(\theta)$,此时$0\leqslant\theta\leqslant2\pi,0\leqslant\rho\leqslant\varphi(\theta)$,于是有

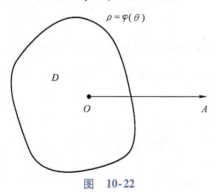

图 10-22

$$\iint\limits_{D} f(\rho\cos\theta,\rho\sin\theta)\rho\mathrm{d}\rho\mathrm{d}\theta = \int_0^{2\pi}\mathrm{d}\theta\int_0^{\varphi(\theta)} f(\rho\cos\theta,\rho\sin\theta)\rho\mathrm{d}\rho.$$

$$(10.7)$$

由二重积分的性质3,闭区域 D 的面积 σ 可以表示为

$$\sigma = \iint\limits_{D}\mathrm{d}\sigma.$$

在极坐标系中,面积元素 $\mathrm{d}\sigma = \rho\mathrm{d}\rho\mathrm{d}\theta$,上式可以改写为

$$\sigma = \iint\limits_{D}\rho\mathrm{d}\rho\mathrm{d}\theta.$$

如果闭区域 D 如图 10-19a 所示,则由公式(10.4)有

$$\sigma = \iint\limits_{D}\rho\mathrm{d}\rho\mathrm{d}\theta = \int_\alpha^\beta\mathrm{d}\theta\int_{\varphi_1(\theta)}^{\varphi_2(\theta)}\rho\mathrm{d}\rho = \frac{1}{2}\int_\alpha^\beta[\varphi_2^2(\theta) - \varphi_1^2(\theta)]\mathrm{d}\theta.$$

特别的,如果闭区域 D 如图 10-21 所示,那么 $\varphi_1(\theta) = 0$, $\varphi_2(\theta) = \varphi(\theta)$. 于是

$$\sigma = \frac{1}{2}\int_\alpha^\beta\varphi^2(\theta)\mathrm{d}\theta. \qquad (10.8)$$

(4)极点在环形区域 D 的内部如图 10-23 所示,边界曲线方程为 $\rho = \varphi_1(\theta)$,$\rho = \varphi_2(\theta)$,此时 $0\leqslant\theta\leqslant 2\pi$,$\varphi_1(\theta)\leqslant\rho\leqslant\varphi_2(\theta)$,于是有

$$\iint\limits_{D} f(\rho\cos\theta,\rho\sin\theta)\rho\mathrm{d}\rho\mathrm{d}\theta = \int_0^{2\pi}\mathrm{d}\theta\int_{\varphi_1(\theta)}^{\varphi_2(\theta)} f(\rho\cos\theta,\rho\sin\theta)\rho\mathrm{d}\rho.$$

$$(10.9)$$

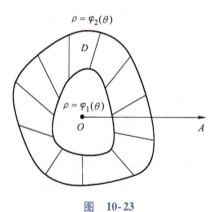

图 10-23

特别的,如果环形区域 D 如图 10-24 所示,则有

$$\iint\limits_{D} f(\rho\cos\theta,\rho\sin\theta)\rho\mathrm{d}\rho\mathrm{d}\theta = \int_0^{2\pi}\mathrm{d}\theta\int_r^R f(\rho\cos\theta,\rho\sin\theta)\rho\mathrm{d}\rho.$$

$$(10.10)$$

例1 计算 $I = \iint\limits_{D}\dfrac{\sin(\pi\sqrt{x^2+y^2})}{\sqrt{x^2+y^2}}\mathrm{d}x\mathrm{d}y$,其中,积分区域 $D = \{(x,y)\mid 1\leqslant x^2+y^2\leqslant 4\}$.

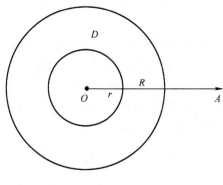

图 10-24

解 在极坐标系中,闭区域 D 可表示为 $1 \le \rho \le 2, 0 \le \theta \le 2\pi$,由公式 (10.3) 及公式 (10.10) 有

$$\iint\limits_{D} \frac{\sin(\pi\sqrt{x^2+y^2})}{\sqrt{x^2+y^2}}\mathrm{d}x\mathrm{d}y = \iint\limits_{D} \frac{\sin(\pi\rho)}{\rho}\rho\mathrm{d}\rho\mathrm{d}\theta$$

$$= \int_0^{2\pi}\mathrm{d}\theta \int_1^2 \frac{\sin(\pi\rho)}{\rho}\rho\mathrm{d}\rho = 2\pi\cdot\left(-\frac{2}{\pi}\right) = -4.$$

例 2 写出二重积分 $\iint\limits_{D} f(x,y)\mathrm{d}x\mathrm{d}y$ 在极坐标系下的二次积分,

其中积分区域 $D = \{(x,y)\mid 1-x \le y \le \sqrt{1-x^2}, 0 \le x \le 1\}$.

解 积分区域 D 如图 10-25 所示,在极坐标系下由

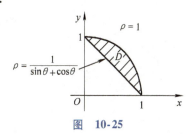

图 10-25

$$\begin{cases} x = \rho\cos\theta, \\ y = \rho\sin\theta \end{cases}$$

可知圆的极坐标方程为 $\rho = 1$,直线方程为

$$\rho = \frac{1}{\sin\theta+\cos\theta},$$

故

$$\iint\limits_{D} f(x,y)\mathrm{d}x\mathrm{d}y = \int_0^{\frac{\pi}{2}}\mathrm{d}\theta \int_{\frac{1}{\sin\theta+\cos\theta}}^1 f(\rho\cos\theta,\rho\sin\theta)\rho\mathrm{d}\rho.$$

例 3 计算 $\iint\limits_{D} \mathrm{e}^{-x^2-y^2}\mathrm{d}x\mathrm{d}y$,其中 D 是由圆心在原点、半径为 a 的

圆周所围成的封闭区域.

解 在极坐标系中,闭区域 D 可以表示为 $0 \le \rho \le a, 0 \le \theta \le 2\pi$. 由公式 (10.3) 及式 (10.7) 有

$$\iint\limits_{D} \mathrm{e}^{-x^2-y^2}\mathrm{d}x\mathrm{d}y = \iint\limits_{D} \mathrm{e}^{-\rho^2}\rho\mathrm{d}\rho\mathrm{d}\theta = \int_0^{2\pi}\mathrm{d}\theta \int_0^a \mathrm{e}^{-\rho^2}\rho\mathrm{d}\rho$$

$$= 2\pi\cdot\left(-\frac{1}{2}\mathrm{e}^{-\rho^2}\right)\Big|_0^a = \pi(1-\mathrm{e}^{-a^2}).$$

本题如果用直角坐标计算,因为积分 $\int\mathrm{e}^{-x^2}\mathrm{d}x$ 不能用初等函数表示,所以无法计算出来. 现在我们利用上面的结果来计算工程上

常用的反常积分 $\displaystyle\int_0^{+\infty} e^{-x^2}dx$.

设
$$D_1 = \{(x,y) \mid x^2 + y^2 \leqslant R^2, x \geqslant 0, y \geqslant 0\},$$
$$D_2 = \{(x,y) \mid x^2 + y^2 \leqslant 2R^2, x \geqslant 0, y \geqslant 0\},$$
$$S = \{(x,y) \mid 0 \leqslant x \leqslant R, 0 \leqslant y \leqslant R\}.$$

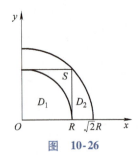

图 10-26

显然 $D_1 \subset S \subset D_2$(见图 10-26). 由于 $e^{-x^2-y^2} > 0$,从而在这些闭区域上的二重积分之间有不等式

$$\iint\limits_{D_1} e^{-x^2-y^2}dxdy < \iint\limits_{S} e^{-x^2-y^2}dxdy < \iint\limits_{D_2} e^{-x^2-y^2}dxdy.$$

因为

$$\iint\limits_{S} e^{-x^2-y^2}dxdy = \int_0^R e^{-x^2}dx \cdot \int_0^R e^{-y^2}dy = \left(\int_0^R e^{-x^2}dx\right)^2,$$

再应用上面已得的结果

$$\iint\limits_{D_1} e^{-x^2-y^2}dxdy = \frac{\pi}{4}(1 - e^{-R^2}),$$

$$\iint\limits_{D_2} e^{-x^2-y^2}dxdy = \frac{\pi}{4}(1 - e^{-2R^2}),$$

于是上面不等式可以写成

$$\frac{\pi}{4}(1 - e^{-R^2}) < \left(\int_0^R e^{-x^2}dx\right)^2 < \frac{\pi}{4}(1 - e^{-2R^2}).$$

令 $R \to +\infty$,上式两端趋于同一个极限 $\dfrac{\pi}{4}$,从而

$$\int_0^{+\infty} e^{-x^2}dx = \frac{\sqrt{\pi}}{2}.$$

例 4　将直角坐标系下的二次积分 $I = \displaystyle\int_0^{2R}dy\int_0^{\sqrt{2Ry-y^2}} f(x,y)dx$ 化为极坐标系下的二次积分.

解　直角坐标系下的积分区域 D 可以表示为不等式

$$0 \leqslant x \leqslant \sqrt{2Ry - y^2}, 0 \leqslant y \leqslant 2R.$$

其对应的极坐标系下的区域 D 的不等式为 $0 \leqslant \rho \leqslant 2R\sin\theta$,

$0 \leqslant \theta \leqslant \dfrac{\pi}{2}$(见图 10-27),所以

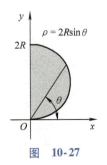

图 10-27

$$I = \int_0^{2R}dy \int_0^{\sqrt{2Ry-y^2}} f(x,y)dx$$

$$= \int_0^{\frac{\pi}{2}}d\theta \int_0^{2R\sin\theta} f(\rho\cos\theta, \rho\sin\theta)\rho d\rho.$$

习题 10-3(A)

1. 在极坐标系下,将二重积分 $\displaystyle\iint\limits_{D} f(x,y)dxdy$ 化为二次积分,其中区

域 D 分别是：

(1) $D = \{(x,y) \mid x^2 + y^2 \leqslant 2y\}$；

(2) $D = \{(x,y) \mid r^2 \leqslant x^2 + y^2 \leqslant R^2, y > 0\}$；

(3) D 是由直线 $x + y = 2$ 及圆 $x^2 + y^2 = 4$ 围成的在第一象限的闭区域；

(4) D 是圆 $x^2 + y^2 = 1$ 的外部和圆 $x^2 + y^2 = 2x$ 的内部围成的在第一象限的闭区域；

(5) D 是两圆域 $x^2 + y^2 \leqslant 4x, x^2 + y^2 \leqslant 4y$ 的公共部分；

(6) $D = \{(x,y) \mid 0 \leqslant 2x \leqslant x^2 + y^2 \leqslant 2\}$.

2. 利用极坐标计算下列二重积分：

(1) $\iint\limits_{D} y \mathrm{d}x\mathrm{d}y$，其中，区域 D 为 $x^2 + y^2 \leqslant 1, y \geqslant 0$；

(2) $\iint\limits_{D} (x^2 + y^2) \mathrm{d}x\mathrm{d}y$，其中，$D$ 是 $x^2 + y^2 = 1$ 围成的闭区域；

(3) $\iint\limits_{D} \cos \sqrt{x^2 + y^2} \mathrm{d}x\mathrm{d}y$，其中，$D = \{(x,y) \mid 1 \leqslant x^2 + y^2 \leqslant 4\}$；

(4) $\iint\limits_{D} \arctan \dfrac{y}{x} \mathrm{d}x\mathrm{d}y$，其中，$D$ 是由 $x^2 + y^2 = 9, x^2 + y^2 = 4$ 及直线 $y = x, y = 0$ 围成的在第一象限部分的闭区域；

(5) $\iint\limits_{D} \dfrac{1}{\sqrt{1 + x^2 + y^2}} \mathrm{d}x\mathrm{d}y$，其中 D 是位于第一象限的圆域 $x^2 + y^2 \leqslant 3$.

3. 将下列直角坐标系下的二次积分化为极坐标系下的二次积分：

(1) $\displaystyle\int_{-2}^{2} \mathrm{d}x \int_{0}^{\sqrt{4-x^2}} f(x,y) \mathrm{d}y$；   (2) $\displaystyle\int_{0}^{1} \mathrm{d}x \int_{1-\sqrt{1-x^2}}^{x} f(x,y) \mathrm{d}y$；

(3) $\displaystyle\int_{0}^{1} \mathrm{d}x \int_{0}^{x} f(x,y) \mathrm{d}y$；   (4) $\displaystyle\int_{0}^{4} \mathrm{d}x \int_{x}^{\sqrt{3}x} f(x^2 + y^2) \mathrm{d}y$.

4. 将下列极坐标系下的二次积分化为直角坐标系下的二次积分：

(1) $\displaystyle\int_{0}^{\pi} \mathrm{d}\theta \int_{0}^{1} f(\rho\cos\theta, \rho\sin\theta)\rho\mathrm{d}\rho$；   (2) $\displaystyle\int_{0}^{\frac{\pi}{4}} \mathrm{d}\theta \int_{0}^{2\sqrt{2}} f(\rho^2)\rho\mathrm{d}\rho$.

习题 10-3(B)

1. 在极坐标系下计算下列二重积分：

(1) $\iint\limits_{D} (x + y) \mathrm{d}x\mathrm{d}y$，其中，$D$ 是圆域 $x^2 + y^2 \leqslant 2x$；

(2) $\iint\limits_{D} |x^2 + y^2 - 9| \mathrm{d}x\mathrm{d}y$，其中，$D$ 为圆域 $4 \leqslant x^2 + y^2 \leqslant 16$.

2. 计算以平面 xOy 上的圆周 $x^2 + y^2 = ax$ 的闭区域为底，以曲面 $z = x^2 + y^2$ 为顶的曲顶柱体的体积.

3. 某水池呈圆形，半径为 5m，以中心为坐标原点，距中心距离为 ρ 处的水深为 $\dfrac{5}{1+\rho^2}$m，试计算该水池的蓄水量.

第四节 反常二重积分

前面我们研究的二重积分都是在有界闭区域上的有界函数的积分，但是在实际应用中有时会遇到积分区域或被积函数是无界情形的二重积分，我们称这样的二重积分为**反常二重积分**.

下面我们只研究无界区域上的二重积分，它是在概率论与数理统计中有广泛应用的一种积分形式，它的计算方法与一元函数的反常积分的方法类似，先在有界区域内计算积分，然后令有界区域趋于原无界区域时取极限，若极限存在，则反常二重积分收敛，否则就发散.

无穷区域上的反常
积分定义及举例

> **定义** 设 D 是平面 xOy 上的无界区域，函数 $f(x,y)$ 在 D 上连续且 G 是 D 上的任意一个有界闭区域. 若 G 以任何方式无限扩展且趋于 D 时，均有极限
>
> $$\lim_{G \to D} \iint\limits_{G} f(x,y) \, \mathrm{d}x\mathrm{d}y$$
>
> 存在，则称此极限值为函数 $f(x,y)$ 在无界区域 D 上的**反常二重积分**，并记为
>
> $$\iint\limits_{D} f(x,y)\,\mathrm{d}x\mathrm{d}y = \lim_{G \to D} \iint\limits_{G} f(x,y)\,\mathrm{d}x\mathrm{d}y.$$
>
> 此时也称函数 $f(x,y)$ 在区域 D 上可积或反常二重积分 $\iint\limits_{D} f(x,y)\,\mathrm{d}x\mathrm{d}y$ 收敛，否则，称反常二重积分发散.

例 1 计算 $\iint\limits_{D} \mathrm{e}^{-x^2-y^2}\mathrm{d}x\mathrm{d}y$，其中，区域 D 是平面 xOy，并由此计算概率积分

$$\frac{1}{\sqrt{2\pi}} \int_{-\infty}^{+\infty} \mathrm{e}^{-\frac{x^2}{2}}\mathrm{d}x = 1.$$

解 由于 e^{-x^2} 的原函数不是初等函数，因此二重积分在直角坐标系中无法计算，故在极坐标系下计算.

平面 xOy 用极坐标可表示为：

$$D = \{(\rho,\theta) \,|\, 0 \leqslant \rho \leqslant +\infty, 0 \leqslant \theta \leqslant 2\pi\},$$

则有

$$\iint\limits_D e^{-x^2-y^2}dxdy = \lim_{R\to+\infty}\left(\int_0^{2\pi}d\theta\int_0^R e^{-\rho^2}\rho d\rho\right)$$

$$= \lim_{R\to+\infty}\left(2\pi\int_0^R e^{-\rho^2}\rho d\rho\right)$$

$$= 2\pi\cdot\lim_{R\to+\infty}\frac{1}{2}(1-e^{-R^2}) = \pi.$$

而

$$\iint\limits_D e^{-x^2-y^2}dxdy = \int_{-\infty}^{+\infty}\int_{-\infty}^{+\infty}e^{-x^2-y^2}dxdy = \int_{-\infty}^{+\infty}e^{-x^2}dx\cdot\int_{-\infty}^{+\infty}e^{-y^2}dy$$

$$= \left(\int_{-\infty}^{+\infty}e^{-x^2}dx\right)^2,$$

故
$$\int_{-\infty}^{+\infty}e^{-x^2}dx = \sqrt{\pi}.$$

因此,

$$\frac{1}{\sqrt{2\pi}}\int_{-\infty}^{+\infty}e^{-\frac{x^2}{2}}dx \xlongequal{x=\sqrt{2}t} \frac{1}{\sqrt{\pi}}\int_{-\infty}^{+\infty}e^{-t^2}dt = \frac{1}{\sqrt{\pi}}\cdot\sqrt{\pi} = 1.$$

函数 $f(x) = \dfrac{1}{\sqrt{2\pi}}e^{-\frac{x^2}{2}}$ 是概率论与数理统计中非常重要的一种

密度函数——标准正态分布随机变量的密度函数,如图 10-28
所示.

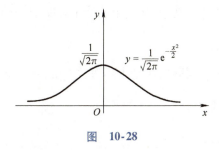

图 10-28

由本例可知它在实数轴上的反常积分为 1.

例 2 求反常二重积分 $I = \iint\limits_D \dfrac{d\sigma}{(1+x^2+y^2)^2}$,其中区域 D 是平

面 xOy.

解 先在圆域 $D = \{(x,y)\,|\,x^2+y^2\leqslant R^2\}$ 内考虑,此时

$$I(R) = \iint\limits_D \frac{d\sigma}{(1+x^2+y^2)^2} = \int_0^{2\pi}d\theta\int_0^R \frac{\rho}{(1+\rho^2)^2}d\rho$$

$$= \pi\left(1-\frac{1}{1+R^2}\right),$$

所以

$$\lim_{R\to+\infty}I(R) = \pi.$$

故原积分收敛,且

$$I = \iint\limits_D \frac{d\sigma}{(1+x^2+y^2)^2} = \pi.$$

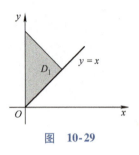

图 10-29

例 3 设二元函数 $f(x,y) = \begin{cases} e^{-(x+y)}, & x>0,y>0 \\ 0, & 其他 \end{cases}$，计算反常

二重积分 $\iint\limits_D f(x,y)\mathrm{d}\sigma$，其中积分区域 $D = \{(x,y) \mid y \geq x\}$.

解 由于被积函数 $f(x,y)$ 仅在第一象限不为 0,因此只需计算积分区域 D 在第一象限部分 D_1 的二重积分即可,如图 10-29 所示,因此

$$\iint\limits_D f(x,y)\mathrm{d}\sigma = \iint\limits_{D_1} e^{-(x+y)}\mathrm{d}x\mathrm{d}y$$

$$= \int_0^{+\infty} \mathrm{d}y \int_0^y e^{-(x+y)}\mathrm{d}x = -\int_0^{+\infty} e^{-y} \cdot \left[e^{-x} \Big|_0^y \right]\mathrm{d}y$$

$$= -\int_0^{+\infty} e^{-y}(e^{-y} - 1)\mathrm{d}y = \frac{1}{2}(e^{-y} - 1)^2 \Big|_0^{+\infty} = \frac{1}{2}.$$

习题 10-4(A)

1. 计算 $\iint\limits_D \dfrac{1}{(1+x^2)(1+y^2)}\mathrm{d}x\mathrm{d}y$，其中,积分区域 $D = \{(x,y) \mid 0 \leq x \leq +\infty, 0 \leq y \leq +\infty\}$.

2. 计算 $\iint\limits_D x e^{-y^2}\mathrm{d}x\mathrm{d}y$，其中,$D$ 是由曲线 $y = 4x^2$，$y = 9x^2$ 在第一象限所围成的区域.

3. 计算 $\iint\limits_D e^{-y^2}\mathrm{d}x\mathrm{d}y$，其中,$D$ 是由不等式 $0 \leq x < +\infty$，$x \leq y \leq 2x$ 确定的无界区域.

习题 10-4(B)

1. 讨论并计算下列反常二重积分:

(1) $\iint\limits_D \dfrac{\mathrm{d}\sigma}{x^p y^q}$，其中,$D = \{(x,y) \mid xy \geq 1, x \geq 1\}$；

(2) $\iint\limits_D \dfrac{\mathrm{d}\sigma}{(x^2 + y^2)^p}$，其中,$D = \{(x,y) \mid x^2 + y^2 \geq 1\}$.

第五节 MATLAB 数学实验

利用 MATLAB 中 meshgrid 命令产生"格点"矩阵,再利用命令 surf 绘制三维着色表面图,最终能够计算空间立体的体积;首先利用 MATLAB 中 plot 命令绘制出二重积分积分区域,然后利用 MAT-LAB 命令 int 计算二重积分.下面给出具体实例.

例1 计算抛物面 $z = x^2 + y^2$ 与平面 $z = 2$ 所围立体的体积.

第一步:画出抛物面被平面所截的曲面.

【MATLAB 代码】

```
≫ [x,y] = meshgrid( -1.5:0.04:1.5);
≫ z1 = x.^2 + y.^2;z2 = 2 * ones( size( z1) );
≫ surf( x,y,z1)
≫ hold on
≫ mesh( x,y,z2)
≫ xlabel('x');ylabel('y');zlabel('z');
```

运行结果:

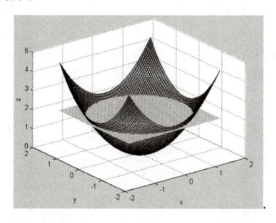

第二步:计算所围立体 $V = \iint\limits_{x^2+y^2 \leq 2} (2 - (x^2 + y^2)) \, dydx$.

【MATLAB 代码】

```
≫ syms x y r t;
≫ f = 2 - ( x^2 + y^2);
≫ x = r * cos( t);y = r * sin( t);
≫ ff = subs( f);
≫ r1 = 0;r2 = sqrt( 2);
≫ t1 = 0;t2 = 2 * pi;
≫ ff1 = int( ff * r,r,r1,r2);
≫ V = int( ff1,t,t1,t2)
```

运行结果:

V =

2 * pi

即抛物面 $z = x^2 + y^2$ 在平面 $z = 2$ 所围立体的体积 $V = 2\pi$.

例2 计算二重积分 $I = \iint\limits_{D} xy \, dx dy$,其中,$D$ 是由直线 $x = 1$,

$y = x$ 及曲线 $y = 2$ 所围成的闭区域.

第一步:画出积分区域的图形.

【MATLAB 代码】

≫ x = linspace(0,3);

≫ y1 = x;

≫ plot(x,y1)

≫ hold on

≫ x = [1,1];

≫ y = [0,3];

≫ line(x,y)

≫ hold on

≫ y = [2,2];

≫ x = [0,3];

≫ line(x,y)

运行结果:

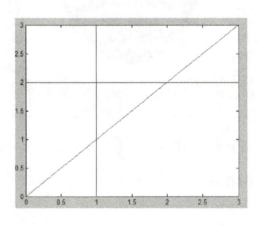

第二步:计算积分值.

【MATLAB 代码】

≫ syms x y

≫ f = x * y;

≫ y1 = x;

≫ y2 = 2;

≫ f1 = int(f,y,y1,y2);

≫ I = int(f1,x,1,2)

运行结果:

I =

9/8.

即 $I = \iint\limits_{D} xy\mathrm{d}x\mathrm{d}y = \dfrac{9}{8}$.

总习题十

1. 填空.

(1)积分 $\int_0^2 \mathrm{d}x \int_x^2 \dfrac{\sin y}{y} \mathrm{d}y$ 的值是_____;

(2)设闭区域 $D = \{(x,y) \mid x^2 + y^2 \leqslant R^2\}$,则 $\displaystyle\iint\limits_D (x^2 + y^2) \mathrm{d}x\mathrm{d}y = $

_____.

2. 计算下列二重积分:

(1) $\displaystyle\iint\limits_D (1 + x) y \mathrm{d}\sigma$,其中,D 是顶点分别为 $(0,0)$,$(1,0)$,$(1,2)$

和 $(0,1)$ 的梯形闭区域;

(2) $\displaystyle\iint\limits_D (x^2 - y) \mathrm{d}\sigma$,其中,$D = \{(x,y) \mid 0 \leqslant y \leqslant \sin x, 0 \leqslant x \leqslant \pi\}$;

(3) $\displaystyle\iint\limits_D \sqrt{4 - x^2 - y^2} \mathrm{d}\sigma$,其中,D 是圆周 $x^2 + y^2 = 2x$ 所围成的闭

区域;

(4) $\displaystyle\iint\limits_D (y^2 + x^3 - y) \mathrm{d}\sigma$,其中,$D = \{(x,y) \mid x^2 + y^2 \leqslant R^2\}$.

3. 交换下列二次积分的次序:

(1) $\displaystyle\int_0^1 \mathrm{d}x \int_{x^2}^{\sqrt{2x-x^2}} f(x,y) \mathrm{d}y$;

(2) $\displaystyle\int_0^2 \mathrm{d}x \int_{\frac{x}{2}}^{3-x} f(x,y) \mathrm{d}y$;

(3) $\displaystyle\int_0^1 \mathrm{d}x \int_{x^2}^{x} f(x,y) \mathrm{d}y$.

4. 证明:
$$\int_0^a \mathrm{d}y \int_0^y f(x) \sin x \mathrm{d}x = \int_0^a (a - x) f(x) \sin x \mathrm{d}x.$$

5. 设 $f(x,y)$ 在闭区域 $D = \{(x,y) \mid x^2 + y^2 \leqslant y, x \geqslant 0\}$ 上连续,且
$$f(x,y) = \sqrt{x^2 + y^2} - \frac{8}{\pi} \iint\limits_D f(x,y) \mathrm{d}x\mathrm{d}y,$$

求 $f(x,y)$.

第十一章

无穷级数

无穷级数是高等数学的重要组成部分,主要研究如何判定无穷个数或函数的和的敛散性及收敛级数和的计算.它是表示函数、研究函数的性质以及进行数值计算的一种工具.本章首先讨论常数项级数,介绍级数的一些基本概念和常数项级数敛散性的判别方法,然后讨论函数项级数,重点研究如何将函数展开成幂级数的问题.

第一节　常数项级数的概念和性质

一、常数项级数的概念

割圆术及无穷级数的概念

人们认识事物数量方面的特征,往往有一个由近似到精确的过程.在这种认识过程中,常会遇到由有限多个数量相加转化到无限多个数量相加的问题.

我们在前面所学的积分,所表达的就是一类和式的极限,该类和式的极限实际上是无穷多个数相加之和,所谓和式的极限存在是指无穷多项相加之和是一个有限数.下面我们将专门研究无穷项和的问题,并把无穷多个数相加的式子称为无穷级数.

引例　计算半径为 R 的圆的面积 A.

首先,作圆的内接正六边形,计算出正六边形的面积 $A_1 = a_1$,它是圆面积 A 的一个粗糙的近似值.为了比较精确地计算出 A 的值,接下来我们以此正六边形的每一边为底边分别作一个顶点在圆周上的等腰三角形(见图 11-1),计算出这六个等腰三角形的面积之和 a_2,则这个内接正十二边形的面积 $A_2 = a_1 + a_2$ 就是 A 的一个较好的近似值.类似地,在此正十二边形的每一边上分别作一个定点在圆周上的等腰三角形,算出这十二个等腰三角形的面积之和 a_3,那么这个内接正二十四边形的面积 $A_3 = a_1 + a_2 + a_3$ 是 A 的一个更好的近似值.以此类推,圆内接正 3×2^n 边形的面积 $A_n = a_1 + a_2 + \cdots + a_n$ 就逐步地逼近圆的面积 A,即

图　11-1

$$A \approx A_1 = a_1, A \approx A_2 = a_1 + a_2, A \approx A_3 = a_1 + a_2 + a_3, \cdots,$$
$$A \approx A_n = a_1 + a_2 + \cdots + a_n.$$

如果圆内接正多边形的边数无限增多,即 n 无限增大,那么 $A_n = a_1 + a_2 + \cdots + a_n$ 的极限就是所要求的圆面积,即

$$A = \lim_{n\to\infty} A_n = \lim_{n\to\infty}(a_1 + a_2 + a_3 + \cdots + a_n).$$

这时和式中的项数无限增多,于是就出现了无穷多个数量依次相加的数学式子.

> **定义 1** 设给定一个数列 $u_1, u_2, \cdots, u_n, \cdots$,形如
>
> $$u_1 + u_2 + \cdots + u_n + \cdots \qquad (11.1)$$
>
> 的表达式叫作(常数项)无穷级数,简称(常数项)级数,记作
>
> $\sum\limits_{n=1}^{\infty} u_n$,即
>
> $$\sum_{n=1}^{\infty} u_n = u_1 + u_2 + \cdots + u_n + \cdots,$$
>
> 其中,第 n 项 u_n 称为级数的一般项或通项,称级数(11.1)的前 n 项和
>
> $$S_n = u_1 + u_2 + \cdots + u_n = \sum_{i=1}^{n} u_i$$
>
> 为级数(11.1)的部分和.

无穷级数
的收敛与发散

当 n 依次取 $1,2,3,\cdots$ 时, $S_1 = u_1, S_2 = u_1 + u_2, S_3 = u_1 + u_2 + u_3,$ $\cdots, S_n = u_1 + u_2 + \cdots + u_n, \cdots$,它们构成一个新的数列 $\{S_n\}$,基于级数部分和数列极限的敛散性,我们引入无穷级数的收敛与发散的概念.

> **定义 2** 如果级数 $\sum\limits_{n=1}^{\infty} u_n$ 的部分和数列 $\{S_n\}$ 收敛于 s,即
>
> $$\lim_{n\to\infty} S_n = s,$$
>
> 那么称无穷级数 $\sum\limits_{n=1}^{\infty} u_n$ 收敛,此时称极限 s 为该级数的和,记作
>
> $$s = u_1 + u_2 + \cdots + u_i + \cdots;$$
>
> 若部分和数列 $\{S_n\}$ 发散,则称无穷级数 $\sum\limits_{n=1}^{\infty} u_n$ 发散.
>
> 当级数收敛时,级数的和 s 是其部分和 S_n 的近似值,它们之间的差值
>
> $$r_n = s - S_n = u_{n+1} + u_{n+2} + \cdots$$
>
> 称为级数的**余项**.

由定义 2 可知,级数与数列极限有着紧密的联系. 给定级数 $\sum\limits_{n=1}^{\infty} u_n$,则有部分和数列 $\left\{ S_n = \sum\limits_{i=1}^{n} u_i \right\}$;反之给定数列 $\{S_n\}$,就有

$$u_1 = S_1, u_2 = S_2 - S_1, \cdots, u_n = S_n - S_{n-1}, \cdots,$$

且级数 $\sum\limits_{i=1}^{\infty} u_i$ 的部分和数列为 $\{S_n\}$. 由定义 2 可知,级数 $\sum\limits_{n=1}^{\infty} u_n$ 与数

列 $\{S_n\}$ 同时收敛或同时发散，且在收敛时，有

$$\sum_{n=1}^{\infty} u_n = \lim_{n \to \infty} S_n,$$

即

$$\sum_{n=1}^{\infty} u_n = \lim_{n \to \infty} S_n = \lim_{n \to \infty} \sum_{i=1}^{n} u_i.$$

例 1　判断级数 $\displaystyle\sum_{n=1}^{\infty} \frac{1}{(n+1)(n+2)}$ 的敛散性，若该级数收敛，则求其和.

解　因为　　$u_n = \dfrac{1}{(n+1)(n+2)} = \dfrac{1}{(n+1)} - \dfrac{1}{(n+2)}$，

所以　$S_n = \dfrac{1}{2 \times 3} + \dfrac{1}{3 \times 4} + \cdots + \dfrac{1}{(n+1)(n+2)}$

$$= \left(\frac{1}{2} - \frac{1}{3} \right) + \left(\frac{1}{3} - \frac{1}{4} \right) + \cdots + \left(\frac{1}{n+1} - \frac{1}{n+2} \right)$$

$$= \frac{1}{2} - \frac{1}{n+2},$$

显然　　$\displaystyle\lim_{n \to \infty} S_n = \lim_{n \to \infty} \left(\frac{1}{2} - \frac{1}{n+2} \right) = \frac{1}{2}.$

因此该级数收敛且其和为 $\dfrac{1}{2}$.

例 2　判断级数 $\displaystyle\sum_{n=1}^{\infty} \ln\left(\frac{n+1}{n} \right)$ 的敛散性.

解　因为　$u_n = \ln\left(\dfrac{n+1}{n} \right) = \ln(n+1) - \ln n$，

所以　$S_n = (\ln 2 - \ln 1) + (\ln 3 - \ln 2) + \cdots + [\ln(n+1) - \ln n]$

$$= \ln(n+1) - \ln 1 = \ln(n+1).$$

显然　$\displaystyle\lim_{n \to \infty} S_n = \lim_{n \to \infty} \ln(n+1) = +\infty$，即 $\displaystyle\lim_{n \to \infty} S_n$ 不存在，

所以级数 $\displaystyle\sum_{n=1}^{\infty} \ln\left(\frac{n+1}{n} \right)$ 发散.

例 3　判断级数 $\displaystyle\sum_{n=1}^{\infty} n$ 的敛散性.

解　因为该级数的部分和 $S_n = 1 + 2 + \cdots + n = \dfrac{n(1+n)}{2}$，

显然 $\displaystyle\lim_{n \to \infty} S_n = \lim_{n \to \infty} \frac{n(1+n)}{2} = +\infty$，即 $\displaystyle\lim_{n \to \infty} S_n$ 不存在，

所以该级数发散.

例 4　证明：调和级数 $\displaystyle\sum_{n=1}^{\infty} \frac{1}{n} = 1 + \frac{1}{2} + \frac{1}{3} + \cdots + \frac{1}{n} \cdots$ 是发散的.

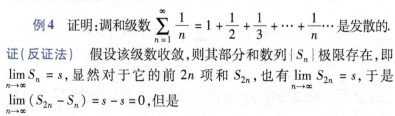

证（反证法）　假设该级数收敛，则其部分和数列 $\{S_n\}$ 极限存在，即 $\displaystyle\lim_{n \to \infty} S_n = s$，显然对于它的前 $2n$ 项和 S_{2n}，也有 $\displaystyle\lim_{n \to \infty} S_{2n} = s$，于是 $\displaystyle\lim_{n \to \infty} (S_{2n} - S_n) = s - s = 0$，但是

调和级数

$$S_{2n} - S_n = \frac{1}{n+1} + \frac{1}{n+2} + \cdots + \frac{1}{2n} > \frac{1}{2n} + \frac{1}{2n} + \cdots + \frac{1}{2n} = \frac{1}{2},$$

与 $\lim\limits_{n \to \infty}(S_{2n} - S_n) = s - s = 0$ 矛盾,从而假设不成立,所以调和级数 $\sum\limits_{n=1}^{\infty} \frac{1}{n}$ 是发散的.

二、等比级数(几何级数)及其在经济学中的应用

无穷级数

$$\sum_{n=1}^{\infty} aq^{n-1} = a + aq + aq^2 + \cdots + aq^n + \cdots \tag{11.2}$$

调和级数与等比级数

叫作**等比级数(又称几何级数)**,其中,$a \neq 0$,q 叫作公比. 根据等比级数(11.2)我们可以得到如下结论:

定理 (1)当 $|q| < 1$ 时,$\sum\limits_{n=1}^{\infty} aq^{n-1}$ 收敛,且其和为

$$s = \sum_{n=1}^{\infty} aq^{n-1} = \frac{a}{1-q}$$

等比级数

(2)当 $|q| \geq 1$ 时,$\sum\limits_{n=1}^{\infty} aq^n$ 发散.

证 易知等比级数 $\sum\limits_{n=1}^{\infty} aq^{n-1}$ 的部分和

$$S_n = a + aq + \cdots + aq^{n-1} = \begin{cases} \dfrac{a(1-q^n)}{1-q} = \dfrac{a}{1-q} - \dfrac{aq^n}{1-q}, & q \neq 1, \\ na, & q = 1. \end{cases}$$

(1)当 $|q| < 1$ 时,由于 $\lim\limits_{n \to \infty} q^n = 0$,从而有 $\lim\limits_{n \to \infty} S_n = \dfrac{a}{1-q}$,因此级数(11.2)收敛,且其和 $s = \sum\limits_{n=1}^{\infty} aq^{n-1} = \dfrac{a}{1-q}$.

(2)当 $|q| > 1$ 时,由于 $\lim\limits_{n \to \infty} q^n = \infty$,从而有 $\lim\limits_{n \to \infty} S_n = \infty$,因此级数(11.2)发散.

当 $q = -1$ 时,由于 $\lim\limits_{n \to \infty}(-1)^n$ 不存在,从而有 $S_n = \dfrac{a[1-(-1)^n]}{2}$ 极限不存在,此时级数(11.2)发散.

当 $q = 1$ 时,则 $S_n = na$,有 $\lim\limits_{n \to \infty} S_n = \lim\limits_{n \to \infty} na = \infty$,因此级数(11.2)发散.

综上所述,当公比 $|q| < 1$ 时,等比级数 $\sum\limits_{n=1}^{\infty} aq^{n-1}$ 收敛,且其和为 $\dfrac{a}{1-q}$;当 $|q| \geq 1$ 时,等比级数 $\sum\limits_{n=1}^{\infty} aq^{n-1}$ 发散.

例 5 求级数 $\sum\limits_{n=0}^{\infty} \dfrac{(-1)^n}{3^n}$ 的和.

解 级数 $\sum_{n=0}^{\infty} \dfrac{(-1)^n}{3^n} = 1 - \dfrac{1}{3} + \dfrac{1}{3^2} - \dfrac{1}{3^3} + \cdots + \dfrac{(-1)^n}{3^n} + \cdots$ 是公比为 $q = -\dfrac{1}{3}$ 的等比级数,由于 $|q| = \dfrac{1}{3} < 1$,所以该级数收敛,且其和为

$$s = \frac{1}{1-q} = \frac{1}{1 + \dfrac{1}{3}} = \frac{3}{4}.$$

1. 银行通过存款和放款"创造"货币问题

设 R 表示最初存款,C 表示存款总额(即最初存款"创造"货币总额),D 表示贷款总额,r 表示法定准备金占存款的比例,且 $r < 1$,当存款与放款一直进行下去时,则

$$C = R + R(1-r) + R(1-r)^2 + \cdots + R(1-r)^n + \cdots = R\frac{1}{1-(1-r)} = \frac{R}{r},$$

$$D = R(1-r) + R(1-r)^2 + \cdots + R(1-r)^n + \cdots = \frac{R(1-r)}{1-(1-r)} = \frac{R(1-r)}{r}.$$

若记 $K_m = \dfrac{1}{r}$,称为货币创造乘数. 如果最初存款是既定的,法定准备金率 r 越低,那么银行存款和放款的总额越大,这个问题就是一个等比级数的问题.

例6 设某银行最初的存款为 5000 万元,法定准备金率为 20%,试计算该银行的存款总额和贷款总额.

解 根据题意可知 $R = 5000$,$r = 0.2$,存款总额 C 由

$$5000 + 5000(1 - 0.2) + 5000(1 - 0.2)^2 + \cdots$$

决定,其和为

$$C = \frac{5000}{1 - (1 - 0.2)} = 25000 \text{ 万元}.$$

贷款总额 D 由级数

$$5000(1 - 0.2) + 5000(1 - 0.2)^2 + \cdots$$

决定,其和为

$$D = \frac{5000(1 - 0.2)}{1 - (1 - 0.2)} = 20000 \text{ 万元}.$$

2. 投资费用问题

初期投资为 p,年利率为 r,t 年重复一次投资. 这样第一次更新费用的现值为 pe^{-rt},第二次更新费用的现值为 pe^{-2rt},依此类推,投资费用 D 为下列等比数列之和

$$D = p + pe^{-rt} + pe^{-2rt} + \cdots + pe^{-nrt} + \cdots = \frac{p}{1 - e^{-rt}} = \frac{pe^{rt}}{e^{rt} - 1}.$$

例7 某城市建一座钢桥的费用为 680000 元,每隔 5 年需要喷漆一次,每次费用为 50000 元,这座桥的期望寿命为 50 年,若年利率为 10%,试计算建造钢桥的现值为多少?

解 根据题意,桥的总费用包括两部分:建桥的固定费用 + 喷漆的

费用

建造钢桥固定费用 $q = 680000$ 元,每次油漆费用 $p = 50000$ 元,$r = 0.1, t = 50, rt = 0.1 \times 5 = 0.5$,所以对钢桥喷漆的费用的现值为

$$P = p + pe^{-0.5} + pe^{-2 \times 0.5} + \cdots + pe^{-n \times 0.5} + \cdots = \frac{p}{1 - e^{-0.5}}$$

$$= \frac{pe^{0.5}}{e^{0.5} - 1} = \frac{50000 \times e^{0.5}}{e^{0.5} - 1} \approx 127075 \text{ 元}.$$

因此,建造钢桥的总费用的现值为

$$D = q + P = 680000 + 127075 = 807075 \text{ 元}.$$

三、级数的基本性质

根据定义 2,可以得出收敛级数的几个基本性质.

性质 1 如果级数 $\sum\limits_{n=1}^{\infty} u_n$ 与 $\sum\limits_{n=1}^{\infty} v_n$ 分别收敛于和 s 和 v,那么级数 $\sum\limits_{n=1}^{\infty} (u_n \pm v_n)$ 也收敛,且其和为 $s \pm v$.

证 设级数 $\sum\limits_{n=1}^{\infty} u_n$ 的部分和为 S_n,$\sum\limits_{n=1}^{\infty} v_n$ 的部分和为 σ_n,则级数 $\sum\limits_{n=1}^{\infty} (u_n \pm v_n)$ 的部分和

$$\begin{aligned} T_n &= (u_1 \pm v_1) + (u_2 \pm v_2) + \cdots + (u_n \pm v_n) \\ &= (u_1 + u_2 + \cdots + u_n) \pm (v_1 + v_2 + \cdots + v_n) = S_n \pm \sigma_n, \end{aligned}$$

故有

$$\lim_{n \to \infty} T_n = \lim_{n \to \infty} (S_n \pm \sigma_n) = s \pm v.$$

所以级数 $\sum\limits_{n=1}^{\infty} (u_n \pm v_n)$ 收敛,且其和为 $s \pm v$.

性质 1 说明**两个收敛级数可以逐项相加与逐项相减**.

性质 2 如果级数 $\sum\limits_{n=1}^{\infty} u_n$ 收敛,且其和为 s,那么级数 $\sum\limits_{n=1}^{\infty} k u_n$ 也收敛,且其和为 ks.

证 设级数 $\sum\limits_{n=1}^{\infty} u_n$ 的部分和为 S_n,$\sum\limits_{n=1}^{\infty} k u_n$ 的部分和为 T_n,则

$$T_n = k u_1 + k u_2 + \cdots + k u_n = k S_n.$$

于是有

$$\lim_{n \to \infty} T_n = \lim_{n \to \infty} k S_n = k \lim_{n \to \infty} S_n = ks.$$

所以级数 $\sum\limits_{n=1}^{\infty} k u_n$ 收敛,且其和为 ks.

由 $T_n = k S_n$ 可知,数列 $\{S_n\}$ 与 $\{T_n\}$ 具有相同的敛散性. 因此我们得到如下的结论:**无穷级数的每一项同时乘以一个不为零的常数后,它的敛散性不会改变**.

例 8 讨论级数

$$\sum_{n=1}^{\infty}\left(\frac{1}{6^{n-1}}+\frac{2^n}{3^{n-1}}\right)$$

的敛散性.

解 由于

$$\sum_{n=1}^{\infty}\frac{1}{6^{n-1}} \ 与 \ \sum_{n=1}^{\infty}\left(\frac{2}{3}\right)^{n-1}$$

都是收敛的等比级数，并且

$$\sum_{n=1}^{\infty}\frac{1}{6^{n-1}} = \frac{1}{1-\frac{1}{6}} = 1.2,$$

$$\sum_{n=1}^{\infty}\left(\frac{2}{3}\right)^{n-1} = \frac{1}{1-\frac{2}{3}} = 3.$$

由性质 2 可知

$$\sum_{n=1}^{\infty}\frac{2^n}{3^{n-1}} = \sum_{n=1}^{\infty}2\left(\frac{2}{3}\right)^{n-1}$$

收敛，且其和为

$$\sum_{n=1}^{\infty}\frac{2^n}{3^{n-1}} = \sum_{n=1}^{\infty}2\left(\frac{2}{3}\right)^{n-1} = 2 \cdot \frac{1}{1-\frac{2}{3}} = 6.$$

由性质 1 可知

$$\sum_{n=1}^{\infty}\left(\frac{1}{6^{n-1}}+\frac{2^n}{3^{n-1}}\right) = \sum_{n=1}^{\infty}\left[\frac{1}{6^{n-1}}+2\left(\frac{2}{3}\right)^{n-1}\right] = \sum_{n=1}^{\infty}\frac{1}{6^{n-1}} + \sum_{n=1}^{\infty}2\left(\frac{2}{3}\right)^{n-1}$$

收敛，且其和为

$$\sum_{n=1}^{\infty}\left(\frac{1}{6^{n-1}}+\frac{2^n}{3^{n-1}}\right) = 1.2 + 6 = 7.2.$$

性质 3 在级数中去掉、加上或改变有限项，不会改变级数的收敛性.

证 只需证明：在级数的前面部分去掉有限项不会改变级数的收敛性，因为其他情况都可以归结到这一种情况下来讨论.

设将级数

$$u_1 + u_2 + \cdots + u_k + u_{k+1} + \cdots + u_{k+n} + \cdots$$

的前 k 项去掉，则得到级数

$$u_{k+1} + u_{k+2} + \cdots + u_{k+n} + \cdots.$$

所以新级数的部分和为

$$T_n = u_{k+1} + u_{k+2} \cdots + u_{k+n} = S_{k+n} - S_k.$$

其中，S_{k+n} 是原来级数的前 $k+n$ 项的和. 由于 S_k 是常数，所以当 $n \to \infty$ 时，T_n 与 S_{k+n} 或者同时有极限，或者同时无极限.

因此原级数与去掉前 k 项后所得的新级数具有相同敛散性.

性质 4 如果级数 $\sum_{n=1}^{\infty}u_n$ 收敛，那么对该级数的项任意加括号后所形成的新级数

$$(u_1 + \cdots + u_{n_1}) + (u_{n_1+1} + \cdots + u_{n_2}) + \cdots + (u_{n_{k-1}+1} + \cdots + u_{n_k}) + \cdots$$
$$(11.3)$$

仍收敛,且其和不变.

证 设级数 $\sum\limits_{n=1}^{\infty} u_n$ 的部分和数列为 $\{S_n\}$,加括号之后所形成的新级数(11.3)的部分和数列为 $\{T_k\}$,则有

$$T_1 = u_1 + \cdots + u_{n_1} = S_{n_1},$$

$$T_2 = (u_1 + \cdots + u_{n_1}) + (u_{n_1+1} + \cdots + u_{n_2}) = S_{n_2},$$

$$\vdots$$

$$T_k = (u_1 + \cdots + u_{n_1}) + (u_{n_1+1} + \cdots + u_{n_2}) + \cdots + (u_{n_{k-1}+1} + \cdots + u_{n_k}) = S_{n_k},$$

$$\vdots$$

由此可见,数列 $\{T_k\}$ 是数列 $\{S_n\}$ 的一个子数列. 由数列 $\{S_n\}$ 的收敛性以及收敛数列与其子数列的关系可知,数列 $\{T_k\}$ 必定收敛,且有

$$\lim_{k\to\infty} T_k = \lim_{n\to\infty} S_n,$$

即加括号之后所形成的新级数收敛,且其和不变.

注 如果加括号后所形成的级数收敛,并不能说明原级数一定收敛. 例如,级数

$$(1-1) + (1-1) + \cdots$$

收敛于零,但是级数

$$1 - 1 + 1 - 1 + \cdots$$

却是发散的.

根据性质4还可以得到如下结论:**如果加括号后所成的级数发散,那么原来的级数也发散.**

性质5(级数收敛的必要条件) 如果级数 $\sum\limits_{n=1}^{\infty} u_n$ 收敛,那么当 $n \to \infty$ 时,它的一般项 u_n 趋于零,即

$$\lim_{n\to\infty} u_n = 0.$$

证 由于级数 $\sum\limits_{n=1}^{\infty} u_n$ 收敛,所以级数 $\sum\limits_{n=1}^{\infty} u_n$ 的部分和 $\lim\limits_{n\to\infty} S_n = s$,从而

$$\lim_{n\to\infty} u_n = \lim_{n\to\infty}(S_n - S_{n-1}) = \lim_{n\to\infty} S_n - \lim_{n\to\infty} S_{n-1} = s - s = 0.$$

由性质5可以得到如下结论:**如果级数 $\sum\limits_{n=1}^{\infty} u_n$ 的一般项不趋于零(包含 $\lim\limits_{n\to\infty} u_n$ 不存在的情形),那么级数 $\sum\limits_{n=1}^{\infty} u_n$ 必定发散.**

例如,级数

$$\frac{1}{2} + \frac{2}{3} + \frac{3}{4} + \cdots + \frac{n}{n+1} + \cdots,$$

它的一般项 $u_n = \dfrac{n}{n+1}$ 在 $n \to \infty$ 时的极限不等于零,即

$$\lim_{n\to\infty} u_n = \lim_{n\to\infty} \frac{n}{n+1} = 1 \neq 0,$$

因此该级数是发散的.

注 级数的一般项趋于零并不是级数收敛的充分条件. 实际上有一些级数虽然它的一般项趋于零, 但它却是发散的级数. 如, **调和级数**

$$1 + \frac{1}{2} + \frac{1}{3} + \frac{1}{4} + \cdots + \frac{1}{n} + \cdots,$$

虽然有 $\lim\limits_{n\to\infty} u_n = \lim\limits_{n\to\infty} \frac{1}{n} = 0$, 但它是发散的.

习题 11-1（A）

1. 写出下列级数的前 5 项.

(1) $\sum\limits_{n=1}^{\infty} \dfrac{n}{1+n^2}$;　　　　(2) $\sum\limits_{n=1}^{\infty} \dfrac{(-1)^{n-1}}{3^n}$;

(3) $\sum\limits_{n=1}^{\infty} \dfrac{n^n}{n!}$;　　　　(4) $\sum\limits_{n=1}^{\infty} \dfrac{2n-1}{n^3}$.

2. 根据级数敛散性的定义判定下列级数的敛散性.

(1) $\sum\limits_{n=1}^{\infty} \dfrac{1}{\sqrt{n+1}+\sqrt{n}}$;　　(2) $\sum\limits_{n=1}^{\infty} \dfrac{1}{(2n-1)(2n+1)}$;

(3) $\sum\limits_{n=1}^{\infty} \dfrac{1}{n^2+n}$;　　(4) $\sum\limits_{n=1}^{\infty} [a+(n-1)d]$.

3. 判定下列级数的敛散性.

(1) $-\dfrac{3}{4} + \dfrac{3^2}{4^2} - \dfrac{3^3}{4^3} + \cdots + (-1)^n \dfrac{3^n}{4^n} + \cdots$;

(2) $\dfrac{1}{3} + \dfrac{1}{6} + \dfrac{1}{9} + \cdots + \dfrac{1}{3n} + \cdots$;

(3) $\dfrac{1}{3} + \dfrac{1}{\sqrt{3}} + \dfrac{1}{\sqrt[3]{3}} + \cdots + \dfrac{1}{\sqrt[n]{3}} + \cdots$;

(4) $\dfrac{5}{4} + \dfrac{5^2}{4^2} + \dfrac{5^3}{4^3} + \cdots + \dfrac{5^n}{4^n} + \cdots$;

(5) $\left(\dfrac{1}{2} - \dfrac{1}{4}\right) + \left(\dfrac{1}{2^2} - \dfrac{1}{4^2}\right) + \left(\dfrac{1}{2^3} - \dfrac{1}{4^3}\right) + \cdots + \left(\dfrac{1}{2^n} - \dfrac{1}{4^n}\right) + \cdots$;

(6) $\dfrac{1}{2} + \dfrac{1}{10} + \dfrac{1}{4} + \dfrac{1}{20} + \cdots + \dfrac{1}{2^n} + \dfrac{1}{10n} + \cdots$.

4. 若级数 $\sum\limits_{n=1}^{\infty} (1+u_n)$ 收敛, 求极限 $\lim\limits_{n\to\infty} u_n$.

5. 设银行存款的年利率为 10%, 若以年复利计算, 应在银行中一次存入多少资金才能保证从存入之日起, 以后每年能从银行提取 500 万元以支付职工的福利.

习题 11-1(B)

1. 判定下列级数的敛散性.

(1) $\sum\limits_{n=1}^{\infty} (\sqrt{n+2} - 2\sqrt{n+1} + \sqrt{n})$;

(2) $\sum\limits_{n=1}^{\infty} \dfrac{1}{4n^2 - 1}$;

(3) $\sum\limits_{n=1}^{\infty} n\ln\dfrac{1+n}{2+n}$;

(4) $\dfrac{1}{2} + \dfrac{1}{3} + \dfrac{1}{4} + \dfrac{1}{\sqrt{3}} + \dfrac{1}{8} + \dfrac{1}{\sqrt[3]{3}} + \dfrac{1}{16} + \dfrac{1}{\sqrt[4]{3}} + \cdots$.

第二节　正项级数及其审敛法

这一节我们主要讨论级数的各项都是正数或零的级数,也就是正项级数,然后给出正项级数概念,并介绍两种判别正项级数敛散性的方法:比较审敛法和比值审敛法.

> **定义 1**　如果级数
>
> $$\sum_{n=1}^{\infty} u_n = u_1 + u_2 + \cdots + u_n + \cdots$$
>
> 中的每一项 $u_n \geqslant 0 (n=1,2,\cdots)$,那么称 $\sum\limits_{n=1}^{\infty} u_n$ 为正项级数.

正项级数在常数项级数中是很重要的,许多级数的收敛性问题都可以归结为正项级数的收敛性问题.

1. 基本定理

下面利用级数敛散性的定义来讨论正项级数的敛散性问题.

设 $\sum\limits_{n=1}^{\infty} u_n (u_n \geqslant 0)$ 是一个正项级数,显然,它的部分和数列 $\{S_n\}$ 是一个单调增加的数列:

$$S_1 \leqslant S_2 \leqslant \cdots \leqslant S_n \leqslant \cdots$$

(1) 如果数列 $\{S_n\}$ 有界,即存在某个常数 M,使 $0 \leqslant S_n \leqslant M$,根据单调有界收敛准则可知 $\lim\limits_{n\to\infty} S_n$ 存在,不妨设为 s. 因此 $\sum\limits_{n=1}^{\infty} u_n$ 收敛且其和为 s;反之若正项级数 $\sum\limits_{n=1}^{\infty} u_n (u_n \geqslant 0)$ 收敛于 s,即 $\lim\limits_{n\to\infty} S_n = s$,由收敛数列的性质可知,列 $\{S_n\}$ 有界.

(2) 如果数列 $\{S_n\}$ 无界,那么它的部分和数列 $S_n \to +\infty (n\to\infty)$,因此正项级数 $\sum\limits_{n=1}^{\infty} u_n$ 发散;反之,如果正项级数 $\sum\limits_{n=1}^{\infty} u_n$ 发散,那么它

的部分和数列极限 $\lim\limits_{n\to\infty} S_n$ 不存在. 由 $\{S_n\}$ 是一个单调增加的数列,因此 $\lim\limits_{n\to\infty} S_n = +\infty$,即数列 $\{S_n\}$ 无界.

综合以上分析,我们得到如下的正项级数敛散性的基本判定定理.

定理1 正项级数 $\sum\limits_{n=1}^{\infty} u_n$ 收敛的充分必要条件是它的部分和数列 $\{S_n\}$ 有界.

2. 比较审敛法

根据定理1,我们可以得到判别正项级数敛散性的一个方法.

定理2(比较审敛法) 设 $\sum\limits_{n=1}^{\infty} u_n$ 和 $\sum\limits_{n=1}^{\infty} v_n$ 都是正项级数,且 $u_n \le v_n, (n=1,2,\cdots)$.

(1)若级数 $\sum\limits_{n=1}^{\infty} v_n$ 收敛,则级数 $\sum\limits_{n=1}^{\infty} u_n$ 收敛;

(2)若级数 $\sum\limits_{n=1}^{\infty} u_n$ 发散,则级数 $\sum\limits_{n=1}^{\infty} v_n$ 发散.

证 (1)设级数 $\sum\limits_{n=1}^{\infty} v_n$ 收敛于和 σ,则级数 $\sum\limits_{n=1}^{\infty} u_n$ 的部分和
$$S_n = u_1 + u_2 + \cdots + u_n \le v_1 + v_2 + \cdots + v_n \le \sigma (n=1,2,\cdots),$$
即部分和数列 $\{S_n\}$ 有界,由定理1可知级数 $\sum\limits_{n=1}^{\infty} u_n$ 收敛.

(2)反证法. 假设级数 $\sum\limits_{n=1}^{\infty} v_n$ 收敛,由(1)的结论可知,级数 $\sum\limits_{n=1}^{\infty} u_n$ 也收敛,与已知(级数 $\sum\limits_{n=1}^{\infty} u_n$ 发散)矛盾,因此,若级数 $\sum\limits_{n=1}^{\infty} u_n$ 发散,则级数 $\sum\limits_{n=1}^{\infty} v_n$ 发散.

注 利用本章第一节级数收敛的性质3,我们可以将上述条件: $u_n \le v_n, (n=1,2,\cdots)$ 放宽到如下条件:从某一项开始都有 $u_n \le v_n$,定理亦成立.

例1 判断级数 $\sum\limits_{n=5}^{\infty} \dfrac{n}{(n+2)\cdot 3^n}$ 的敛散性.

解 对于任意的 $n \ge 5$,有 $\dfrac{n}{(n+2)\cdot 3^n} < \dfrac{1}{3^n}$,又因为 $\sum\limits_{n=5}^{\infty} \dfrac{1}{3^n}$ 是等比级数且是收敛的,由比较审敛法可知级数 $\sum\limits_{n=5}^{\infty} \dfrac{n}{(n+2)\cdot 3^n}$ 是收敛的.

例2 讨论 p 级数 $\sum\limits_{n=1}^{\infty} \dfrac{1}{n^p} = 1 + \dfrac{1}{2^p} + \dfrac{1}{3^p} + \cdots + \dfrac{1}{n^p} + \cdots (p>0)$ 的敛散性.

解 (1)当 $p=1$ 时, $\sum\limits_{n=1}^{\infty} \dfrac{1}{n^p} = \sum\limits_{n=1}^{\infty} \dfrac{1}{n}$ 就是调和级数,它是发散的.

比较审敛法
及举例(例1)

（2）当 $p < 1$ 时，$n^p < n$，有 $\dfrac{1}{n^p} > \dfrac{1}{n}$，而 $\displaystyle\sum_{n=1}^{\infty} \dfrac{1}{n}$ 为发散级数，因此由

比较审敛法可知 $\displaystyle\sum_{n=1}^{\infty} \dfrac{1}{n^p}$ 发散.

（3）当 $p > 1$ 时，该级数不能直接利用比较审敛法与调和级数做比较. 为此我们来考察其部分和数列 $\{S_n\}$，

$$S_n = 1 + \frac{1}{2^p} + \cdots + \frac{1}{n^p} = 1 + \sum_{i=2}^{n} \frac{1}{i^p}.$$

p－级数

由于对满足 $i-1 \leqslant x \leqslant i$ 的 x，有 $\dfrac{1}{i^p} \leqslant \dfrac{1}{x^p}$，所以

$$\frac{1}{i^p} = \int_{i-1}^{i} \frac{1}{i^p}\mathrm{d}x \leqslant \int_{i-1}^{i} \frac{1}{x^p}\mathrm{d}x \,(i = 2,3,\cdots).$$

从而得到该级数的部分和

$$S_n = 1 + \sum_{i=2}^{n} \frac{1}{i^p} \leqslant 1 + \sum_{i=2}^{n} \int_{i-1}^{i} \frac{1}{x^p}\mathrm{d}x = 1 + \int_{1}^{n} \frac{1}{x^p}\mathrm{d}x$$

$$= 1 + \frac{1}{p-1}\left(1 - \frac{1}{n^{p-1}}\right) < 1 + \frac{1}{p-1}\,(n = 2,3,\cdots),$$

此式表明数列 $\{S_n\}$ 有界，由定理 1 可知，级数 $\displaystyle\sum_{n=1}^{\infty} \dfrac{1}{n^p}$ 收敛.

综上所述，p 级数 $\displaystyle\sum_{n=1}^{\infty} \dfrac{1}{n^p}\,(p > 0)$ 当 $p > 1$ 时收敛，当 $p \leqslant 1$ 时发散.

注 p 级数是一类重要的基准级数，在利用比较审敛法判别级数敛散性时经常会与之做比较.

由于级数的每一项同时乘以一个不为零的常数 k 以及去掉级数前面部分的有限项不会影响级数的敛散性. 我们再结合定理 2，可以得到如下推论：

推论 1 设 $\displaystyle\sum_{n=1}^{\infty} u_n$ 和 $\displaystyle\sum_{n=1}^{\infty} v_n$ 都是正项级数，

（1）对任意常数 $k > 0$，如果存在正整数 N，使得当 $n \geqslant N$ 时都有 $u_n \leqslant kv_n$，且级数 $\displaystyle\sum_{n=1}^{\infty} v_n$ 收敛，那么级数 $\displaystyle\sum_{n=1}^{\infty} u_n$ 收敛；

（2）对任意常数 $k > 0$，如果存在正整数 N，使得当 $n \geqslant N$ 时都有 $u_n \geqslant kv_n$，且级数 $\displaystyle\sum_{n=1}^{\infty} v_n$ 发散，那么级数 $\displaystyle\sum_{n=1}^{\infty} u_n$ 发散.

事实上，我们注意到在 $k > 0$ 时，$\displaystyle\sum_{n=1}^{\infty} v_n$ 与 $\displaystyle\sum_{n=1}^{\infty} kv_n$ 具有相同的敛散性，再结合定理 2 上述的推论显然成立.

例 3 证明：级数 $\displaystyle\sum_{n=1}^{\infty} \dfrac{4}{\sqrt{n(n+10)}}$ 是发散的.

证　因为 $n(n+10)<(n+10)^2$,所以 $\dfrac{1}{\sqrt{n(n+10)}}>\dfrac{1}{n+10}$. 而级数

$$\sum_{n=1}^{\infty}\frac{1}{n+10}=\frac{1}{11}+\frac{1}{12}+\cdots+\frac{1}{n+10}+\cdots$$

是调和级数 $\displaystyle\sum_{n=1}^{\infty}\frac{1}{n}$ 去掉前 10 项而得到的,所以它是发散的. 由比较

审敛法可知 $\displaystyle\sum_{n=1}^{\infty}\frac{1}{\sqrt{n(n+10)}}$ 是发散的. 又由于

$$\sum_{n=1}^{\infty}\frac{4}{\sqrt{n(n+10)}}=\sum_{n=1}^{\infty}4\cdot\frac{1}{\sqrt{n(n+10)}},$$

由推论 1 可知所给级数也是发散的.

例 4　讨论级数 $\displaystyle\sum_{n=1}^{\infty}\frac{1+\sin^2 n}{2^n}$ 的敛散性.

解　因为 $\dfrac{1+\sin^2 n}{2^n}<\dfrac{1+1}{2^n}<\dfrac{1}{2^{n-1}}$,而级数 $\displaystyle\sum_{n=1}^{\infty}\frac{1}{2^{n-1}}$ 是收敛的,所以

级数 $\displaystyle\sum_{n=1}^{\infty}\frac{1+\sin^2 n}{2^n}$ 是收敛的.

利用比较判别法(及其推论),我们能判别一些级数的敛散性. 但由于比较两级数的一般项的大小实质是证明不等式,这往往是比较困难的. 为了应用方便,下面给出比较审敛法的极限形式.

定理 3(比较审敛法的极限形式)　设 $\displaystyle\sum_{n=1}^{\infty}u_n$ 和 $\displaystyle\sum_{n=1}^{\infty}v_n$ 都是正项

级数,且 $\displaystyle\lim_{n\to\infty}\frac{u_n}{v_n}=l$,

(1)如果 $0\leqslant l<+\infty$,且级数 $\displaystyle\sum_{n=1}^{\infty}v_n$ 收敛,那么级数 $\displaystyle\sum_{n=1}^{\infty}u_n$ 收敛;

(2)如果 $0<l\leqslant+\infty$,且级数 $\displaystyle\sum_{n=1}^{\infty}v_n$ 发散,那么级数 $\displaystyle\sum_{n=1}^{\infty}u_n$ 发散;

(3)如果 $0<l<+\infty$,那么级数 $\displaystyle\sum_{n=1}^{\infty}u_n$ 和级数 $\displaystyle\sum_{n=1}^{\infty}v_n$ 有相同的敛

散性.

比较审敛法的
极限形式及举例
(例 5,例 6)

证　(1)由 $\displaystyle\lim_{n\to\infty}\frac{u_n}{v_n}=l$ 的定义可知,取 $\varepsilon=l$,存在自然数 N,当 $n>N$

时,有

$$\frac{u_n}{v_n}<l+l=2l,$$

即　$u_n<2lv_n$.

而级数 $\displaystyle\sum_{n=1}^{\infty}v_n$ 收敛,故由比较审敛法的推论可知级数 $\displaystyle\sum_{n=1}^{\infty}u_n$ 收敛.

（2）由 $\lim\limits_{n\to\infty}\dfrac{u_n}{v_n}=l,0<l\leqslant+\infty$,故有 $\lim\limits_{n\to\infty}\dfrac{v_n}{u_n}=\dfrac{1}{l}=c,0\leqslant c<+\infty$.

由结论（1）可知，如果 $\sum\limits_{n=1}^{\infty}u_n$ 收敛,那么 $\sum\limits_{n=1}^{\infty}v_n$ 收敛,与已知矛盾,因此 $\sum\limits_{n=1}^{\infty}u_n$ 必发散.

（3）综合结论（1）和结论（2）,即可得所求结论.

要判断一个正项级数是否收敛，首先要考虑它的一般项的极限是否趋于零，其次就是要注意它的一般项趋于零的速度. 由上述定理，我们可以得到：

对于两个正项级数 $\sum\limits_{n=1}^{\infty}u_n$ 和 $\sum\limits_{n=1}^{\infty}v_n$,令 $\lim\limits_{n\to\infty}u_n=0$ 和 $\lim\limits_{n\to\infty}v_n=0$,

如果 u_n 是 v_n 的同阶或高阶无穷小,那么当级数 $\sum\limits_{n=1}^{\infty}v_n$ 收敛时,级数 $\sum\limits_{n=1}^{\infty}u_n$ 必收敛;如果 u_n 是 v_n 的同阶或低阶无穷小,那么当级数 $\sum\limits_{n=1}^{\infty}v_n$ 发散时,级数 $\sum\limits_{n=1}^{\infty}u_n$ 必发散. 如果 u_n 和 v_n 是同阶无穷小时,那么级数 $\sum\limits_{n=1}^{\infty}u_n$ 和 $\sum\limits_{n=1}^{\infty}v_n$ 具有相同敛散性.

例 5 判定级数 $\sum\limits_{n=2}^{\infty}\tan\dfrac{\pi}{2^n}$ 的敛散性.

解 因为当 $n\to\infty$ 时, $\tan\dfrac{\pi}{2^n}\sim\dfrac{\pi}{2^n}$,令 $v_n=\dfrac{\pi}{2^n}$,则有

$$\lim_{n\to\infty}\frac{u_n}{v_n}=\lim_{n\to\infty}\frac{\tan\dfrac{\pi}{2^n}}{\dfrac{\pi}{2^n}}=1,$$

且等比级数 $\sum\limits_{n=1}^{\infty}\dfrac{\pi}{2^n}$ 收敛,故由定理 3 可知级数 $\sum\limits_{n=1}^{\infty}\tan\dfrac{\pi}{2^n}$ 收敛.

例 6 判定下列级数的敛散性.

（1） $\sum\limits_{n=1}^{\infty}\dfrac{2n+1}{n^2+3n+1}$;   （2） $\sum\limits_{n=1}^{\infty}\sin\dfrac{1}{\sqrt{n}}$;

（3） $\sum\limits_{n=1}^{\infty}\ln\left(1+\dfrac{1}{n^2}\right)$;   （4） $\sum\limits_{n=1}^{\infty}\dfrac{1}{\ln(n+1)}$.

解 （1）因为

$$\lim_{n\to\infty}\frac{u_n}{v_n}=\lim_{n\to\infty}\frac{\dfrac{2n+1}{n^2+3n+1}}{\dfrac{1}{n}}=\lim_{n\to\infty}\frac{2n^2+n}{n^2+3n+1}=2>0,$$

而级数 $\sum\limits_{n=1}^{\infty}\dfrac{1}{n}$ 发散,由定理 3 知此级数发散.

（2）因为

$$\lim_{n\to\infty}\frac{u_n}{v_n}=\lim_{n\to\infty}\frac{\sin\dfrac{1}{\sqrt{n}}}{\dfrac{1}{\sqrt{n}}}=1>0,$$

而 $\displaystyle\sum_{n=1}^{\infty}\frac{1}{\sqrt{n}}$ 是 $p=\dfrac{1}{2}$ 的 p 级数,并且它是发散级数,所以原级数发散.

(3)因为

$$\lim_{n\to\infty}\frac{u_n}{v_n}=\lim_{n\to\infty}\frac{\ln\left(1+\dfrac{1}{n^2}\right)}{\dfrac{1}{n^2}}=1>0,$$

而 $\displaystyle\sum_{n=1}^{\infty}\frac{1}{n^2}$ 收敛,从而级数 $\displaystyle\sum_{n=1}^{\infty}\ln\left(1+\frac{1}{n^2}\right)$ 收敛.

(4)由于

$$\lim_{n\to\infty}\frac{\dfrac{1}{\ln(n+1)}}{\dfrac{1}{n}}=\lim_{n\to\infty}\frac{n}{\ln(1+n)}=\lim_{x\to+\infty}\frac{x}{\ln(1+x)}=\lim_{x\to+\infty}\frac{1}{\dfrac{1}{1+x}}=+\infty,$$

而 $\displaystyle\sum_{n=1}^{\infty}\frac{1}{n}$ 是发散的,所以原级数发散.

采用比较审敛法时,需要选取一个已知敛散性的级数 $\displaystyle\sum_{n=1}^{\infty}v_n$ 作为比较的基准. 我们最常选用的基准级数是等比级数和 p 级数.

3. 比值审敛法

下面介绍一个更加方便使用的判别正项级数敛散性的判别法.

定理4(比值审敛法,达朗贝尔(d'Alembert)判别法)

设 $\displaystyle\sum_{n=1}^{\infty}u_n$ 为正项级数,且 $\displaystyle\lim_{n\to\infty}\frac{u_{n+1}}{u_n}=\rho$,则

(1)当 $\rho<1$ 时,级数收敛;

(2)当 $\rho>1\left(\text{或}\displaystyle\lim_{n\to\infty}\frac{u_{n+1}}{u_n}=+\infty\right)$ 时,级数发散;

(3)当 $\rho=1$ 时,级数可能收敛也可能发散.

证 (1)当 $\rho<1$ 时,可取一个适当的小正数 ε 使得 $\rho+\varepsilon=r<1$,由 $\displaystyle\lim_{n\to\infty}\frac{u_{n+1}}{u_n}=\rho$,知存在正整数 m,当 $n\geq m$ 时,有

$$\frac{u_{n+1}}{u_n}<\rho+\varepsilon=r.$$

因此

$$u_{m+1}<ru_m,u_{m+2}<ru_{m+1}<r^2u_m,\cdots,u_{m+k}<r^ku_m,\cdots.$$

而级数 $\displaystyle\sum_{k=1}^{\infty}r^ku_m$ 收敛(公比 $r<1$),由比较审敛法的推论可知级数

比值审敛法
及举例(例7)

$\sum\limits_{n=1}^{\infty} u_n$ 收敛.

（2）当 $\rho > 1$ 时，取一个适当的小正数 ε 使得 $\rho - \varepsilon > 1$，由 $\lim\limits_{n \to \infty} \dfrac{u_{n+1}}{u_n} = \rho$ 知，存在正整数 m，当 $n \geqslant m$ 时，有不等式

$$\frac{u_{n+1}}{u_n} > \rho - \varepsilon > 1 , \quad 即 \ u_{n+1} > u_n ,$$

因此，当 $n \geqslant m$ 时，级数的一般项 u_n 是逐渐增大的，从而 $\lim\limits_{n \to \infty} u_n \neq 0$. 由级数收敛的必要条件可知级数 $\sum\limits_{n=1}^{\infty} u_n$ 发散.

类似地，可以证明当 $\lim\limits_{n \to \infty} \dfrac{u_{n+1}}{u_n} = \infty$ 时，级数 $\sum\limits_{n=1}^{\infty} u_n$ 发散.

（3）当 $\rho = 1$ 时，级数可能收敛也可能发散. 例如，对于 p 级数 $\sum\limits_{n=1}^{\infty} \dfrac{1}{n^p}$，无论 p 为何值，总有

$$\lim_{n \to \infty} \frac{u_{n+1}}{u_n} = \lim_{n \to \infty} \frac{\dfrac{1}{(n+1)^p}}{\dfrac{1}{n^p}} = 1 ,$$

但我们知道，当 $p > 1$ 时级数收敛，当 $0 < p \leqslant 1$ 时级数发散，因此只根据 $\rho = 1$ 不能判定级数的收敛性.

例 7 判定下列级数的敛散性：

（1）$\sum\limits_{n=1}^{\infty} \dfrac{n+2}{2^n}$ ； （2）$\sum\limits_{n=1}^{\infty} \dfrac{n!}{10^n}$ ；

（3）$\sum\limits_{n=1}^{\infty} \dfrac{n \sin^2 \dfrac{n}{2} \pi}{3^n}$.

解 （1）因为

$$\lim_{n \to \infty} \frac{u_{n+1}}{u_n} = \lim_{n \to \infty} \frac{\dfrac{n+3}{2^{n+1}}}{\dfrac{n+2}{2^n}} = \lim_{n \to \infty} \frac{n+3}{2^{n+1}} \cdot \frac{2^n}{n+2} = \frac{1}{2} < 1 ,$$

根据比值审敛法可知，所给级数收敛.

（2）因为

$$\lim_{n \to \infty} \frac{u_{n+1}}{u_n} = \lim_{n \to \infty} \frac{\dfrac{(n+1)!}{10^{n+1}}}{\dfrac{n!}{10^n}} = \lim_{n \to \infty} \frac{(n+1)!}{10^{n+1}} \cdot \frac{10^n}{n!} = + \infty ,$$

根据比值审敛法可知，此级数发散.

（3）由于 $\dfrac{n \sin^2 \dfrac{n}{2} \pi}{3^n} \leqslant \dfrac{n}{3^n}$，对于级数 $\sum\limits_{n=1}^{\infty} \dfrac{n}{3^n}$，因为

$$\lim_{n \to \infty} \frac{u_{n+1}}{u_n} = \lim_{n \to \infty} \frac{\dfrac{n+1}{3^{n+1}}}{\dfrac{n}{3^n}} = \lim_{n \to \infty} \frac{n+1}{3^{n+1}} \cdot \frac{3^n}{n} = \frac{1}{3} < 1,$$

根据比值审敛法, 级数 $\displaystyle\sum_{n=1}^{\infty} \frac{n}{3^n}$ 收敛.

再由比较审敛法可知, 原级数收敛.

习题 11-2(A)

1. 用比较审敛法或其极限形式判定下列级数的敛散性.

(1) $\displaystyle\sum_{n=1}^{\infty} \frac{2}{3n+5}$;   (2) $\displaystyle\sum_{n=1}^{\infty} \frac{1}{3^n+2}$;

(3) $\displaystyle\sum_{n=1}^{\infty} \frac{1}{2n-1}$;   (4) $\displaystyle\sum_{n=1}^{\infty} \frac{n+1}{n^2+1}$;

(5) $\displaystyle\sum_{n=1}^{\infty} \frac{1}{(n+1)(n+4)}$;   (6) $\displaystyle\sum_{n=1}^{\infty} \frac{2}{n\sqrt{n+3}}$;

(7) $\displaystyle\sum_{n=1}^{\infty} \tan \frac{\pi}{3^n}$;   (8) $\displaystyle\sum_{n=1}^{\infty} \left(\frac{n}{2n+1}\right)^n$.

2. 用比值审敛法判定下列级数的敛散性:

(1) $\displaystyle\sum_{n=1}^{\infty} \frac{4^n}{n \cdot 3^n}$;   (2) $\displaystyle\sum_{n=1}^{\infty} \frac{n^2}{2^n}$;

(3) $\displaystyle\sum_{n=1}^{\infty} \frac{2^n \cdot n!}{n^n}$;   (4) $\displaystyle\sum_{n=0}^{\infty} (n+1) \sin \frac{n\pi}{3^n}$.

习题 11-2(B)

1. 判定下列级数的敛散性:

(1) $\displaystyle\sum_{n=1}^{\infty} \frac{1}{n^n}$;   (2) $\displaystyle\sum_{n=1}^{\infty} \frac{1}{a^n+1} \quad (a > 0)$;

(3) $\displaystyle\sum_{n=1}^{\infty} \frac{a^n}{a^{2n}+1} \quad (a > 0)$;   (4) $\displaystyle\sum_{n=1}^{\infty} \frac{1}{(2n-1)(2n)}$;

(5) $\displaystyle\sum_{n=1}^{\infty} (\sqrt{n^2+1} - \sqrt{n^2-1})$;   (6) $\displaystyle\sum_{n=1}^{\infty} \frac{n^4}{(n+1)!}$.

2. 若正项级数 $\displaystyle\sum_{n=1}^{\infty} u_n$ 收敛, 证明: 级数 $\displaystyle\sum_{n=1}^{\infty} \frac{nu_n}{1+n}$ 与级数 $\displaystyle\sum_{n=1}^{\infty} u_n^2$ 都收敛.

3. 若 $\displaystyle\lim_{n \to +\infty} n^2 u_n$ 存在, 证明: 正项级数 $\displaystyle\sum_{n=1}^{\infty} u_n$ 收敛.

4. 求下列极限.

(1) $\displaystyle\lim_{n \to \infty} \frac{1 \cdot 3 \cdot 5 \cdots (2n-1)}{2 \cdot 5 \cdot 8 \cdots (3n-1)}$;   (2) $\displaystyle\lim_{n \to \infty} \sum_{k=1}^{n} \frac{1}{n(1+k^2)(2+k^2)}$.

第三节 任意项级数及其审敛法

前一节我们学习了正项级数的审敛法,本节主要学习任意项级数(即各项的符号可以为正数、负数和零的级数)的审敛法.

▶ 交错级数和
莱布尼茨定理

一、交错级数及其审敛法

定义 1 如果级数的各项是正负交错的,那么称该级数为交错级数. 其具体形式为

$$u_1 - u_2 + u_3 - u_4 + \cdots = \sum_{n=1}^{\infty} (-1)^{n-1} u_n,$$

或

$$-u_1 + u_2 - u_3 + u_4 - \cdots = \sum_{n=1}^{\infty} (-1)^n u_n,$$

其中,$u_i > 0 (i = 1, 2, 3, \cdots)$.

下面给出一个判定交错级数收敛的方法.

定理 1(莱布尼茨定理) 如果交错级数 $\displaystyle\sum_{n=1}^{\infty} (-1)^{n-1} u_n$ 满足以下两个条件:

(1) $u_n \geqslant u_{n+1} (n = 1, 2, 3, \cdots)$;   (2) $\displaystyle\lim_{n \to \infty} u_n = 0$,

那么交错级数 $\displaystyle\sum_{n=1}^{\infty} (-1)^{n-1} u_n$ 收敛,且其和 $s \leqslant u_1$,其余项 r_n 的绝对值 $|r_n| \leqslant u_{n+1}$.

证 首先证明前 $2n$ 项的和 S_{2n} 的极限存在. 因为 S_{2n} 的两种形式为

$$S_{2n} = (u_1 - u_2) + (u_3 - u_4) + \cdots + (u_{2n-1} - u_{2n}),$$

和

$$S_{2n} = u_1 - (u_2 - u_3) - (u_4 - u_5) - \cdots - (u_{2n-2} - u_{2n-1}) - u_{2n}.$$

由条件(1)可知,所有括号中的差都是非负的. 所以第一种形式中数列 $\{S_{2n}\}$ 是单调增加的,第二种形式 $S_{2n} < u_1$. 于是,由单调有界收敛准则可知,当 $n \to \infty$ 时,$S_{2n} \to s$,并且 $s \leqslant u_1$,即

$$\lim_{n \to \infty} S_{2n} = s \leqslant u_1.$$

其次,再证明前 $2n+1$ 项的和 S_{2n+1} 的极限也是 s. 事实上,我们有

$$S_{2n+1} = S_{2n} + u_{2n+1}.$$

由定理 1 的条件(2)知 $\displaystyle\lim_{n \to \infty} u_{2n+1} = 0$,因此

$$\lim_{n \to \infty} S_{2n+1} = \lim_{n \to \infty} (S_{2n} + u_{2n+1}) = s.$$

由于级数的部分和数列的偶数项与奇数项的和都趋于同一个极限 s,所以 $\displaystyle\lim_{n \to \infty} S_n = s \leqslant u_1$. 由此我们就证明了级数 $\displaystyle\sum_{n=1}^{\infty} (-1)^{n-1} u_n$

收敛于和 s，且 $s \leqslant u_1$.

最后，不难看出余项 r_n 可以写成

$$r_n = \pm(u_{n+1} - u_{n+2} + \cdots),$$

它的绝对值

$$|r_n| = u_{n+1} - u_{n+2} + \cdots$$

也是一个交错级数，它满足收敛的两个条件，所以其和小于级数的第一项，即

$$|r_n| < u_{n+1}.$$

证毕.

例1 确定交错级数 $\displaystyle\sum_{n=1}^{\infty}(-1)^{n-1}\frac{1}{n}$ 的收敛性.

解 该级数为交错级数，且 $u_n = \dfrac{1}{n}$，因为

$$u_n = \frac{1}{n} > \frac{1}{n+1} = u_{n+1} \quad (n=1,2,\cdots)，并且 \lim_{n\to\infty} u_n = \lim_{n\to\infty}\frac{1}{n} = 0,$$

所以由莱布尼茨定理可知 $\displaystyle\sum_{n=1}^{\infty}(-1)^{n-1}\frac{1}{n}$ 是收敛的，且其和 $s \leqslant 1$，如果取前 n 项的和

$$S_n = 1 - \frac{1}{2} + \frac{1}{3} - \cdots + (-1)^{n-1}\frac{1}{n}$$

作为 s 的近似值，所产生的误差 $|r_n| \leqslant \dfrac{1}{n+1} = u_{n+1}$.

例2 判断级数 $\displaystyle\sum_{n=1}^{\infty}(-1)^{n-1}\frac{3n}{4n-1}$ 的敛散性.

解 尽管该级数为交错级数，但由于一般项的极限 $\displaystyle\lim_{n\to\infty}(-1)^{n-1}\frac{3n}{4n-1}$ 不存在，因此，可知 $\displaystyle\sum_{n=1}^{\infty}(-1)^{n-1}\frac{3n}{4n-1}$ 发散.

例3 判断级数 $\displaystyle\sum_{n=2}^{\infty}\frac{(-1)^n}{\ln n}$ 的敛散性.

解 所给级数为交错级数. 由于 $f(x) = \dfrac{1}{\ln x}$ 在区间 $[2, +\infty)$ 为单调减函数，于是下列两个结论成立：

$(1) u_n = \dfrac{1}{\ln n} > \dfrac{1}{\ln(n+1)} = u_{n+1} \quad (n=2,3,\cdots);$

$(2) \displaystyle\lim_{n\to\infty} u_n = \lim_{n\to\infty}\frac{1}{\ln n} = 0.$

由莱布尼茨定理可知 $\displaystyle\sum_{n=2}^{\infty}\frac{(-1)^n}{\ln n}$ 收敛，且其和 $s \leqslant \dfrac{1}{\ln 2}$.

二、 绝对收敛与条件收敛

现在我们讨论一般的级数

$$\sum_{n=1}^{\infty} u_n = u_1 + u_2 + \cdots + u_n + \cdots,$$

它的各项为任意实数,称 $\sum\limits_{n=1}^{\infty} u_n$ 为**任意项级数**或**一般项级数**.

> **定义 2** 如果级数 $\sum\limits_{n=1}^{\infty} u_n$ 各项的绝对值所构成的正项级数
>
> $\sum\limits_{n=1}^{\infty} |u_n|$ 收敛,那么称级数 $\sum\limits_{n=1}^{\infty} u_n$ **绝对收敛**;如果级数 $\sum\limits_{n=1}^{\infty} u_n$ 收敛,
>
> 而级数 $\sum\limits_{n=1}^{\infty} |u_n|$ 发散,那么称级数 $\sum\limits_{n=1}^{\infty} u_n$ **条件收敛**.

容易知道,级数 $\sum\limits_{n=1}^{\infty} (-1)^{n-1} \dfrac{1}{n^2}$ 是绝对收敛的级数,级数

$\sum\limits_{n=1}^{\infty} (-1)^{n-1} \dfrac{1}{n}$ 是条件收敛的级数.

级数绝对收敛与级数收敛有以下重要关系:

定理 2 如果级数 $\sum\limits_{n=1}^{\infty} u_n$ 绝对收敛,那么级数 $\sum\limits_{n=1}^{\infty} u_n$ 必定收敛.

证 令

$$v_n = \frac{1}{2}(u_n + |u_n|) \quad (n = 1, 2, \cdots),$$

显然 $v_n \geq 0$ 且 $v_n \leq |u_n| (n=1,2,\cdots)$. 由于级数 $\sum\limits_{n=1}^{\infty} |u_n|$ 收敛,

故由比较审敛法知,级数 $\sum\limits_{n=1}^{\infty} v_n$ 收敛,从而级数 $\sum\limits_{n=1}^{\infty} 2v_n$ 也收敛. 而

$u_n = 2v_n - |u_n|$,由收敛级数的性质 1,可知级数 $\sum\limits_{n=1}^{\infty} u_n$ 收敛.

注 正项级数的审敛法能够判定级数 $\sum\limits_{n=1}^{\infty} |u_n|$ 的敛散性,如果

$\sum\limits_{n=1}^{\infty} |u_n|$ 收敛,那么级数 $\sum\limits_{n=1}^{\infty} u_n$ 收敛,且为绝对收敛.

例 4 判定级数的收敛性,若收敛,指出是绝对收敛还是条件收敛.

(1) $\sum\limits_{n=1}^{\infty} \dfrac{\sin n\alpha}{n^4}$;   (2) $\sum\limits_{n=1}^{\infty} (-1)^{n-1}(\sqrt{n} - \sqrt{n-1})$;

(3) $\sum\limits_{n=1}^{\infty} \dfrac{(-1)^n}{n - \ln n}$.

绝对收敛与条件
收敛及举例(例4)

解 (1) 由 $\left| \dfrac{\sin n\alpha}{n^4} \right| \leq \dfrac{1}{n^4}$,而 $\sum\limits_{n=1}^{\infty} \dfrac{1}{n^4}$ 收敛,所以级数 $\sum\limits_{n=1}^{\infty} \left| \dfrac{\sin n\alpha}{n^4} \right|$ 也收

敛.

由定理 2 可知,级数 $\sum\limits_{n=1}^{\infty} \dfrac{\sin n\alpha}{n^4}$ 收敛,且为绝对收敛.

（2）首先，由于

$$\left|(-1)^{n-1}(\sqrt{n}-\sqrt{n-1})\right| = \sqrt{n}-\sqrt{n-1} = \frac{1}{\sqrt{n}+\sqrt{n-1}} > \frac{1}{2\sqrt{n}}$$

$$(n=1,2,\cdots)$$

而级数 $\sum\limits_{n=1}^{\infty}\frac{1}{\sqrt{n}}$ 是 $p=\frac{1}{2}$ 时的 p 级数，且发散，因此级数 $\sum\limits_{n=1}^{\infty}\frac{1}{2\sqrt{n}}$ 发

散. 由比较审敛法可知级数 $\sum\limits_{n=1}^{\infty}\left|(-1)^{n-1}(\sqrt{n}-\sqrt{n-1})\right|$ 是发散

的.

其次级数 $\sum\limits_{n=1}^{\infty}(-1)^{n-1}(\sqrt{n}-\sqrt{n-1})$ 为交错级数，并且 $u_n = \sqrt{n}-\sqrt{n-1}$ 满足以下两个条件：

$$u_n = \sqrt{n}-\sqrt{n-1} = \frac{1}{\sqrt{n}+\sqrt{n-1}} > \frac{1}{\sqrt{n+1}+\sqrt{n}} = u_{n+1} \quad (n\geq 1),$$

$$\lim_{n\to\infty}u_n = \lim_{n\to\infty}(\sqrt{n}-\sqrt{n-1}) = \lim_{n\to\infty}\frac{1}{\sqrt{n}+\sqrt{n-1}} = 0.$$

由莱布尼茨定理可知级数 $\sum\limits_{n=1}^{\infty}(-1)^{n-1}(\sqrt{n}-\sqrt{n-1})$ 是收敛的，综上所述，原级数是条件收敛的.

（3）首先考虑 $\left|\frac{(-1)^n}{n-\ln n}\right| = \frac{1}{n-\ln n} > \frac{1}{n}$，而 $\sum\limits_{n=1}^{\infty}\frac{1}{n}$ 是调和级数且

是发散的，因此 $\sum\limits_{n=1}^{\infty}\frac{1}{n-\ln n}$ 是发散的.

接下来考虑交错级数 $\sum\limits_{n=1}^{\infty}\frac{(-1)^n}{n-\ln n}$，由于 $f(x)=x-\ln x$ 在区间

$[1,+\infty)$ 上为单调增加的正值函数，故函数 $g(x)=\frac{1}{x-\ln x}$ 在区间

$[1,+\infty)$ 上是单调减少的正值函数，所以有

$$u_n = \frac{1}{n-\ln n} > \frac{1}{(n+1)-\ln(n+1)} = u_{n+1}, \quad \lim_{n\to\infty}u_n = \lim_{n\to\infty}\frac{1}{n-\ln n} = 0.$$

由莱布尼茨定理可知交错级数 $\sum\limits_{n=1}^{\infty}\frac{(-1)^n}{n-\ln n}$ 是条件收敛的.

一般情况下，由级数 $\sum\limits_{n=1}^{\infty}|u_n|$ 发散，不能判定级数 $\sum\limits_{n=1}^{\infty}u_n$ 也发

散. 但是，如果用比值审敛法判别 $\sum\limits_{n=1}^{\infty}|u_n|$ 发散，那么 $\sum\limits_{n=1}^{\infty}u_n$ 也发散.

就是因为有如下的定理.

定理3 如果任意项级数 $\sum\limits_{n=1}^{\infty}u_n$ 满足条件 $\lim\limits_{n\to\infty}\left|\frac{u_{n+1}}{u_n}\right| = \rho$ （其

中 ρ 可以为 $+\infty$），则当 $\rho < 1$ 时，级数 $\sum\limits_{n=1}^{\infty}u_n$ 收敛，且为绝对收敛；当

$\rho > 1$ 时,级数 $\sum\limits_{n=1}^{\infty} u_n$ 发散.

证　由正项级数比值审敛法可知:

(1) 当 $\rho < 1$ 时,级数 $\sum\limits_{n=1}^{\infty} |u_n|$ 收敛,从而级数 $\sum\limits_{n=1}^{\infty} u_n$ 收敛且为绝对收敛.

(2) 当 $\rho > 1$ 时,$\{|u_n|\}$ 为递增数列,从而 $\lim\limits_{n\to\infty} |u_n| \neq 0$,故有级数 $\sum\limits_{n=1}^{\infty} u_n$ 是发散的.

例5　判定下列级数的敛散性.

$$(1)\ \sum_{n=1}^{\infty} (-1)^n \frac{3^n}{n \cdot 2^n}; \qquad\qquad (2)\ \sum_{n=1}^{\infty} (-1)^n \frac{4^n}{n!}.$$

解　(1)由于

$$\lim_{n\to\infty} \left| \frac{u_{n+1}}{u_n} \right| = \lim_{n\to\infty} \left| \frac{(-1)^{n+1} \dfrac{3^{n+1}}{(n+1) \cdot 2^{n+1}}}{(-1)^n \dfrac{3^n}{n \cdot 2^n}} \right|$$

$$= \lim_{n\to\infty} \frac{3^{n+1}}{(n+1) \cdot 2^{n+1}} \cdot \frac{n \cdot 2^n}{3^n} = \lim_{n\to\infty} \frac{n}{n+1} \cdot \frac{3}{2} = \frac{3}{2} > 1,$$

因此,级数 $\sum\limits_{n=1}^{\infty} (-1)^n \dfrac{3^n}{n \cdot 2^n}$ 发散.

(2)由于

$$\lim_{n\to\infty} \left| \frac{u_{n+1}}{u_n} \right| = \lim_{n\to\infty} \left| \frac{(-1)^{n+1} \dfrac{4^{n+1}}{(n+1)!}}{\dfrac{(-1)^n 4^n}{n!}} \right|$$

$$= \lim_{n\to\infty} \frac{4^{n+1}}{(n+1)!} \cdot \frac{n!}{4^n} = \lim_{n\to\infty} \frac{4}{n+1} = 0 < 1,$$

所以此级数 $\sum\limits_{n=1}^{\infty} (-1)^n \dfrac{4^n}{n!}$ 收敛,且为绝对收敛.

习题 11-3(A)

1. 讨论下列交错级数的敛散性.

$$(1)\ \sum_{n=1}^{\infty} (-1)^n \sqrt{\frac{2n^2}{3n^2 + 2n + 1}};$$

$$(2)\ \sum_{n=1}^{\infty} (-1)^{n-1} \sin \frac{1}{2n}.$$

2. 判定下列级数是否收敛. 如果收敛,是绝对收敛还是条件收敛?

$$(1)\ \frac{1}{2^2} - \frac{1}{4^2} + \frac{1}{6^2} - \frac{1}{8^2} + \cdots + (-1)^{n-1} \frac{1}{(2n)^2} + \cdots;$$

(2) $\sum\limits_{n=1}^{\infty} (-1)^{n-1} \dfrac{n}{2^n}$;　　(3) $\sum\limits_{n=1}^{\infty} (-1)^n \dfrac{n}{2n+1}$;

(4) $\sum\limits_{n=0}^{\infty} \dfrac{1}{n+1} \cos\dfrac{n\pi}{2}$;　　(5) $\sum\limits_{n=1}^{\infty} (-1)^n \left(1 - \cos\dfrac{1}{n}\right)$;

(6) $\sum\limits_{n=1}^{\infty} (-1)^n \ln\left(\dfrac{n+1}{n}\right)$;

(7) $\sum\limits_{n=1}^{\infty} (-1)^n \tan\dfrac{1}{\sqrt{n}}$.

习题 11-3（B）

1. 已知级数 $\sum\limits_{n=1}^{\infty} a_n^2$ 收敛，对于任意常数 $k>0$，证明：当 $\alpha>1$ 时，级数 $\sum\limits_{n=1}^{\infty} (-1)^n \dfrac{|a_n|}{\sqrt{n^\alpha+k}}$ 绝对收敛.

2. 若 $\lim\limits_{n\to+\infty} n^2 u_n$ 存在，证明：级数 $\sum\limits_{n=1}^{\infty} u_n$ 绝对收敛.

3. 证明：$\lim\limits_{n\to+\infty} \dfrac{b^{3n}}{n!a^n}=0$.

4. 判断级数 $\sum\limits_{n=2}^{\infty} \dfrac{(-1)^n}{\sqrt{n+(-1)^n}}$ 是否收敛. 若收敛，是条件收敛还是绝对收敛？

第四节　幂级数

一、函数项级数的概念

设 $\{u_n(x)\}$ 是定义在区间 I 上的函数序列，称由这函数序列构成的表达式

$$u_1(x) + u_2(x) + u_3(x) + \cdots + u_n(x) + \cdots \tag{11.4}$$

为定义在区间 I 上的**函数项无穷级数**，简称**函数项级数**. 其中 $u_n(x)$ 为一般项.

任取 $x_0 \in I$，如果常数项级数

$$\sum\limits_{n=0}^{\infty} u_n(x_0) = u_1(x_0) + u_2(x_0) + u_3(x) + \cdots + u_n(x_0) + \cdots$$

收敛，那么称点 x_0 是函数项级数（11.4）的**收敛点**；如果常数项级数

$$\sum\limits_{n=0}^{\infty} u_n(x_0) = u_1(x_0) + u_2(x_0) + u_3(x) + \cdots + u_n(x_0) + \cdots$$

发散，那么称 x_0 是函数项级数（11.4）的**发散点**. 函数项级数（11.4）的收敛点的全体组成的集合称为**收敛域**，发散点的全体组

成的集合称为**发散域**.

设函数项级数(11.4)的收敛域为 D,对于任意的数 $x \in D$,函数项级数(11.4)就成为一个收敛的常数项级数. 因此就有一个确定的和 S. 显然,这个确定的和 S 是 x 的函数,记为 $S(x)$,即

$$S(x) = \sum_{n=1}^{\infty} u_n(x) = u_1(x) + u_2(x) + u_3(x) + \cdots + u_n(x) + \cdots (x \in D).$$

通常把 $S(x)$ 称为定义在收敛域 D 上的函数项级数的**和函数**.

我们把函数项级数(11.4)的前 n 项的部分和记作 $S_n(x)$,则其在收敛域 D 上有

$$\lim_{n \to \infty} S_n(x) = S(x).$$

若记 $r_n(x) = S(x) - S_n(x)$,则称 $r_n(x)$ 为函数项级数的**余项**,并且有

$$\lim_{n \to \infty} r_n(x) = 0.$$

二、 幂级数及其收敛性

下面我们来研究一类简单而常见的函数项级数,也就是幂级数.

> **定义** 称形如
>
> $$\sum_{n=0}^{\infty} a_n x^n = a_0 + a_1 x + a_2 x^2 + \cdots + a_n x^n + \cdots \quad (11.5)$$
>
> 或
>
> $$\sum_{n=0}^{\infty} a_n (x - x_0)^n = a_0 + a_1(x - x_0) + a_2(x - x_0)^2 + \cdots +$$
>
> $$a_n (x - x_0)^n + \cdots \quad (11.6)$$
>
> 的级数为关于 x 或 $x - x_0$ 的幂级数,常数 $a_0, a_1, a_2, \cdots, a_n, \cdots$ 称为幂级数的系数.

例如

$$\sum_{n=0}^{\infty} (n+1)x^n = 1 + 2x + 3x^2 + \cdots + (n+1)x^n + \cdots$$

与

$$\sum_{n=0}^{\infty} \frac{(x-2)^n}{n!} = 1 + (x-2) + \frac{(x-2)^2}{2!} + \frac{(x-2)^3}{3!} + \cdots + \frac{(x-2)^n}{n!} + \cdots$$

都是幂级数.

幂级数作为一种特殊的函数项级数,首要解决的是幂级数的敛散性问题,也就是要确定幂级数的收敛域和发散域. 下面我们考察一个常见幂级数的敛散性问题.

考察幂级数

$$\sum_{n=0}^{\infty} x^n = 1 + x + x^2 + \cdots + x^n + \cdots$$

的敛散性. 该级数是一个公比为 x 的等比级数, 由本章第一节定理 1 可知, 在 $|x|<1$ 时, 级数收敛于和 $\dfrac{1}{1-x}$, 当 $|x|\geqslant 1$ 时, 级数发散. 从而此级数的收敛域是 $(-1,1)$, 发散域是 $(-\infty,-1]\cup[1,+\infty)$, 且有

$$S(x)=\frac{1}{1-x}=1+x+x^2+\cdots+x^n \quad (-1<x<1).$$

由此可知, 幂级数 $\displaystyle\sum_{n=0}^{\infty}x^n$ 的收敛域是一个区间. 于是, 我们猜想: 对于一般的幂级数, 其收敛域都是一个区间. 下面的定理肯定了这一猜想.

定理 1(阿贝尔定理) 如果幂级数 $\displaystyle\sum_{n=0}^{\infty}a_nx^n$ 在点 $x=x_0(x_0\neq 0)$ 处收敛, 那么在所有满足 $|x|<|x_0|$ 的点 x 处都绝对收敛; 如果幂级数 $\displaystyle\sum_{n=0}^{\infty}a_nx^n$ 在点 $x=x_1$ 处发散, 那么在所有满足 $|x|>|x_1|$ 的点 x 处都发散.

阿贝尔定理

证 （1）设 x_0 是幂级数 $\displaystyle\sum_{n=0}^{\infty}a_nx^n$ 的收敛点, 即

$$\sum_{n=0}^{\infty}a_nx_0^n=a_0+a_1x_0+a_2x_0^{\,2}+\cdots+a_nx_0^{\,n}+\cdots$$

收敛, 由级数收敛的必要条件可知

$$\lim_{n\to\infty}a_nx_0^n=0,$$

于是必定存在常数 $M>0$, 使得

$$|a_nx_0^n|\leqslant M \quad (n=0,1,2,\cdots).$$

因此, 幂级数 $\displaystyle\sum_{n=0}^{\infty}a_nx^n$ 的一般项的绝对值

$$|a_nx^n|=\left|a_nx_0^n\cdot\frac{x^n}{x_0^n}\right|=|a_nx_0^n|\cdot\left|\frac{x}{x_0}\right|^n\leqslant M\cdot\left|\frac{x}{x_0}\right|^n,$$

当 $|x|<|x_0|$ 时, $q=\left|\dfrac{x}{x_0}\right|<1$ 因此等比级数 $\displaystyle\sum_{n=0}^{\infty}M\cdot\left|\frac{x}{x_0}\right|^n$ 收敛, 由比较审敛法可知 $\displaystyle\sum_{n=0}^{\infty}|a_nx^n|$ 收敛, 即幂级数 $\displaystyle\sum_{n=0}^{\infty}a_nx^n$ 在 $|x|<|x_0|$ 时是绝对收敛的.

（2）反证法 设 $\displaystyle\sum_{n=0}^{\infty}a_nx^n$ 在点 $x=x_1$ 处发散, 而在点 $x=x_2$ 处收敛且满足点 $|x_2|>|x_1|$, 由（1）的结论知该级数在点 x_1 处必收敛, 这与已知矛盾, 故假设不成立, 定理得证.

通过上述定理我们可以知道, 如果幂级数 $\displaystyle\sum_{n=0}^{\infty}a_nx^n$ 在点 $x=x_0(x_0\neq 0)$ 处收敛, 那么它在开区间 $(-|x_0|,|x_0|)$ 内的任一点处

都是绝对收敛的;如果幂级数 $\sum\limits_{n=0}^{\infty} a_n x^n$ 在 $x = x_1$ 点处发散,那么它在闭区间 $[-|x_1|, |x_1|]$ 之外的所有点都发散(见图11-2).

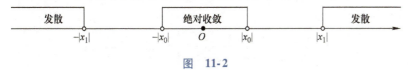

图 11-2

设幂级数 $\sum\limits_{n=0}^{\infty} a_n x^n$ 在数轴上既有收敛点(不仅是原点),也有发散点. 阿贝尔定理告诉我们收敛点要比发散点距离原点近. 如果从原点出发,沿数轴上的正负两个方向向两侧走,起初只遇到收敛点,后来只遇到发散点. 这两部分的分界点可能收敛也可能发散(在原点的两侧),并且这两个分界点到原点的距离相等(见图11-2),我们可以得到如下推论.

推论1 如果幂级数 $\sum\limits_{n=0}^{\infty} a_n x^n$ 不是仅在 $x = 0$ 点收敛,也不是在整个数轴上都收敛,那么必有一个确定的正数 R 存在,使得

当 $|x| < R$ 时,幂级数绝对收敛;

当 $|x| > R$ 时,幂级数发散;

当 $|x| = R$ 时,幂级数可能收敛也可能发散.

正数 R 叫作幂级数 $\sum\limits_{n=0}^{\infty} a_n x^n$ 的收敛半径. 开区间 $(-R, R)$ 叫作幂级数 $\sum\limits_{n=0}^{\infty} a_n x^n$ 的收敛区间(见图11-3). 再由幂级数在 $x = \pm R$ 处的收敛性就可以决定它的收敛域是 $(-R, R)$, $[-R, R)$, $(-R, R]$, $[-R, R]$ 这四个区间之一.

▶ 收敛半径的

求法及举例

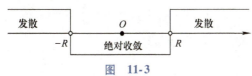

图 11-3

如果幂级数 $\sum\limits_{n=0}^{\infty} a_n x^n$ 仅在 $x = 0$ 处收敛,那么它的收敛域只有 $x = 0$ 这一点,规定收敛半径 $R = 0$;如果幂级数 $\sum\limits_{n=0}^{\infty} a_n x^n$ 对一切 x 都收敛,那么规定收敛半径 $R = +\infty$,此时收敛域是 $(-\infty, +\infty)$.

收敛半径、收敛区间以及收敛域都是幂级数的基本概念,下面的定理给出幂级数的收敛半径的计算方法.

定理2 如果幂级数 $\sum\limits_{n=0}^{\infty} a_n x^n$ 的相邻两项的系数 a_n, a_{n+1} 满足

$$\lim_{n \to \infty} \left| \frac{a_{n+1}}{a_n} \right| = \rho,$$

那么,该幂级数的收敛半径

$$R = \begin{cases} 1/\rho, & \rho \neq 0, \\ +\infty, & \rho = 0, \\ 0, & \rho = +\infty \end{cases}$$

证 由于

$$\lim_{n \to \infty} \left| \frac{u_{n+1}}{u_n} \right| = \lim_{n \to \infty} \left| \frac{a_{n+1} x^{n+1}}{a_n x^n} \right| = \lim_{n \to \infty} \left| \frac{a_{n+1}}{a_n} \right| |x|.$$

(1)如果 $\lim\limits_{n \to \infty} \left| \dfrac{a_{n+1}}{a_n} \right| = \rho\ (\rho \neq 0)$ 存在,由比值审敛法可知,当

$\rho |x| < 1\ (|x| < \dfrac{1}{\rho})$ 时,幂级数 $\sum\limits_{n=0}^{\infty} |a_n x^n|$ 收敛,从而幂级数 $\sum\limits_{n=0}^{\infty} a_n x^n$

绝对收敛;当 $\rho |x| > 1\ (|x| > \dfrac{1}{\rho})$ 时,幂级数 $\sum\limits_{n=0}^{\infty} |a_n x^n|$ 发散,再由

收敛半径的定义可知 $R = \dfrac{1}{\rho}$.

(2)若 $\rho = 0$,则对任何 $x \neq 0$,有

$$\lim_{n \to \infty} \left| \frac{a_{n+1} x^{n+1}}{a_n x^n} \right| = 0,$$

所以级数 $\sum\limits_{n=0}^{\infty} |a_n x^n|$ 收敛,从而级数 $\sum\limits_{n=0}^{\infty} a_n x^n$ 绝对收敛. 于是 $R = +\infty$.

(3)若 $\rho = +\infty$,则对一切 $x \neq 0$,有

$$\lim_{n \to \infty} \left| \frac{a_{n+1} x^{n+1}}{a_n x^n} \right| = \lim_{n \to \infty} \left| \frac{a_{n+1}}{a_n} \right| |x| = \rho |x| = +\infty.$$

因此,除 $x = 0$ 外,幂级数 $\sum\limits_{n=0}^{\infty} a_n x^n$ 是发散的. 于是有 $R = 0$.

例1 求幂级数

$$1 + x + \frac{x^2}{2!} + \frac{x^3}{3!} + \cdots + \frac{x^n}{n!} + \cdots$$

的收敛半径、收敛区间和收敛域.

解 由于

$$\rho = \lim_{n \to \infty} \left| \frac{a_{n+1}}{a_n} \right| = \lim_{n \to \infty} \left| \frac{\frac{1}{(n+1)!}}{\frac{1}{n!}} \right| = \lim_{n \to \infty} \frac{1}{n+1} = 0,$$

故收敛半径 $R = +\infty$,从而幂级数的收敛区间为 $(-\infty, +\infty)$,收敛域为 $(-\infty, +\infty)$.

例2 求幂级数

$$\sum_{n=1}^{\infty} \frac{x^n}{n} = x + \frac{x^2}{2} + \frac{x^3}{3} - \cdots + \frac{x^n}{n} + \cdots$$

的收敛半径、收敛区间和收敛域.

解 由

$$\rho = \lim_{n\to\infty} \left| \frac{a_{n+1}}{a_n} \right| = \lim_{n\to\infty} \left| \frac{\frac{1}{n+1}}{\frac{1}{n}} \right| = 1,$$

可知收敛半径 $R = \frac{1}{\rho} = 1$, 收敛区间 $(-1,1)$.

对于端点 $x = -1$, 级数成为

$$-1 + \frac{1}{2} - \frac{1}{3} + \cdots + \frac{(-1)^n}{n} + \cdots,$$

此级数为交错级数且是收敛的.

对于端点 $x = 1$, 级数成为

$$1 + \frac{1}{2} + \frac{1}{3} + \cdots + \frac{1}{n} + \cdots,$$

此级数是发散的.

因此该级数的收敛半径 $R = 1$, 收敛区间是 $(-1,1)$, 收敛域是 $[-1,1)$.

例 3　求幂级数 $\displaystyle\sum_{n=0}^{\infty} (n+1)!x^n$ 的收敛半径(规定 $0! = 1$).

解　由于

$$\lim_{n\to\infty} \left| \frac{a_{n+1}}{a_n} \right| = \lim_{n\to\infty} \frac{(n+2)!}{(n+1)!} = \lim_{n\to\infty} (n+2) = +\infty,$$

所以此级数的收敛半径 $R = 0$, 即级数仅在 $x = 0$ 处收敛.

例 4　求幂级数 $\displaystyle\sum_{n=0}^{\infty} (-1)^n \frac{x^{2n+1}}{(n+1) \cdot 4^n}$ 的收敛半径及收敛域.

解　由于该级数缺少偶次项, 所以定理 2 不能直接使用. 故我们根据比值审敛法来计算收敛半径.

$$\lim_{n\to\infty} \left| \frac{u_{n+1}}{u_n} \right| = \lim_{n\to\infty} \left| \frac{(-1)^{n+1}\dfrac{x^{2n+3}}{(n+2) \cdot 4^{n+1}}}{(-1)^n \dfrac{x^{2n+1}}{(n+1) \cdot 4^n}} \right|$$

$$= \lim_{n\to\infty} \left| \frac{(n+1) \cdot 4^n \cdot x^{2n+3}}{(n+2) \cdot 4^{n+1} \cdot x^{2n+1}} \right| = \frac{1}{4}|x|^2,$$

当 $\frac{1}{4}|x|^2 < 1$ 即 $|x| < 2$ 时, 级数收敛; 当 $\frac{1}{4}|x|^2 > 1$ 即 $|x| > 2$ 时, 级数发散. 所以该级数的收敛半径 $R = 2$.

当 $x = 2$ 时, 级数成为 $\displaystyle\sum_{n=0}^{\infty} (-1)^n \frac{2}{n+1}$ 是交错级数, 且是收敛的;

当 $x = -2$ 时, 级数成为 $\displaystyle\sum_{n=0}^{\infty} (-1)^{n+1} \frac{2}{n+1}$ 是交错级数, 也是收敛的,

所以收敛域为 $[-2,2]$.

例5 求幂级数 $\sum\limits_{n=1}^{\infty} \dfrac{n}{2^n}(x-3)^n$ 的收敛域.

解 令 $y = x - 3$,则上述级数变为

$$\sum_{n=1}^{\infty} \frac{n}{2^n} y^n. \tag{11.7}$$

对于该级数(11.7)而言,由于

$$\rho = \lim_{n \to \infty} \left| \frac{a_{n+1}}{a_n} \right| = \lim_{n \to \infty} \left| \frac{\frac{n+1}{2^{n+1}}}{\frac{n}{2^n}} \right| = \lim_{n \to \infty} \frac{n+1}{2^{n+1}} \cdot \frac{2^n}{n} = \lim_{n \to \infty} \frac{n+1}{2n} = \frac{1}{2},$$

所以级数(11.7)的收敛半径 $R = 2$,收敛区间为 $(-2, 2)$,从而有 $-2 < y = x - 3 < 2$,即 $1 < x < 5$.

当 $x = 1$ 时,原级数化为 $\sum\limits_{n=1}^{\infty} (-1)^n \cdot n$,这个级数发散;当 $x = 5$ 时,原级数化为 $\sum\limits_{n=1}^{\infty} n$,这个级数发散. 因此原级数的收敛域为 $(1, 5)$.

三、 幂级数的运算

设幂级数 $\sum\limits_{n=0}^{\infty} a_n x^n$ 与 $\sum\limits_{n=0}^{\infty} b_n x^n$ 分别在区间 $(-R_1, R_1)$ 与 $(-R_2, R_2)$ 内收敛,我们记 $R = \min\{R_1, R_2\}$ 且 $R \neq 0$,对于任意的 $x \in (-R, R)$,则这两个幂级数可以进行下列运算:

加减法

$$\sum_{n=0}^{\infty} a_n x^n \pm \sum_{n=0}^{\infty} b_n x^n = (a_0 \pm b_0) + (a_1 \pm b_1)x + (a_2 \pm b_2)x^2 + \cdots + (a_n \pm b_n)x^n + \cdots;$$

乘法

$$\sum_{n=0}^{\infty} a_n x^n \cdot \sum_{n=0}^{\infty} b_n x^n = (a_0 + a_1 x + a_2 x^2 + \cdots + a_n x^n + \cdots) \cdot (b_0 + b_1 x + b_2 x^2 + \cdots + b_n x^n + \cdots)$$

$$= a_0 b_0 + (a_1 b_0 + a_0 b_1)x + (a_0 b_2 + a_1 b_1 + a_2 b_0)x^2 + \cdots + (a_0 b_n + a_1 b_{n-1} + \cdots + a_n b_0)x^n + \cdots.$$

下面我们不加证明地给出关于幂级数的和函数的重要性质.

性质1 幂级数 $\sum\limits_{n=0}^{\infty} a_n x^n$ 的和函数 $S(x)$ 在其收敛域 I 上连续.

性质2 幂级数 $\sum\limits_{n=0}^{\infty} a_n x^n$ 的和函数 $S(x)$ 在其收敛域 I 上可积,并且有逐项积分公式

$$\int_0^x S(t)\mathrm{d}t = \int_0^x \left[\sum_{n=0}^{\infty} a_n t^n \right] \mathrm{d}t = \sum_{n=0}^{\infty} \int_0^x a_n t^n \mathrm{d}t = \sum_{n=0}^{\infty} \frac{a_n}{n+1} x^{n+1} \quad (x \in I),$$

并且逐项积分后所得的幂级数与原级数有相同的收敛半径.

性质 3 幂级数 $\sum\limits_{n=0}^{\infty} a_n x^n$ 的和函数 $S(x)$ 在其收敛区间$(-R,$

和函数的
性质及举例
(例 6、例 7)

$R)$ 内可导,并且有逐项求导公式

$$S'(x) = \left(\sum_{n=0}^{\infty} a_n x^n\right)' = \sum_{n=0}^{\infty} (a_n x^n)' = \sum_{n=1}^{\infty} n a_n x^{n-1} \quad (|x| < R),$$

逐项求导后所得的幂级数和原级数有相同的收敛半径.

反复利用性质 3 可以得到:幂级数 $\sum\limits_{n=0}^{\infty} a_n x^n$ 的和函数 $S(x)$ 在其

收敛区间$(-R, R)$ 内有任意阶导数.

利用幂级数的性质,可以计算一些幂级数的和函数.

例 6 计算幂级数 $\sum\limits_{n=1}^{\infty} (n+1)x^n$ 的和函数 $S(x)$.

解 首先计算收敛域. 由

$$\lim_{n\to\infty}\left|\frac{a_{n+1}}{a_n}\right| = \lim_{n\to\infty}\frac{n+2}{n+1} = 1,$$

得收敛半径 $R = 1$.

在端点 $x = 1$ 处,幂级数化为 $\sum\limits_{n=1}^{\infty}(n+1)$,是发散的;在端点

$x = -1$ 处,幂级数化为 $\sum\limits_{n=1}^{\infty}(n+1)(-1)^n$,是发散的. 因此收敛域

为$(-1, 1)$.

接下来计算和函数 $\quad S(x) = \sum\limits_{n=1}^{\infty}(n+1)x^n, \quad x \in (-1, 1).$

利用性质 3 对所给幂级数在收敛区间内逐项积分,并由

$$\frac{x^2}{1-x} = x^2 + x^3 + x^4 + \cdots + x^n + \cdots, \quad x \in (-1, 1),$$

得到

$$\int_0^x S(t)\,dt = \int_0^x \left(\sum_{n=1}^{\infty}(n+1)t^n\right)dt = \sum_{n=1}^{\infty}\left(\int_0^x (n+1)t^n dt\right)$$

$$= \sum_{n=1}^{\infty} x^{n+1} = \frac{x^2}{1-x}, \quad x \in (-1, 1),$$

对上式两端关于 x 求导,得

$$S(x) = \left(\frac{x^2}{1-x}\right)' = \frac{2x - x^2}{(1-x)^2}, \quad x \in (-1, 1).$$

例 7 某足球明星与一足球俱乐部签订一项合同,合同规定俱乐部在第 n 年末支付给该球星或其后代 n 万元$(n = 1, 2, \cdots)$. 假定银行存款以 5% 的年复利的方式计息,问老板应在签约当天存入银行多少钱?

解 设 $r = 5\%$ 为年复利率,若规定第 n 年末支付 n 万元$(n = 1,$

$2,\cdots)$,则应在银行存入的本金总数为

$$\sum_{n=1}^{\infty} n\ (1+r)^{-n} = \frac{1}{1+r} + \frac{2}{(1+r)^2} + \cdots + \frac{n}{(1+r)^n} + \cdots.$$

为了计算该级数的和,考虑如下的幂级数

$$\sum_{n=1}^{\infty} nx^n = x + 2x^2 + 3x^3 + \cdots + nx^n + \cdots,$$

显然该幂级数的收敛域为$(-1,1)$,当$r = \frac{1}{20}$时,$\frac{1}{1+r} \in (-1,1)$.

因此,如果计算幂级数 $\sum_{n=1}^{\infty} nx^n$ 的和函数 $S(x)$,那么 $S\left(\frac{1}{1+r}\right)$ 就是所求的数项级数的和.

令

$$S(x) = \sum_{n=1}^{\infty} nx^n = x\sum_{n=1}^{\infty} nx^{n-1},$$

设 $\varphi(x) = \sum_{n=1}^{\infty} nx^{n-1}$,则

$$\int_0^x \varphi(t)\,dt = \int_0^x \left(\sum_{n=1}^{\infty} nt^{n-1}\right)dt = \sum_{n=1}^{\infty} \int_0^x nt^{n-1}\,dt = \sum_{n=1}^{\infty} x^n = \frac{x}{1-x}.$$

从而有

$$\varphi(x) = \left(\frac{x}{1-x}\right)' = \frac{1}{(1-x)^2}.$$

因此

$$S(x) = \frac{x}{(1-x)^2}.$$

所以

$$S\left(\frac{1}{1+r}\right) = \sum_{n=1}^{\infty} n\ (1+r)^{-n} = \frac{\frac{1}{1+r}}{\left(1 - \frac{1}{1+r}\right)^2} = \frac{1+r}{r^2}.$$

将 $r = \frac{1}{20}$ 代入上式,即得本金为

$$S\left(\frac{1}{1+r}\right) = 420 \text{ 万元}.$$

即老板应在签约当天存入银行 420 万元.

习题 11-4(A)

1. 求下列幂级数的收敛半径、收敛区间及收敛域.

(1) $\sum_{n=1}^{\infty} nx^n$; (2) $\sum_{n=1}^{\infty} \frac{x^n}{2^n \cdot n}$;

(3) $\sum_{n=0}^{\infty} \frac{n!x^n}{(n+1)^2}$;

(4) $x + \frac{x^2}{1\cdot3} + \frac{x^3}{1\cdot3\cdot5} + \cdots + \frac{x^n}{1\cdot3\cdot5\cdots(2n-1)} + \cdots$;

(5) $\sum_{n=1}^{\infty} \frac{2^n}{n^2 + 1} x^n$；　　　　(6) $\sum_{n=1}^{\infty} \frac{(x - 2)^n}{\sqrt{n}}$；

(7) $\sum_{n=1}^{\infty} \frac{(-1)^n x^{2n}}{2n}$；　　　　(8) $\sum_{n=1}^{\infty} \frac{nx^{2n+1}}{n^2 + 1}$.

2. 利用逐项求导或逐项求积分,求下列级数的和函数.

(1) $\sum_{n=1}^{\infty} nx^{n-1}$；　　　　(2) $\sum_{n=1}^{\infty} \frac{x^n}{n}$；

(3) $\sum_{n=1}^{\infty} \frac{x^{2n-1}}{2n - 1}$.

习题 11-4(B)

1. 若幂级数 $\sum_{n=0}^{\infty} a_n (x - 1)^n$ 在点 $x = -2$ 处收敛,证明:该级数在点 $x = 3$ 处绝对收敛.

2. 求下列幂级数的收敛域.

(1) $\sum_{n=1}^{\infty} \frac{2 + (-1)^{n-1}}{2^n} x^n$；　　(2) $\sum_{n=1}^{\infty} \frac{x^{4n}}{n^2 \cdot 16^n}$.

3. 求幂级数 $\sum_{n=1}^{\infty} \left(\frac{1}{2^n} - \frac{1}{n} \right) x^n$ 的和函数,并求收敛域.

4. 求幂级数 $\sum_{n=1}^{\infty} \frac{(-1)^n n}{n + 1} x^n$ 的和函数,指出其收敛域,并计算

$$\sum_{n=1}^{\infty} \frac{n}{3^n (1 + n)}.$$

第五节　函数展开成幂级数

　　上一节我们讨论了幂级数的收敛域及其和函数的性质. 在收敛区间内,幂级数可以任意次求导和积分,幂级数的这些性质可以在函数近似计算中得到广泛应用. 对于给定函数 $f(x)$,能否找到一个幂级数,使得它在某区间内收敛,并且它的和恰好就是给定的函数 $f(x)$. 如果能找到这个幂级数,就可以利用这个幂级数恰当地表达函数 $f(x)$,进而来研究给定函数的性质,此时我们就说函数 $f(x)$ 在该区间内能展开成幂级数.

一、函数的泰勒级数

　　假设函数 $f(x)$ 在点 x_0 的某邻域 $U(x_0)$ 内能展开成幂级数,即有

$$f(x) = a_0 + a_1 (x - x_0) + a_2 (x - x_0)^2 + \cdots + a_n (x - x_0)^n + \cdots, \quad x \in U(x_0).$$

(11.8)

由和函数的性质,可知 $f(x)$ 在 $U(x_0)$ 内具有任意阶导数,且

$$f^{(n)}(x) = n!a_n + (n+1)!a_{n+1}(x-x_0) + \frac{(n+2)!}{2!}a_{n+2}(x-x_0)^2 + \cdots.$$

由此可得

$$f^{(n)}(x_0) = n!a_n.$$

于是有

$$a_n = \frac{f^{(n)}(x_0)}{n!} \quad (n=0,1,2,\cdots). \tag{11.9}$$

这就表明,如果函数 $f(x)$ 有幂级数展开式(11.8),那么该幂级数的系数 a_n 由公式(11.9)确定,即

$$f(x_0) + f'(x_0)(x-x_0) + \frac{f''(x_0)}{2!}(x-x_0)^2 + \cdots$$

$$+ \frac{f^{(n)}(x_0)}{n!}(x-x_0)^n + \cdots, \tag{11.10}$$

所以

$$f(x) = f(x_0) + f'(x_0)(x-x_0) + \frac{f''(x_0)}{2!}(x-x_0)^2 + \cdots + \frac{f^{(n)}(x_0)}{n!}(x-x_0)^n + \cdots$$

$$= \sum_{n=0}^{\infty} \frac{f^{(n)}(x_0)}{n!}(x-x_0)^n, \quad x \in U(x_0). \tag{11.11}$$

> **定义** 称形如式(11.10)的幂级数为函数 $f(x)$ 在点 x_0 处的泰勒级数,称式(11.11)为函数 $f(x)$ 在点 x_0 处的泰勒展开式.

由上述可知,函数 $f(x)$ 在 $U(x_0)$ 内能展开成幂级数的充分必要条件是它的泰勒展开式(11.11)成立,也就是它的泰勒级数(11.10)在 $U(x_0)$ 内收敛,并且收敛到 $f(x)$.

下面讨论泰勒展开式(11.11)成立的条件.

设函数 $f(x)$ 在点 x_0 的某邻域 $U(x_0)$ 内具有各阶导数,则 $f(x)$ 的 n 阶泰勒公式为

$$f(x) = p_n(x) + R_n(x),$$

其中

$$p_n(x) = f(x_0) + f'(x_0)(x-x_0) + \frac{f''(x_0)}{2!}(x-x_0)^2 + \cdots + \frac{f^{(n)}(x_0)}{n!}$$

$$(x-x_0)^n$$

为函数 $f(x)$ 的 n 次泰勒多项式,而定理中的余项为

$$R_n(x) = \frac{f^{(n+1)}(\xi)}{(n+1)!}(x-x_0)^{n+1}.$$

由于级数(11.10)的前 $n+1$ 项的部分和为 n 次泰勒多项式,根

函数的泰勒级数

据级数收敛的定义,我们有

$$\sum_{n=0}^{\infty} \frac{f^{(n)}(x_0)}{n!}(x-x_0)^n = f(x), \quad x \in U(x_0)$$

$$\Leftrightarrow \lim_{n\to\infty} p_n(x) = f(x), \quad x \in U(x_0)$$

$$\Leftrightarrow \lim_{n\to\infty}[f(x)-p_n(x)] = 0, \quad x \in U(x_0)$$

$$\Leftrightarrow \lim_{n\to\infty} R_n(x) = 0, \quad x \in U(x_0).$$

将上述讨论归纳成如下定理.

定理 1 设函数 $f(x)$ 在点 x_0 的某个邻域 $U(x_0)$ 内具有各阶导数,则 $f(x)$ 在该邻域内能展开成泰勒级数,即

$$f(x) = f(x_0) + f'(x_0)(x-x_0) + \frac{f''(x_0)}{2!}(x-x_0)^2 + \cdots +$$

$$\frac{f^{(n)}(x_0)}{n!}(x-x_0)^n + \cdots$$

$$= \sum_{n=0}^{\infty} \frac{f^{(n)}(x_0)}{n!}(x-x_0)^n, \quad x \in U(x_0)$$

的充分必要条件是

$$\lim_{n\to\infty} R_n(x) = \lim_{n\to\infty} \frac{f^{(n+1)}(\xi)}{(n+1)!}(x-x_0)^{n+1} = 0, \quad x \in U(x_0),$$

其中,$R_n(x) = \dfrac{f^{(n+1)}(\xi)}{(n+1)!}(x-x_0)^{n+1}$ 为 $f(x)$ 在点 x_0 处的泰勒公式中的余项.

我们看到,在满足定理的条件下,函数 $f(x)$ 的泰勒级数必收敛,并且收敛到 $f(x)$. 此时称 $f(x)$ 在点 x_0 处能展开成幂级数,或说 $f(x)$ 能够展开成 $(x-x_0)$ 的幂级数,称式(11.11)的右端为 $f(x)$ 在点 x_0 处的泰勒展开式,也可以说成是将 $f(x)$ 展开成 $(x-x_0)$ 的幂级数. 同时,该展开式是唯一的.

事实上,如果我们将 $x_0 = 0$,代入式(11.10)中,就得到

$$f(0) + f'(0)x + \frac{f''(0)}{2!}x^2 + \cdots + \frac{f^{(n)}(0)}{n!}x^n + \cdots = \sum_{n=0}^{\infty} \frac{f^{(n)}(0)}{n!}x^n,$$

$$(11.12)$$

级数(11.12)称为函数 $f(x)$ 的**麦克劳林级数**. 如果 $f(x)$ 能在 $(-r,r)$ 内展开成 x 的幂级数,那么有

$$f(x) = f(0) + f'(0)x + \frac{f''(0)}{2!}x^2 + \cdots + \frac{f^{(n)}(0)}{n!}x^n + \cdots$$

$$= \sum_{n=0}^{\infty} \frac{f^{(n)}(0)}{n!}x^n, \quad (|x| < r), \quad (11.13)$$

称式(11.13)为函数 $f(x)$ 的**麦克劳林展开式**.

麦克劳林级数是泰勒级数的一种特殊形式,后面我们主要讨论将函数展开成麦克劳林级数的问题.

二、函数展开成幂级数的方法

1. 直接展开法

将函数 $f(x)$ 展开成 x 的幂级数,可以按照以下步骤进行:

第一步:计算 $f(x)$ 的各阶导数 $f'(x)$,$f''(x)$,$f'''(x)$,$\cdots$,$f^{(n)}(x)$,$\cdots$,如果在点 $x=0$ 处的某阶导数不存在,就停止计算,也就说明 $f(x)$ 不能展开成 x 的幂级数.

第二步:计算出函数 $f(x)$ 及其各阶导数在点 $x=0$ 处的值

$$f(0),f'(0),f''(0),f'''(0),\cdots,f^{(n)}(0),\cdots.$$

第三步:写出幂级数

$$f(0)+f'(0)x+\frac{f''(0)}{2!}x^2+\frac{f'''(0)}{3!}x^3+\cdots+\frac{f^{(n)}(0)}{n!}x^n+\cdots,$$

并求出收敛半径 R.

第四步:验证

$$\lim_{n\to\infty}R_n(x)=\lim_{n\to\infty}\frac{f^{(n+1)}(\xi)}{(n+1)!}x^{n+1}=0,x\in(-R,R)$$

是否成立. 如果成立,那么函数 $f(x)$ 在区间 $(-R,R)$ 内的幂级数的展开式为

$$f(x)=f(0)+f'(0)x+\frac{f''(0)}{2!}x^2+\cdots+\frac{f^{(n)}(0)}{n!}x^n+\cdots,\ x\in(-R,R).$$

例 1 将函数 $f(x)=\mathrm{e}^x$ 展开成 x 的幂级数.

解 所给函数的各阶导数为 $f^{(n)}(x)=\mathrm{e}^x(n=1,2,\cdots)$,因此 $f^{(n)}(0)=1(n=0,1,2,\cdots)$,于是得到级数

$$1+x+\frac{1}{2!}x^2+\cdots+\frac{1}{n!}x^n+\cdots,$$

并且该级数的收敛半径 $R=+\infty$.

对任意的数 x 与 $\xi(\xi$ 在 0 与 x 之间),余项的绝对值为

$$|R_n(x)|=\left|\frac{\mathrm{e}^\xi}{(n+1)!}x^{n+1}\right|<\mathrm{e}^{|x|}\cdot\frac{|x|^{n+1}}{(n+1)!}.$$

因为 $\mathrm{e}^{|x|}$ 有限,$\dfrac{|x|^{n+1}}{(n+1)!}$ 是收敛级数 $\displaystyle\sum_{n=0}^{\infty}\frac{|x|^{n+1}}{(n+1)!}$ 的一般项,所以

$$\lim_{n\to\infty}\mathrm{e}^{|x|}\cdot\frac{|x|^{n+1}}{(n+1)!}=0,$$

即

$$\lim_{n\to\infty}|R_n(x)|=0.$$

于是得到展开式

$$\mathrm{e}^x=1+x+\frac{x^2}{2!}+\cdots+\frac{x^n}{n!}+\cdots\quad(-\infty<x<+\infty).$$

例 2 将函数 $f(x)=\sin x$ 展开成 x 的幂级数.

解 $f(x)=\sin x$ 的各阶导数为

$$f^{(n)}(x)=\sin\left(x+\frac{n\pi}{2}\right)\quad(n=1,2,\cdots),$$

因此，$f^{(n)}(0)$ 的顺序取值分别为 $0,1,0,-1,\cdots(n=1,2,3,\cdots)$，于是得到级数

$$x - \frac{x^3}{3!} + \frac{x^5}{5!} - \cdots + (-1)^n \frac{x^{2n+1}}{(2n+1)!} + \cdots,$$

并且它的收敛半径 $R = +\infty$.

对任意的数 x 与 ξ（ξ 在 0 与 x 之间），余项的绝对值为

$$|R_n(x)| = \left| \frac{\sin\left[\xi + \frac{(n+1)\pi}{2}\right]}{(n+1)!} x^{n+1} \right| \leqslant \frac{|x|^{n+1}}{(n+1)!}.$$

由于 $\dfrac{|x|^{n+1}}{(n+1)!}$ 是收敛级数 $\displaystyle\sum_{n=0}^{\infty} \frac{|x|^{n+1}}{(n+1)!}$ 的一般项，所以

$$\lim_{n\to\infty} |R_n(x)| = \lim_{n\to\infty} \frac{|x|^{n+1}}{(n+1)!} = 0.$$

因此得到的展开式为

$$\sin x = x - \frac{x^3}{3!} + \frac{x^5}{5!} - \cdots + (-1)^n \frac{x^{2n+1}}{(2n+1)!} + \cdots \quad (-\infty < x < +\infty).$$

我们知道，函数 $f(x)$ 的麦克劳林级数就是 x 的幂级数. 利用幂级数在收敛区间内可以逐项求导的性质，可以证明将函数 $f(x)$ 展开成 x 的幂级数的唯一性.

定理 2　如果函数 $f(x)$ 能在点 $x = x_0$ 的某个邻域内展开成 x 的幂级数，那么它的展开式是唯一的，且与函数 $f(x)$ 的麦克劳林级数一致.

以上函数展成幂级数的方法都是直接展开法，此种方法在计算幂级数的系数时计算量很大，而且验证余项的极限也不是很简单. 接下来，我们可以利用一些已知函数的展开式，通过幂级数的运算（四则运算、逐项求导、逐项求积分）和变量代换等方法，将所给函数展开成幂级数，避免了验证余项极限. 这种方法就是下面要介绍的间接展开法.

2. 间接展开法

由直接展开法，我们已经得到的三个常见函数的幂级数的展开式为

$$e^x = \sum_{n=0}^{\infty} \frac{x^n}{n!} = 1 + x + \frac{x^2}{2!} + \cdots + \frac{x^n}{n!} + \cdots \quad (-\infty < x < +\infty),$$

$$\tag{11.14}$$

$$\sin x = \sum_{n=0}^{\infty} (-1)^n \frac{x^{2n+1}}{(2n+1)!} = x - \frac{x^3}{3!} + \frac{x^5}{5!} - \cdots +$$

$$(-1)^n \frac{x^{2n+1}}{(2n+1)!} + \cdots \quad (-\infty < x < +\infty), \tag{11.15}$$

 函数展开成幂级数的
间接展开法及举例（例 3）

$$\frac{1}{1-x} = \sum_{n=0}^{\infty} x^n = 1 + x + x^2 + x^3 + \cdots + x^n + \cdots \quad (-1 < x < 1).$$

$$\tag{11.16}$$

根据这三个展开式，利用变量代换、逐项求积分、逐项求导和四则运算等方法，我们可以得到与其相关的一些函数的幂级数的展开

式. 例如

将式(11.16)中的 x 用 $-x$ 等量代换,可以得到

$$\frac{1}{1+x} = \sum_{n=0}^{\infty} (-1)^n x^n = 1 - x + x^2 - x^3 + \cdots + (-1)^n x^n + \cdots$$
$$(-1 < x < 1). \qquad (11.17)$$

对式(11.17)两端从 0 到 x 积分,可得

$$\ln(1+x) = \int_0^x \frac{1}{1+t} dt = \int_0^x \sum_{n=0}^{\infty} (-1)^n t^n dt = \sum_{n=0}^{\infty} \int_0^x (-1)^n t^n dt$$
$$= \sum_{n=0}^{\infty} \frac{(-1)^n x^{n+1}}{n+1} = \sum_{n=1}^{\infty} \frac{(-1)^{n-1} x^n}{n} \quad (-1 < x \leqslant 1).$$
$$(11.18)$$

幂级数收敛半径

例3 将函数 $f(x) = \cos x$ 展开成 x 的幂级数.

解 由于 $\cos x = (\sin x)'$,因此由式(11.15)可得

$$\cos x = (\sin x)' = \left(x - \frac{x^3}{3!} + \frac{x^5}{5!} - \cdots + (-1)^n \frac{x^{2n+1}}{(2n+1)!} + \cdots \right)'$$
$$= 1 - \frac{x^2}{2!} + \frac{x^4}{4!} - \cdots + (-1)^n \frac{x^{2n}}{(2n)!} + \cdots \quad (-\infty < x < +\infty).$$
$$(11.19)$$

例4 将下列函数展开成麦克劳林级数.

(1) $f(x) = e^{x^3}$;   (2) $f(x) = \arctan x$.

▶ **例4 讲解**

解 (1) 函数 $f(y) = e^y$ 的展开式为

$$e^y = 1 + y + \frac{y^2}{2!} + \cdots + \frac{y^n}{n!} + \cdots \quad (-\infty < y < +\infty),$$

令 $y = x^3$,得

$$e^{x^3} = 1 + x^3 + \frac{(x^3)^2}{2!} + \cdots + \frac{(x^3)^n}{n!} + \cdots,$$

即

$$e^{x^3} = 1 + x^3 + \frac{x^6}{2!} + \cdots + \frac{x^{3n}}{n!} + \cdots \quad (-\infty < x < +\infty).$$

(2) 由式(11.17)可知

$$\frac{1}{1+x^2} = \sum_{n=0}^{\infty} (-1)^n x^{2n} = 1 - x^2 + x^4 - x^6 + \cdots + (-1)^n x^{2n} + \cdots$$
$$(-1 < x < 1).$$

将上式两端从 0 到 x 积分,得

$$\arctan x = \int_0^x \frac{1}{1+t^2} dt = \int_0^x \left(\sum_{n=0}^{\infty} (-1)^n t^{2n} \right) dt$$
$$= x - \frac{x^3}{3} + \frac{x^5}{5} - \frac{x^7}{7} + \cdots + (-1)^n \frac{x^{2n+1}}{2n+1} + \cdots$$
$$(-1 < x < 1).$$

当 $x = 1$ 时,上式右端的级数化为 $\sum_{n=0}^{\infty} \frac{(-1)^n}{2n+1}$ 是收敛的,当

$x = -1$ 时,上式右端的级数化为 $\sum_{n=0}^{\infty} \frac{(-1)^{n+1}}{2n+1}$ 也是收敛的,并且

$f(x) = \arctan x$ 在 $x = \pm 1$ 处连续，因此

$$\arctan x = x - \frac{x^3}{3} + \frac{x^5}{5} - \frac{x^7}{7} + \cdots + (-1)^n \frac{x^{2n+1}}{2n+1} + \cdots \quad (-1 \leqslant x \leqslant 1).$$

由此，我们得到了常用的幂级数的展开式(11.14) ~ 式(11.19).

例 5　将下列函数展开成 x 的幂级数.

$(1)f(x) = (1-x)\ln(1+x);$ 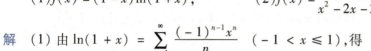 $\qquad (2)f(x) = \dfrac{x}{x^2 - 2x - 3}.$

▶ 例 5 讲解

解　(1) 由 $\ln(1+x) = \displaystyle\sum_{n=1}^{\infty} \frac{(-1)^{n-1}x^n}{n} \quad (-1 < x \leqslant 1)$，得

$$f(x) = (1-x) \cdot \sum_{n=1}^{\infty} \frac{(-1)^{n-1}x^n}{n} = \sum_{n=1}^{\infty} \frac{(-1)^{n-1}x^n}{n} - \sum_{n=1}^{\infty} \frac{(-1)^{n-1}x^{n+1}}{n}$$

$$= \sum_{n=1}^{\infty} \frac{(-1)^{n-1}x^n}{n} - \sum_{n=2}^{\infty} \frac{(-1)^{n}x^n}{n-1} = x + \sum_{n=2}^{\infty} \frac{(-1)^{n-1}(2n-1)}{n(n-1)}x^n$$

$$(-1 < x \leqslant 1).$$

$$(2)f(x) = \frac{x}{x^2 - 2x - 3} = \frac{x}{(x-3)(x+1)} = \frac{1}{4}\left(\frac{1}{x+1} + \frac{3}{x-3}\right)$$

$$= \frac{1}{4}\left(\frac{1}{1+x} - \frac{1}{1-\frac{x}{3}}\right).$$

而

$$\frac{1}{1+x} = \sum_{n=0}^{\infty} (-1)^n x^n \quad (-1 < x < 1),$$

$$\frac{1}{1-\frac{x}{3}} = \sum_{n=0}^{\infty} \left(\frac{x}{3}\right)^n = \sum_{n=0}^{\infty} \frac{x^n}{3^n} \quad (-3 < x < 3).$$

于是，可得

$$f(x) = \frac{1}{4}\left(\sum_{n=0}^{\infty} (-1)^n x^n - \sum_{n=0}^{\infty} \frac{x^n}{3^n}\right) = \frac{1}{4} \sum_{n=0}^{\infty} \left((-1)^n - \frac{1}{3^n}\right)x^n,$$

它的收敛域为 $(-1,1) \cap (-3,3) = (-1,1)$.

例 6　将下列函数展开成 $(x-3)$ 的幂级数.

$(1)f(x) = \dfrac{1}{5-x};$ $\qquad (2)f(x) = \ln(1+x).$

解　$(1)f(x) = \dfrac{1}{5-x} = \dfrac{1}{2-(x-3)} = \dfrac{1}{2} \cdot \dfrac{1}{1-\dfrac{x-3}{2}}.$

由于

$$\frac{1}{1-x} = \sum_{n=0}^{\infty} x^n = 1 + x + x^2 + x^3 + \cdots + x^n + \cdots \quad (-1 < x < 1),$$

有

$$\frac{1}{1-\dfrac{x-3}{2}} = 1 + \frac{x-3}{2} + \left(\frac{x-3}{2}\right)^2 + \cdots + \left(\frac{x-3}{2}\right)^n + \cdots \quad \left(-1 < \frac{x-3}{2} < 1\right).$$

所以

$$\frac{1}{5-x} = \frac{1}{2} \cdot \frac{1}{1 - \frac{x-3}{2}} = \frac{1}{2} \cdot \left[1 + \frac{x-3}{2} + \left(\frac{x-3}{2}\right)^2 + \cdots + \left(\frac{x-3}{2}\right)^n + \cdots \right]$$

$$= \frac{1}{2} + \frac{x-3}{2^2} + \frac{(x-3)^2}{2^3} + \cdots + \frac{(x-3)^n}{2^{n+1}} + \cdots$$

$$(1 < x < 5).$$

$$(2)\, f(x) = \ln(1+x) = \ln[4 + (x-3)] = \ln 4\left(1 + \frac{x-3}{4}\right)$$

$$= \ln 4 + \ln\left(1 + \frac{x-3}{4}\right).$$

又由 $\ln(1+x) = \sum_{n=1}^{\infty} \frac{(-1)^{n-1} x^n}{n}$ $(-1 < x \leq 1)$，可得

$$\ln\left(1 + \frac{x-3}{4}\right) = \sum_{n=1}^{\infty} \frac{(-1)^{n-1}}{n} \cdot \left(\frac{x-3}{4}\right)^n \qquad \left(-1 < \frac{x-3}{4} \leq 1\right)$$

$$= \frac{x-3}{4} - \frac{1}{2}\left(\frac{x-3}{4}\right)^2 + \frac{1}{3}\left(\frac{x-3}{4}\right)^3 - \cdots + \frac{(-1)^{n-1}}{n} \cdot \left(\frac{x-3}{4}\right)^n + \cdots$$

$$(-1 < x \leq 7).$$

因此

$$f(x) = \ln(1+x) = \ln 4 + \ln\left(1 + \frac{x-3}{4}\right)$$

$$= \frac{x-3}{4} - \frac{1}{2}\frac{(x-3)^2}{4^2} + \frac{1}{3}\frac{(x-3)^3}{4^3} - \cdots + \frac{(-1)^{n-1}}{n} \cdot \frac{(x-3)^n}{4^n} + \cdots$$

$$(-1 < x \leq 7).$$

例7 将函数 $f(x) = \sin x$ 展开 $\left(x - \frac{\pi}{4}\right)$ 的幂级数.

解 由于

$$\sin x = \sin\left[\frac{\pi}{4} + \left(x - \frac{\pi}{4}\right)\right]$$

$$= \sin\frac{\pi}{4}\cos\left(x - \frac{\pi}{4}\right) + \cos\frac{\pi}{4}\sin\left(x - \frac{\pi}{4}\right)$$

$$= \frac{1}{\sqrt{2}}\left[\cos\left(x - \frac{\pi}{4}\right) + \sin\left(x - \frac{\pi}{4}\right)\right],$$

并且有

$$\cos\left(x - \frac{\pi}{4}\right) = 1 - \frac{\left(x - \frac{\pi}{4}\right)^2}{2!} + \frac{\left(x - \frac{\pi}{4}\right)^4}{4!} - \cdots + \frac{(-1)^n}{(2n)!}\left(x - \frac{\pi}{4}\right)^{2n} + \cdots$$

$$(-\infty < x < +\infty),$$

$$\sin\left(x - \frac{\pi}{4}\right) = \left(x - \frac{\pi}{4}\right) - \frac{\left(x - \frac{\pi}{4}\right)^3}{3!} + \frac{\left(x - \frac{\pi}{4}\right)^5}{5!} - \cdots$$

$$+ \frac{(-1)^n}{(2n+1)!}\left(x - \frac{\pi}{4}\right)^{2n+1} + \cdots (-\infty < x < +\infty).$$

所以

$$\sin x = \frac{1}{\sqrt{2}}\Big[1 + \Big(x - \frac{\pi}{4}\Big) - \frac{\big(x - \frac{\pi}{4}\big)^2}{2!} - \frac{\big(x - \frac{\pi}{4}\big)^3}{3!} + \cdots +$$

$$\frac{(-1)^n}{(2n)!}\Big(x - \frac{\pi}{4}\Big)^{2n} + \frac{(-1)^n}{(2n+1)!}\Big(x - \frac{\pi}{4}\Big)^{2n+1} + \cdots \Big] \quad (-\infty < x < +\infty).$$

利用函数幂级数的展开式,可以比较方便地做近似计算.

例 8 计算$\sqrt[3]{e}$的近似值,要求误差不超过 0.00001.

解 因为 $e^x = \sum_{n=0}^{\infty} \frac{x^n}{n!} = 1 + x + \frac{x^2}{2!} + \cdots + \frac{x^n}{n!} + \cdots (-\infty < x < +\infty)$,

所以

$$\sqrt[3]{e} = \sum_{n=0}^{\infty} \frac{\big(\frac{1}{3}\big)^n}{n!} = 1 + \frac{1}{3} + \frac{1}{2!}\Big(\frac{1}{3}\Big)^2 + \cdots + \frac{1}{n!}\Big(\frac{1}{3}\Big)^n + \cdots.$$

取前六项作为$\sqrt[3]{e}$的近似值

$$\sqrt[3]{e} \approx 1 + \frac{1}{3} + \frac{1}{2!}\Big(\frac{1}{3}\Big)^2 + \frac{1}{3!}\Big(\frac{1}{3}\Big)^3 + \frac{1}{4!}\Big(\frac{1}{3}\Big)^4 + \frac{1}{5!}\Big(\frac{1}{3}\Big)^5 \approx 1.3956.$$

其误差为

$$|r| = \frac{1}{6!}\Big(\frac{1}{3}\Big)^6 + \frac{1}{7!}\Big(\frac{1}{3}\Big)^7 + \frac{1}{8!}\Big(\frac{1}{3}\Big)^8 + \frac{1}{9!}\Big(\frac{1}{3}\Big)^9 + \frac{1}{10!}\Big(\frac{1}{3}\Big)^{10} + \cdots$$

$$= \frac{1}{6!}\Big(\frac{1}{3}\Big)^6\Big(1 + \frac{1}{7}\Big(\frac{1}{3}\Big) + \frac{1}{8\times7}\Big(\frac{1}{3}\Big)^2 + \frac{1}{9\times8\times7}\Big(\frac{1}{3}\Big)^3$$

$$+ \frac{1}{10\times9\times8\times7}\Big(\frac{1}{3}\Big)^4 + \cdots\Big)$$

$$< \frac{1}{6!}\Big(\frac{1}{3}\Big)^6\Big(1 + \Big(\frac{1}{3}\Big) + \Big(\frac{1}{3}\Big)^2 + \Big(\frac{1}{3}\Big)^3 + \Big(\frac{1}{3}\Big)^4 + \cdots\Big)$$

$$= \frac{1}{6!}\Big(\frac{1}{3}\Big)^6 \times \frac{1}{1 - \frac{1}{3}} = \frac{1}{349920} < 0.00001.$$

此时,$\sqrt[3]{e}$近似值为

$$\sqrt[3]{e} \approx 1.3956.$$

习题 11-5(A)

1. 将下列函数展开成 x 的幂级数,并求展开式的收敛区间.

(1)$\ln(3 + x)$;   (2)2^x;   (3)$\sin^2 x$;

(4)xe^{-x};   (5)$\frac{1}{4-x}$.

2. 将下列函数展开成$(x-3)$的幂级数.

(1)$f(x) = \frac{1}{2+x}$;   (2)$f(x) = \frac{1}{x}$.

3. 将函数 $f(x) = \cos x$ 展开成 $\left(x - \dfrac{\pi}{4}\right)$ 的幂级数.

4. 将函数 $f(x) = \dfrac{1}{x^2 + 5x + 6}$ 展开成 $(x+4)$ 的幂级数.

习题 11-5（B）

1. 将函数 $f(x) = (1+x)\ln(1+x)$ 展开成 x 的幂级数，并指出其收敛范围.

2. 将函数 $f(x) = \displaystyle\int_0^x \dfrac{\sin t}{t} \mathrm{d}t$ 展开成 x 的幂级数，并指出其收敛范围.

3. 将级数 $\displaystyle\sum_{n=1}^{\infty} \dfrac{(-1)^{n-1}}{2^{n-1}} \cdot \dfrac{x^{2n-1}}{(2n-1)!}$ 的和函数展开成 $(x-1)$ 的幂级数.

第六节　MATLAB 数学实验

　　MATLAB 中级数求和命令为 symsum，其使用格式为 symsum（f,x,a,b），其中，f 为符号表达式，x 为变量，a,b 为级数求和的区间；利用 MATLAB 中极限命令 limit 判断级数敛散性和求幂级数的收敛半径；利用 MATLAB 中命令 taylor 将函数展开成泰勒级数，并了解用 MATLAB 命令求近似值. 下面给出具体实例.

　　例 1　求 $\displaystyle\sum_{n=1}^{\infty} \dfrac{1}{(2n-1)(2n+1)}$ 的和.

【MATLAB 代码】

≫ syms n;

≫ symsum（1/（（2∗n−1）∗（2∗n+1）），n,1,inf）

运行结果：

ans =

1/2

即 $\displaystyle\sum_{n=1}^{\infty} \dfrac{1}{(2n-1)(2n+1)} = \dfrac{1}{2}$.

　　例 2　判别级数 $\displaystyle\sum_{n=1}^{\infty} \dfrac{1}{n(n^2 + \sqrt{n})}$ 的敛散性

【MATLAB 代码】

≫ syms n;

≫ f = '（1/（n∗（n^2 + sqrt（n）)))/（1/n^3）';

≫ l = limit（f,n,inf）

运行结果：

l =

1

由比较判别法的极限形式知该级数收敛.

  例 3 判别级数 $\sum\limits_{n=1}^{\infty} \dfrac{n!}{3^n}$ 的敛散性

【MATLAB 代码】

>> syms n;

>> f = '(factorial(n + 1)/3^(n + 1))/(factorial(n)/3^n)';

>> rho = limit(f,n,inf)

运行结果:

rho =

Inf

由比值判别法知该级数发散.

  例 4 求级数 $\sum\limits_{n=0}^{\infty} 2nx^n$ 的收敛半径

【MATLAB 代码】

>> syms n;

>> rho = limit('2 * (n + 1)/(2 * n)',n,inf);

>> r = 1/rho

运行结果:

r =

1

即级数 $\sum\limits_{n=0}^{\infty} 2nx^n$ 的收敛半径为 1.

  例 5 将 $\sin x$ 展成 x 的幂级数.

【MATLAB 代码】

>> syms x;

>> taylor('sin(x)',x,0,'order',8)

运行结果:

ans =

$- x^7/5040 + x^5/120 - x^3/6 + x$

即,$\sin x$ 展开成 x 的幂级数为 $x - \dfrac{x^3}{6} + \dfrac{x^5}{120} - \dfrac{x^7}{5040} + \cdots$

  例 6 求 $\sqrt{e}$ 的近似值.

【MATLAB 代码】

>> syms x y;

>> y = taylor('exp(x)',x, 0, 'order',5);

>> x = 0.5;

>> y0 = eval(y)

运行结果:

y0 =

1.6484

即 $\sqrt{e} \approx 1.6484$.

总习题十一

1. 填空题:

(1) 对级数 $\sum\limits_{n=1}^{\infty} u_n$, $\lim\limits_{n\to\infty} u_n = 0$ 是它收敛的_____条件;

(2) 部分和数列 $\{S_n\}$ 有界是正项级数 $\sum\limits_{n=1}^{\infty} u_n$ 收敛的_____条件;

(3) 若级数 $\sum\limits_{n=1}^{\infty} u_n$ 绝对收敛,则级数 $\sum\limits_{n=1}^{\infty} u_n$ 必定_____;若级数 $\sum\limits_{n=1}^{\infty} u_n$ 条件收敛,则级数 $\sum\limits_{n=1}^{\infty} |u_n|$ 必定_____.

2. 判定下列级数的敛散性:

(1) $\sum\limits_{n=1}^{\infty} \dfrac{1}{n\sqrt[n]{n}}$;

(2) $\sum\limits_{n=1}^{\infty} \dfrac{(n!)^2}{2^{n^2}}$;

(3) $\sum\limits_{n=1}^{\infty} \dfrac{n\cos^2\dfrac{n\pi}{3}}{2^n}$;

(4) $\sum\limits_{n=1}^{\infty} \dfrac{1}{\ln^{10} n}$;

(5) $\sum\limits_{n=1}^{\infty} \dfrac{a^n}{n^s} (a>0, s>0)$.

3. 设正项级数 $\sum\limits_{n=1}^{\infty} u_n$ 和 $\sum\limits_{n=1}^{\infty} v_n$ 都收敛,证明:级数 $\sum\limits_{n=1}^{\infty} (u_n + v_n)^2$ 也收敛.

4. 讨论下列级数的绝对收敛性与条件收敛性:

(1) $\sum\limits_{n=1}^{\infty} (-1)^n \ln\dfrac{n+1}{n}$;

(2) $\sum\limits_{n=1}^{\infty} (-1)^n \dfrac{(n+1)!}{n^{n+1}}$;

(3) $\sum\limits_{n=1}^{\infty} (-1)^{n+1} \dfrac{\sin\dfrac{\pi}{n+1}}{\pi^{n+1}}$.

5. 求下列幂级数的收敛区间:

(1) $\sum\limits_{n=1}^{\infty} \dfrac{3^n + 4^n}{n} x^n$;

(2) $\sum\limits_{n=1}^{\infty} \left(1 + \dfrac{1}{n}\right)^{n^2} x^n$;

(3) $\sum\limits_{n=1}^{\infty} n(x+2)^n$;

(4) $\sum\limits_{n=1}^{\infty} \dfrac{n}{4^n} x^{2n}$.

6. 求下列幂级数的和函数:

(1) $\sum\limits_{n=1}^{\infty} \dfrac{2n-1}{2^n} x^{2(n-1)}$;

(2) $\sum\limits_{n=1}^{\infty} n(x-1)^n$.

第十二章

微分方程

在经济管理和科学技术问题中,经常利用函数关系来刻画变量间的关系,但在许多问题中,并不能直接找到所需要的函数关系,根据实际问题情况,有时可以建立含有要找的函数及其导数的关系式,这就是本章所要研究的微分方程.本章主要介绍微分方程的概念和常用微分方程的求解方法,最后给出微分方程在经济管理中的应用.

第一节 微分方程的基本概念

一、引例

首先给出两个实际问题中出现的含有未知函数的导数或微分的例子.

引例 1 设曲线 S 通过点 $(0,1)$,且在曲线 S 上的任意一点 $P(x,y)$ 处切线的斜率为 $\cos x$,求该曲线 S 的函数表达式.

解 设曲线 S 的函数表达式为 $y = y(x)$.由导数的几何意义知,未知函数 $y = y(x)$ 满足的关系式为

$$\frac{\mathrm{d}y}{\mathrm{d}x} = \cos x . \tag{12.1}$$

将式(12.1)两边积分,有

$$y = \int \cos x \mathrm{d}x ,$$

即

$$y = \sin x + C , \tag{12.2}$$

其中 C 为任意常数.

此外,由于曲线 S 通过点 $(0,1)$,可知 $y = y(x)$ 还应满足:

当 $x = 0$ 时,$y = 1$,记为 $y(0) = y\big|_{x=0} = 1 .$ (12.3)

把条件(12.3)代入式(12.2),得

$$1 = \sin 0 + C ,$$

由此可得 $C = 1$,代回式(12.2),得曲线 S 的函数表达式(称为微分方程满足初始条件 $y(0) = y\big|_{x=0} = 1$ 的解):

$$y = \sin x + 1 . \tag{12.4}$$

引例 2 一辆火车在平直轨道上以 25m/s 的速度行驶,假设火车在进站时制动的加速度为 $-0.5\mathrm{m/s}^2$.如果计划火车停止时正对

两个引例

站台,那么火车在制动后多长时间才能停住? 这段时间内火车行驶了多少路程?

解 从制动开始计时,假设火车在 t(单位:s)时刻行驶了 $S(t)$(单位:m),速度为 $v(t)$,则速度函数可表示为 $v(t) = S'(t)$.由题意知,火车行驶的路程函数 $S = S(t)$ 应满足下列关系式

$$\frac{d^2 S}{dt^2} = -0.5 . \tag{12.5}$$

此外,路程函数 $S = S(t)$ 还应满足:

$$t = 0 \text{ 时},S = 0,v = \frac{dS}{dt} = 25 .$$

记为 $S(0) = S\big|_{t=0} = 0, S'(0) = S'\big|_{t=0} = 25 . \tag{12.6}$

将式(12.5)两端积分,得

$$v(t) = \frac{dS}{dt} = -0.5t + C_1 ; \tag{12.7}$$

再将式(12.7)两端积分,得

$$S(t) = -0.25t^2 + C_1 t + C_2 , \tag{12.8}$$

其中 C_1, C_2 均为任意常数.

将条件 $S'(0) = 25$ 代入式(12.7),得 $C_1 = 25$;将条件 $S(0) = 0$ 代入式(12.8),得 $C_2 = 0.$ 把 C_1, C_2 的值代回式(12.7)及式(12.8)得

$$v(t) = -0.5t + 25 , \tag{12.9}$$
$$S(t) = -0.25t^2 + 25t . \tag{12.10}$$

在式(12.9)中令 $v = 0$,得到火车从开始制动到完全停住所需的时间

$$t = \frac{25}{0.5} = 50\text{s}.$$

再把 $t = 50$ 代入式(12.10),得到火车在制动阶段行驶的路程

$$S(50) = -0.25 \times 50^2 + 25 \times 50 = 625\text{m} .$$

上面的例子中的式(12.1)和式(12.5)都含有未知函数的导数,我们称之为微分方程. 下面给出微分方程的基本概念.

二、 基本概念

定义 1 含有未知函数以及未知函数的导数(或微分)的等式称为微分方程. 若微分方程中的未知函数为一元函数,则称之为常微分方程;若微分方程中的未知函数为多元函数,则称之为偏微分方程.

例如,(1)$y' + xy = 1$; (2)$y''' = \frac{1}{x}y'' + xe^x$; (3)$\frac{\partial^2 z}{\partial x^2} + \frac{\partial^2 z}{\partial y^2} - \frac{1}{x}\frac{\partial z}{\partial x} - z = x^2 + y^2$;都是微分方程,其中(1)、(2)是常微分方程,(3)是偏微分方程. 本章仅讨论常微分方程(以下也简称为微分方程).

定义 2 微分方程中所含未知函数的最高阶导数的阶数称为微分方程的阶.

例如,前面的例子中,(1)是一阶微分方程;(2)是三阶微分方程. 一般地,n 阶常微分方程有如下的形式

$$F(x,y,y',\cdots,y^{(n)})=0,$$

其中,x 为自变量,y 是未知函数,$y^{(n)}$ 是未知函数 y 的 n 阶导数.

在引例中,我们通过积分法找到了满足微分方程的函数,称这样的函数为微分方程的解. 下面给出微分方程的解的定义.

定义 3 能够使微分方程成为恒等式的函数称为微分方程的解. 如果微分方程的解中含有相互独立的任意常数,并且任意常数的个数与微分方程的阶数相等,那么称这样的解为微分方程的通解. 如果微分方程的解中不含有任意常数,那么称这样的解为微分方程的特解. 微分方程的解的图形是一条曲线,叫作微分方程的积分曲线.

微分方程的基本概念

在引例 1 中,函数(12.2)是方程(12.1)的通解,利用条件(12.3)可以确定通解(12.2)中的任意常数,得到方程(12.1)的特解(12.4). 在引例 2 中,函数(12.8)是方程(12.5)的通解,利用条件(12.6)可以确定通解(12.8)中的任意常数,得到方程(12.5)的特解(12.10).

从这两个引例可以看到,每确定微分方程通解中的一个任意常数的值,就需要一个条件,我们称这样的条件为**初始条件**. 类似地,要确定 n 阶微分方程通解中的 n 个任意常数的值,就需要 n 个初始条件. 求微分方程的满足初始条件的特解的问题称为**初值问题**. 初值问题的几何含义就是满足初值条件的那条积分曲线. 它的一般提法是,求微分方程

$$F(x,y,y',\cdots,y^{(n)})=0$$

满足初始条件

$$y(x_0)=y\mid_{x=x_0}=y_0,y'(x_0)=y'\mid_{x=x_0}=y_0',\cdots,y^{(n-1)}(x_0)$$
$$=y^{(n-1)}\mid_{x=x_0}=y_0^{(n-1)}$$

的解,这里 $x_0,y_0,y_0',\cdots,y_0^{(n-1)}$ 都是已知的常数.

例 1 验证函数 $y=C_1\mathrm{e}^x+C_2\mathrm{e}^{2x}+x^2+2x+2$ 是微分方程

$$y''-3y'+2y=2(x^2-x)$$

的通解,并且

$$y^*=\mathrm{e}^{2x}+x^2+2x+2$$

是该方程满足初始条件 $y(0)=3,y'(0)=4$ 的特解.

解 由 $y=C_1\mathrm{e}^x+C_2\mathrm{e}^{2x}+x^2+2x+2$,得

$$y'=C_1\mathrm{e}^x+2C_2\mathrm{e}^{2x}+2x+2,y''=C_1\mathrm{e}^x+4C_2\mathrm{e}^{2x}+2.$$

因此,
$$y'' - 3y' + 2y$$
$$= C_1 e^x + 4C_2 e^{2x} + 2 - 3(C_1 e^x + 2C_2 e^{2x} + 2x + 2)$$
$$+ 2(C_1 e^x + C_2 e^{2x} + x^2 + 2x + 2)$$
$$= 2(x^2 - x),$$

从而 $y = C_1 e^x + C_2 e^{2x} + x^2 + 2x + 2$ 是原微分方程的解. 又由于解中含有两个相互独立的任意常数,所以是原微分方程的通解.

将 $y(0) = 3, y'(0) = 4$ 代入
$$y = C_1 e^x + C_2 e^{2x} + x^2 + 2x + 2,$$
$$y' = C_1 e^x + 2C_2 e^{2x} + 2x + 2,$$

经计算得
$$\begin{cases} y(0) = C_1 + C_2 + 2 = 3, \\ y'(0) = C_1 + 2C_2 + 2 = 4. \end{cases}$$

容易求得 $C_1 = 0, C_2 = 1$,于是验证了
$$y^* = e^{2x} + x^2 + 2x + 2$$
是原方程满足初始条件 $y(0) = 3, y'(0) = 4$ 的特解.

习题 12-1(A)

1. 指出下列各微分方程的阶数.
   (1) $xy' = 3y$;
   (2) $(y - x^3)dx - 2xdy = 0$;
   (3) $(x + 2)y'' + xy'^2 = y'$;
   (4) $yy'' = 2(y''')^2 - y'$;
   (5) $y^{(5)} + 4y^{(3)} - y'' + 2y = \cos^2 x$;
   (6) $\dfrac{d^2 P}{dt^2} + 2t \dfrac{dP}{dt} = t^3$;
   (7) $y^{(4)} - 2y''' + 2y'' - 2y' + y = 0$.

2. 验证下列各函数是否为所给微分方程的解. 如果是解,请指出是通解,还是特解?
   (1) 函数 $y = x^3$,微分方程 $xy' = 3y$;
   (2) 函数 $y = C\sin 3x$,微分方程 $y'' + 9y = 0$;
   (3) 由 $xy + \dfrac{y^2}{2} + x = C$ 确定的函数 $y = y(x)$,微分方程 $(y + 1)dx + (x + y)dy = 0$;
   (4) 函数 $y = e^{\lambda x}$(其中,λ 是给定的实数),微分方程 $y''' + y = 0$.

3. 若函数 $y = e^{\alpha x}$ 是微分方程 $y''' - y' = 0$ 的解,求 α 的值.

4. 验证下列所给的各函数是微分方程的通解,并求满足初始条件的特解.
   (1) 函数 $y = Cx^2 + 1$,微分方程 $xy' = 2y - 2$,初始条件 $y(1) = 2$;
   (2) 函数 $x^2 + y^2 = C$,微分方程 $yy' + x = 0$,初始条件 $y(1) = 1$;
   (3) 函数 $y = (C_1 + C_2 x)e^x$,微分方程 $y'' - 2y' + y = 0$,初始条件

$y(0)=0,y'(0)=1.$

习题 12-1(B)

1. 给定微分方程 $y'=2x+1$,
   (1)求过点 $(1,3)$ 的积分曲线方程;
   (2)求出与直线 $y=3x+1$ 相切的积分曲线方程.

2. 将积分方程 $\int_{\frac{\pi}{2}}^{x} f(t)\mathrm{d}t = xf(x) - x\sin x - \cos x$(其中,$f(x)$ 是连续函数)转化为微分方程,给出初始条件,并求函数 $f(x)$.

第二节 一阶微分方程

本节主要讨论几类一阶微分方程的解法.

一、可分离变量的微分方程

定义1 若一阶微分方程可化为以下形式

$$\frac{\mathrm{d}y}{\mathrm{d}x} = f(x)g(y),\tag{12.11}$$

其中,$f(x)$ 和 $g(y)$ 都是连续函数,则称之为可分离变量的微分方程.

例如,$\dfrac{\mathrm{d}y}{\mathrm{d}x}=3x^2y$,$\dfrac{\mathrm{d}y}{\mathrm{d}x}=2x\mathrm{e}^y$,$\dfrac{\mathrm{d}y}{\mathrm{d}x}=\dfrac{y}{1+x^2}$ 等都是可分离变量的微分方程.

下面讨论可分离变量方程(12.11)的解法.

(1)当 $g(y)\neq 0$ 时,可将方程(12.11)变形得到

$$\frac{\mathrm{d}y}{g(y)} = f(x)\mathrm{d}x,\tag{12.12}$$

 可分离变量的微分方程
的解法及举例(例1,2,3)

这时方程的左边只有变量 y,方程的右边只有变量 x,实现了"分离变量".

将式(12.12)两边积分,得

$$\int \frac{\mathrm{d}y}{g(y)} = \int f(x)\mathrm{d}x + C.\tag{12.13}$$

容易验证,式(12.13)是方程(12.11)的通解(一般为隐函数,是隐式通解).这里,$\int\dfrac{\mathrm{d}y}{g(y)}$ 和 $\int f(x)\mathrm{d}x$ 分别表示 $\dfrac{1}{g(y)}$ 和 $f(x)$ 的一个原函数.

(2)若存在 y_0,使 $g(y)=0$,则直接验证得到 $y=y_0$ 也是微分方程(12.11)的解(称为常数解).如果这种常数解不包含在通解(12.13)中,需另外说明.

例 1   求微分方程 $\dfrac{\mathrm{d}y}{\mathrm{d}x} = 3x^2 y$ 的通解.

解   首先将微分方程"分离变量",

$$\frac{1}{y}\mathrm{d}y = 3x^2 \mathrm{d}x,$$

再将方程两边同时积分

$$\int \frac{1}{y}\mathrm{d}y = \int 3x^2 \mathrm{d}x,$$

经整理可得

$$\ln|y| = x^3 + C_1,$$

上式也可以化为

$$y = Ce^{x^3}\,(C = \pm e^{C_1}).$$

这时将 $y = Ce^{x^3}$ 代入原一阶方程 $\dfrac{\mathrm{d}y}{\mathrm{d}x} = 3x^2 y$ 中,可知是原方程的解,而且这个解中含有一个任意常数,因此函数 $y = Ce^{x^3}$ 是微分方程 $\dfrac{\mathrm{d}y}{\mathrm{d}x} = 3x^2 y$ 的通解.(经验证 $y = 0$ 也是方程的解,此时可将其并入通解 $y = Ce^{x^3}$,C 取任意常数).

例 2   求微分方程 $\sqrt{1 - y^2} = x^2 y y'$ 的通解.

解   先考虑 $1 - y^2 \neq 0$ 时,分离变量

$$\frac{y\mathrm{d}y}{\sqrt{1 - y^2}} = \frac{\mathrm{d}x}{x^2},$$

两边积分

$$-\sqrt{1 - y^2} = -\frac{1}{x} + C,$$

整理即得方程的通解

$$\sqrt{1 - y^2} - \frac{1}{x} + C = 0.$$

另外,由 $1 - y^2 = 0$ 得 $y = \pm 1$,经验证 $y = \pm 1$ 也是方程的解,但它们不能并入通解.

例 3   求初值问题

$$\begin{cases} \cos x \cos y \, \mathrm{d}y = \sin x \sin y \, \mathrm{d}x, \\ y\big|_{x=0} = \dfrac{\pi}{4} \end{cases}$$

的特解.

解   将原方程分离变量,得

$$\frac{\cos y}{\sin y}\mathrm{d}y = \frac{\sin x}{\cos x}\mathrm{d}x,$$

两边积分,得

$$\ln|\sin y| = -\ln|\cos x| + C_1,$$

整理得微分方程的隐式通解

$$\sin y \cos x = C.$$

再由初始条件 $y\big|_{x=0}=\dfrac{\pi}{4}$ 得 $C=\dfrac{\sqrt{2}}{2}$，所以原微分方程满足初始条件

$y\big|_{x=0}=\dfrac{\pi}{4}$ 的特解为

$$\sin y\cos x=\frac{\sqrt{2}}{2}.$$

二、齐次方程

定义 2 若一阶微分方程可以化为以下形式

$$\frac{\mathrm{d}y}{\mathrm{d}x}=f\left(\frac{y}{x}\right), \tag{12.14}$$

则称之为齐次方程，其中 $f(x)$ 是连续函数.

例如，$\dfrac{\mathrm{d}y}{\mathrm{d}x}=\dfrac{4x+y}{x-y}$ 和 $xy'=y\ln\dfrac{y}{x}$ 都是齐次方程，其中，$\dfrac{\mathrm{d}y}{\mathrm{d}x}=\dfrac{4x+y}{x-y}$

可以改写为 $\dfrac{\mathrm{d}y}{\mathrm{d}x}=\dfrac{4+\dfrac{y}{x}}{1-\dfrac{y}{x}}$，$xy'=y\ln\dfrac{y}{x}$ 可以改写为 $y'=\dfrac{y}{x}\ln\dfrac{y}{x}$.

▶ 齐次方程的解法
及举例(例4)

下面探讨齐次方程的解法.

首先作变量替换 $\dfrac{y}{x}=u$，即 $y=ux$（这里的 u 可以看作 x 的函数

$u(x)$），于是 $\dfrac{\mathrm{d}y}{\mathrm{d}x}=u+x\dfrac{\mathrm{d}u}{\mathrm{d}x}$. 因此，齐次方程(12.14)可化为

$$x\frac{\mathrm{d}u}{\mathrm{d}x}=f(u)-u.$$

这是一个可分离变量的方程，利用分离变量的方法可以求得上

述方程通解，最后用 $\dfrac{y}{x}$ 代换通解中的 u，进而得到齐次方程的通解.

例 4 求下列齐次方程的通解：

$(1)\dfrac{\mathrm{d}y}{\mathrm{d}x}=\dfrac{4x+y}{x-y}$;　　　　　　$(2)xy'=y\ln\dfrac{y}{x}$.

解 (1)原方程可以改写为

$$\frac{\mathrm{d}y}{\mathrm{d}x}=\frac{4+\dfrac{y}{x}}{1-\dfrac{y}{x}}.$$

这是一个齐次方程，令 $u=\dfrac{y}{x}$，则 $y=ux$，$\dfrac{\mathrm{d}y}{\mathrm{d}x}=u+x\dfrac{\mathrm{d}u}{\mathrm{d}x}$，原方程

可化为

$$u+x\frac{\mathrm{d}u}{\mathrm{d}x}=\frac{4+u}{1-u},$$

整理并分离变量，得

$$\frac{1-u}{u^2+4}\mathrm{d}u = \frac{\mathrm{d}x}{x},$$

两边积分,得

$$\frac{1}{2}\arctan\frac{u}{2} - \frac{1}{2}\ln(u^2+4) = \ln|x| + C_1,$$

整理得

$$\arctan\frac{u}{2} = \ln\left[(u^2+4)x^2\right] + 2C_1,$$

用 $\frac{y}{x}$ 代换式子中的 u,可得原方程的隐式通解

$$\arctan\frac{y}{2x} = \ln(y^2+4x^2) + C \ (C \text{ 为任意常数}).$$

(2)原方程可以改写为

$$y' = \frac{y}{x}\ln\frac{y}{x}.$$

这是一个齐次方程,令 $u = \frac{y}{x}$,则 $y = ux, \dfrac{\mathrm{d}y}{\mathrm{d}x} = u + x\dfrac{\mathrm{d}u}{\mathrm{d}x}$,原方程可以化为

$$u + x\frac{\mathrm{d}u}{\mathrm{d}x} = u\ln u.$$

整理并分离变量,得

$$\frac{1}{u(\ln u - 1)}\mathrm{d}u = \frac{\mathrm{d}x}{x},$$

两边积分,得

$$\ln|\ln u - 1| = \ln|x| + C_1.$$

用 $\frac{y}{x}$ 代换式子中的 u,整理得到原方程的通解

$$y = x\mathrm{e}^{Cx+1}(C \text{ 为任意常数}).$$

三、 一阶线性微分方程

如果一阶微分方程可以化为如下形式

$$\frac{\mathrm{d}y}{\mathrm{d}x} + P(x)y = Q(x), \tag{12.15}$$

其中,$P(x)$ 和 $Q(x)$ 都是连续函数,则称为一阶线性微分方程. 这里"线性"是指方程关于未知函数 y 及其导函数 y' 是一次的方程. 当 $Q(x) \equiv 0$ 时,称方程(12.15)是一阶**齐次**线性微分方程;当 $Q(x)$ 不恒为零时,称方程(12.15)是一阶**非齐次**线性微分方程.

下面探讨一阶线性微分方程的解法.

(1)当 $Q(x) \equiv 0$ 时的情形

$$\frac{\mathrm{d}y}{\mathrm{d}x} + P(x)y = 0, \tag{12.16}$$

称方程(12.16)是对应于非齐次线性微分方程(12.15)的齐次线性

微分方程.

方程(12.16)是可分离变量的方程. 因此,分离变量得

$$\frac{\mathrm{d}y}{y} = -P(x)\mathrm{d}x,$$

积分得

$$\ln|y| = -\int P(x)\mathrm{d}x + C_1,$$

整理有

$$y = Ce^{-\int P(x)\mathrm{d}x}(C \text{ 为任意常数}),$$

即为一阶齐次线性微分方程(12.16)的通解.

(2)当 $Q(x)$ 不恒为零时,采用常数变易法求解一阶非齐次线性微分方程(12.15).

利用方程(12.16)的通解 $y = Ce^{-\int P(x)\mathrm{d}x}$,将其中的任意常数 C 换成 x 的函数 $u(x)$,得到

$$y = u(x)e^{-\int P(x)\mathrm{d}x}, \tag{12.17}$$

其中 $u(x)$ 是未知的函数.

假设式(12.17)是方程(12.15)的解,将式(12.17)代入方程(12.15),可以确定出未知函数 $u(x)$. 先对式(12.17)关于 x 求导,得

$$\frac{\mathrm{d}y}{\mathrm{d}x} = u'e^{-\int P(x)\mathrm{d}x} - uP(x)e^{-\int P(x)\mathrm{d}x}. \tag{12.18}$$

常数变易法

将式(12.17)与式(12.18)代入方程(12.15),有

$$u'e^{-\int P(x)\mathrm{d}x} - uP(x)e^{-\int P(x)\mathrm{d}x} + P(x)ue^{-\int P(x)\mathrm{d}x} = Q(x),$$

整理,得

$$u' = Q(x)e^{\int P(x)\mathrm{d}x},$$

再将两边积分

$$u = \int Q(x)e^{\int P(x)\mathrm{d}x}\mathrm{d}x + C.$$

将上式代回式(12.17),得方程(12.15)的通解为

$$y = e^{-\int P(x)\mathrm{d}x}\left(\int Q(x)e^{\int P(x)\mathrm{d}x}\mathrm{d}x + C\right) \tag{12.19}$$

或写为

$$y = Ce^{-\int P(x)\mathrm{d}x} + e^{-\int P(x)\mathrm{d}x}\int Q(x)e^{\int P(x)\mathrm{d}x}\mathrm{d}x. \tag{12.20}$$

注 式(12.20)右边的第一项恰好是方程(12.15)所对应的齐次线性微分方程(12.16)的通解,而第二项是方程(12.15)的一个特解. 也就是说,一阶非齐次线性微分方程的通解等于其对应的齐次线性微分方程的通解与其自身的一个特解之和.

例5 求微分方程

$$\frac{\mathrm{d}y}{\mathrm{d}x} - \frac{2y}{x+3} = (x+3)^{\frac{5}{2}}$$

的通解.

解　该方程是一个一阶非齐次线性微分方程,它所对应的齐次线性微分方程为

$$\frac{\mathrm{d}y}{\mathrm{d}x} - \frac{2y}{x+3} = 0,$$

分离变量,得

$$\frac{\mathrm{d}y}{y} = \frac{2\mathrm{d}x}{x+3},$$

一阶线性微分方程举例(例5,6)

两边积分,得

$$\ln|y| = 2\ln|x+3| + C_1,$$

整理可得齐次线性微分方程 $\frac{\mathrm{d}y}{\mathrm{d}x} - \frac{2y}{x+3} = 0$ 的通解为

$$y = C(x+3)^2 (C = \mathrm{e}^{\pm C_1}).$$

利用常数变易法,把上式中的任意常数 C 换成函数 $u(x)$,得

$$y = u(x)(x+3)^2, y' = u'(x)(x+3)^2 + 2u(x)(x+3).$$

将上面的 y 和 y' 代入原方程,

$$u'(x)(x+3)^2 + 2u(x)(x+3) - \frac{2u(x)(x+3)^2}{x+3} = (x+3)^{\frac{5}{2}},$$

整理得

$$u'(x) = (x+3)^{\frac{1}{2}},$$

所以

$$u(x) = \frac{2}{3}(x+3)^{\frac{3}{2}} + C.$$

将上式代入 $y = u(x)(x+1)^2$ 之中,得到非齐次线性微分方程的通解

$$y = \frac{2}{3}(x+3)^{\frac{7}{2}} + C(x+3)^2.$$

对于上例中的非齐次线性微分方程,也可以直接利用通解公式 (12.19) 求解.

例6　求微分方程

$$\frac{\mathrm{d}y}{\mathrm{d}x} = \frac{y}{2x - y^2}$$

的通解.

解　显然,题目所给的方程不是一个关于函数 $y(x)$ 的线性微分方程. 如果将方程改写为

$$\frac{\mathrm{d}x}{\mathrm{d}y} = \frac{2x - y^2}{y},$$

即

$$\frac{\mathrm{d}x}{\mathrm{d}y} - \frac{2}{y}x = -y.$$

将 x 看作因变量,y 看作自变量,则它是一个关于函数 $x(y)$ 的线性微分方程,即

$$\frac{\mathrm{d}x}{\mathrm{d}y} + P(y)x = Q(y),$$

其中，$P(y) = -\dfrac{2}{y}, Q(y) = -y$.

因此，所给方程的通解为

$$x = \mathrm{e}^{\int \frac{2}{y}\mathrm{d}y}\left(-\int y\mathrm{e}^{-\int \frac{2}{y}\mathrm{d}y}\mathrm{d}y + C\right)$$
$$= y^2(C - \ln|y|).$$

另外，可以验证 $y \equiv 0$ 是原方程的一个特解.

四、 可化为一阶线性方程的特殊类型

1. 伯努利(Bernoulli)方程
形如

$$\frac{\mathrm{d}y}{\mathrm{d}x} + P(x)y = Q(x)y^n \qquad (12.21)$$

的方程称为**伯努利方程**，其中，$P(x)$ 和 $Q(x)$ 为连续函数，$n \neq 0,1$ 为常数.

下面探讨伯努利方程的解法. 将方程(12.21)两边同乘以 y^{-n}，得

$$y^{-n}\frac{\mathrm{d}y}{\mathrm{d}x} + P(x)y^{1-n} = Q(x),$$

或化为

$$\frac{\mathrm{d}y^{1-n}}{\mathrm{d}x} + (1-n)P(x)y^{1-n} = (1-n)Q(x).$$

▶ 伯努利方程的解法及举例

这是以 $y^{1-n}(x)$ 为未知函数的一阶线性微分方程.

此外，当 $n > 0$ 时，$y = 0$ 也是方程(12.21)的解.

例7 解方程

$$\frac{\mathrm{d}y}{\mathrm{d}x} + xy = x^3y^3.$$

解 将方程两边同乘以 y^{-3}，得

$$y^{-3}\frac{\mathrm{d}y}{\mathrm{d}x} + xy^{-2} = x^3,$$

或化为

$$\frac{\mathrm{d}y^{-2}}{\mathrm{d}x} - 2xy^{-2} = -2x^3.$$

所以

$$y^{-2} = \mathrm{e}^{x^2}\left(-\int 2x^3\mathrm{e}^{-x^2}\mathrm{d}x + C\right)$$
$$= \mathrm{e}^{x^2}(x^2\mathrm{e}^{-x^2} + \mathrm{e}^{-x^2} + C)$$
$$= x^2 + 1 + C\mathrm{e}^{x^2}.$$

因此，原方程的通解为

$$y^2(x^2 + 1 + C\mathrm{e}^{x^2}) = 1.$$

此外，$y = 0$ 是方程的一个特解.

2. 伯努利型方程
形如

$$f'(y)\frac{\mathrm{d}y}{\mathrm{d}x} + P(x)f(y) = Q(x)f^{n}(y)$$

的方程可以化为线性方程或伯努利方程,称之为**伯努利型方程**,其中,$P(x)$ 和 $Q(x)$ 是连续函数,f 是可微函数,$n \neq 1$ 为常数.

例 8 解方程

$$\cos y \frac{\mathrm{d}y}{\mathrm{d}x} - \sin y = \cos x \sin^2 y.$$

解 原方程可以变形为

$$\frac{\mathrm{d}\sin y}{\mathrm{d}x} - \sin y = \cos x \sin^2 y,$$

上式两边同乘以 $\sin^{-2}y$,得

$$\sin^{-2}y \frac{\mathrm{d}y}{\mathrm{d}x} - \sin^{-1}y = \cos x,$$

或化为

$$\frac{\mathrm{d}\sin^{-1}y}{\mathrm{d}x} + \sin^{-1}y = -\cos x.$$

所以,原方程的通解为

$$\sin^{-1}y = \mathrm{e}^{-x}\left(-\int (\cos x)\mathrm{e}^x \mathrm{d}x + C \right)$$

$$= -\frac{1}{2}(\cos x + \sin x) + C\mathrm{e}^{-x}.$$

此外,$\sin y = 0$,即 $y = k\pi(k \in \mathbf{Z})$ 也都是方程的解.

对于特殊类型的微分方程,可以设法通过变形或适当的变量代换将其转化为可变量分离的方程或一阶线性方程(当作两种基本类型)求解,以此扩充可求解方程的范围. 这种方法通常也称为分离变量法或变量代换法.

例 9 求解下列微分方程:

$(1)\dfrac{\mathrm{d}y}{\mathrm{d}x} = \dfrac{y^2}{y - \mathrm{e}^x};$ $\qquad\qquad$ $(2)x\dfrac{\mathrm{d}y}{\mathrm{d}x} - y = 2x^2 y(y^2 - x^2);$

$(3)\dfrac{\mathrm{d}y}{\mathrm{d}x} = \cos(y - x);$ $\qquad\qquad$ $(4)y'\mathrm{e}^{-x} + y^2 - 2y\mathrm{e}^x = 1 - \mathrm{e}^{2x}.$

解 (1)原方程可以化为

$$\frac{\mathrm{d}x}{\mathrm{d}y} = \frac{1}{y} - \frac{1}{y^2}\mathrm{e}^x.$$

上式两边同乘以 e^{-x},得

$$\mathrm{e}^{-x}\frac{\mathrm{d}x}{\mathrm{d}y} = \frac{1}{y}\mathrm{e}^{-x} - \frac{1}{y^2},$$

或化为

$$\frac{\mathrm{d}\mathrm{e}^{-x}}{\mathrm{d}y} + \frac{1}{y}\mathrm{e}^{-x} = \frac{1}{y^2}.$$

所以

$$\mathrm{e}^{-x} = \mathrm{e}^{-\int \frac{1}{y}\mathrm{d}y}\left(\int \frac{1}{y^2}\mathrm{e}^{\int \frac{1}{y}\mathrm{d}y}\mathrm{d}y + C \right)$$

$$= \frac{1}{y}(\ln|y| + C).$$

于是,原方程的通解为

$$y = (\ln |y| + C)\mathrm{e}^x.$$

此外,$y = 0$ 是方程的一个特解.

（2）原方程可以化为

$$\frac{\mathrm{d}y}{\mathrm{d}x} = \left(\frac{1}{x} - 2x^3 \right)y + 2xy^3.$$

上式两边同乘以 y^{-3},得

$$y^{-3}\frac{\mathrm{d}y}{\mathrm{d}x} = \left(\frac{1}{x} - 2x^3 \right)y^{-2} + 2x,$$

或化为

$$\frac{\mathrm{d}y^{-2}}{\mathrm{d}x} = \left(4x^3 - \frac{2}{x} \right)y^{-2} - 4x.$$

所以

$$
\begin{aligned}
y^{-2} &= \frac{\mathrm{e}^{x^4}}{x^2}\left(-\int 4x \cdot x^2\mathrm{e}^{-x^4}\mathrm{d}x + C \right) \\
&= \frac{\mathrm{e}^{x^4}}{x^2}(\mathrm{e}^{-x^4} + C).
\end{aligned}
$$

因此,原方程的通解为

$$x^2 - y^2 = Cy^2\mathrm{e}^{x^4}.$$

此外,$y = 0$ 是方程的一个特解.

（3）令 $y - x = u$,将方程化为

$$\frac{\mathrm{d}u}{\mathrm{d}x} = \cos u - 1.$$

分离变量并积分,得

$$\cot\frac{u}{2} = x + C.$$

代回原变量,得方程的通解

$$\cot\frac{y - x}{2} = x + C.$$

此外方程有常数解

$$y = x + 2k\pi \quad (k \in \mathbf{Z}).$$

（4）原方程可改写为

$$(y - \mathrm{e}^x)' = -\mathrm{e}^x(y - \mathrm{e}^x)^2.$$

易知 $y = \mathrm{e}^x$ 是它的一个特解. 令 $z = y - \mathrm{e}^x$,得

$$z' = -\mathrm{e}^x z^2.$$

分离变量并积分,得

$$\frac{1}{z} = \mathrm{e}^x + C,$$

或化为

$$z = \frac{1}{\mathrm{e}^x + C}.$$

所以,原方程的通解为

$$y = e^x + \frac{1}{e^x + C}.$$

此外方程有特解 $y = e^x$.

五、 恰当方程

一阶微分方程也常以微分形式出现,即写成

$$P(x,y)\,dx + Q(x,y)\,dy = 0. \tag{12.22}$$

如果存在二元可微函数 $u(x,y)$,使得

$$du(x,y) = P(x,y)\,dx + Q(x,y)\,dy,$$

则称方程(12.22)为**恰当方程**. 这时方程(12.22)可以化为

$$du(x,y) = 0.$$

从而

$$u(x,y) = C.$$

就是它的通解.

例 10 求微分方程 $(x^2 + y)\,dx + (x - 2y)\,dy = 0$ 的通解.

解 分项组合,得

$$x^2\,dx - 2y\,dy + (y\,dx + x\,dy) = 0,$$

或化为

$$d\left(\frac{x^3}{3} - y^2 + xy\right) = 0,$$

所以,原方程的通解为

$$\frac{x^3}{3} - y^2 + xy = C.$$

例 11 求解微分方程

$$\frac{dy}{dx} = \frac{4x^3 - 2xy^3 + 2x}{3x^2y^2 - 6y^5 + 3y^2}.$$

解 原方程可以化为

$$(4x^3 - 2xy^3 + 2x)\,dx - (3x^2y^2 - 6y^5 + 3y^2)\,dy = 0.$$

分项组合

$$(4x^3 + 2x)\,dx + (6y^5 - 3y^2)\,dy - (2xy^3\,dx + 3x^2y^2\,dy) = 0.$$

从而有

$$d(x^4 + x^2 + y^6 - y^3 - x^2y^3) = 0.$$

所以,原方程的通解为

$$x^4 + x^2 + y^6 - y^3 - x^2y^3 = C.$$

习题 12-2(A)

1. 求下列可分离变量的微分方程的通解.

(1) $yy' = 2x^3$;

(2) $y' = xe^{-y}$;

(3) $y' = \dfrac{2xy}{\sqrt{1 + x^2}}$;

(4) $y\,dx + (x^2 - 3x)\,dy = 0.$

2. 求下列齐次方程的通解.

$(1) xy' = 2x + y;$　　　　　　$(2)(x - 2y)y' = y;$

$(3)(x^2 - y^2)\mathrm{d}x + xy\mathrm{d}y = 0;$　　$(4) x\mathrm{d}y - y\left(1 + \ln \dfrac{y}{x}\right)\mathrm{d}x = 0.$

3. 求下列一阶线性微分方程的通解.

$(1) y' - xy = 2x;$　　　　　　$(2) \dfrac{\mathrm{d}y}{\mathrm{d}x} + y = 2\mathrm{e}^x;$

$(3) y' + y\cos x = \mathrm{e}^{-\sin x};$

$(4)(2xy - \cos x)\mathrm{d}x + (x^2 + 1)\mathrm{d}y = 0.$

4. 求下列微分方程满足所给初始条件的特解.

$(1) \dfrac{\mathrm{d}y}{\mathrm{d}x} = \dfrac{1 - x}{2y}, y(3) = 1;$　　$(2) xy' + x\sec \dfrac{y}{x} = y, y(1) = \dfrac{\pi}{2};$

$(3) y' - y = x\mathrm{e}^{2x}, y(0) = 2;$　　$(4) xy'\ln x + y = \ln x, y(\mathrm{e}) = 1.$

习题 12-2(B)

1. 求下列伯努利方程的通解.

$(1) y' - xy = \dfrac{x}{y};$　　　　　　$(2) y' - y = xy^2.$

2. 用适当的变量代换求下列微分方程的通解：

$(1) y' + 2x = \sqrt{y + x^2};$　　　　$(2) y' = \sqrt{x - y + 1};$

$(3) xy' + y = y(\ln x + \ln y);$　　$(4) 2xyy' = y^2 + x\tan \dfrac{y^2}{x}.$

3. 求微分方程 $y\mathrm{d}x - (x + \sqrt{x^2 + y^2})\mathrm{d}y = 0, (y > 0)$ 的通解.

4. 求微分方程 $\dfrac{\mathrm{d}y}{\mathrm{d}x} = \dfrac{y}{x + y^2}$ 的通解.

5. 设函数 $f(x)$ 连续, 且不恒为零, 若

$$f(x) = \int_0^x f(t)\mathrm{d}t + 2\int_0^1 tf^2(t)\mathrm{d}t, 求函数 f(x).$$

6. 设连续函数 $f(x)$ 满足 $\displaystyle\int_1^x \dfrac{f(t)}{f^2(t) + t}\mathrm{d}t = f(x) - 1$, 求函数 $f(x)$.

第三节　可降阶的高阶微分方程

　　本节讨论几种高阶(二阶及以上)微分方程的解法. 求解高阶微分方程的常用方法是降低方程的阶数. 当把它降低为一阶微分方程时, 就可以结合第二节中介绍的方法求解. 下面介绍三种容易求解的可降阶的高阶微分方程.

一、 $y^{(n)} = f(x)$ 型

微分方程

$$y^{(n)} = f(x) \qquad (12.23)$$

的特点是右端函数 $f(x)$ 仅包含自变量 x，而左端 $y^{(n)}$ 可以看作 $y^{(n-1)}$ 的导数. 因此如果把 $y^{(n-1)}$ 换成 u，方程(12.23)就可以化为下面的一阶方程

$$\frac{\mathrm{d}u}{\mathrm{d}x} = f(x),$$

通过对上式的两边积分，得

$$u = \int f(x)\,\mathrm{d}x + C_1,$$

即

$$y^{(n-1)} = \int f(x)\,\mathrm{d}x + C_1.$$

若 $n-1 \neq 0$，则可以按照上述方法继续求 $n-1$ 次积分，得到微分方程(12.23)的通解.

例 1 求微分方程 $y'' = \sin x + 4$ 的通解.

解 对方程两边积分，得

$$y' = -\cos x + 4x + C_1,$$

再对上式两边积分，得

$$y = -\sin x + 2x^2 + C_1 x + C_2,$$

上式即为原方程的通解.

例 2 求微分方程 $y''' = \mathrm{e}^{2x}$ 满足初始条件 $y(0) = y'(0) = y''(0) = 1$的特解.

解 对方程 $y''' = \mathrm{e}^{2x}$ 两边积分，得

$$y'' = \frac{1}{2}\mathrm{e}^{2x} + C_1,$$

$$y' = \frac{1}{4}\mathrm{e}^{2x} + C_1 x + C_2,$$

$$y = \frac{1}{8}\mathrm{e}^{2x} + \frac{1}{2}C_1 x^2 + C_2 x + C_3,$$

由初始条件 $y(0) = y'(0) = y''(0) = 1$，得 $C_1 = \frac{1}{2}$，$C_2 = \frac{3}{4}$，$C_3 = \frac{7}{8}$，从而所求的特解为

$$y = \frac{1}{8}\mathrm{e}^{2x} + \frac{1}{4}x^2 + \frac{3}{4}x + \frac{7}{8}.$$

二、 $y'' = f(x, y')$ 型(不显含未知函数 y)

由于微分方程

$$y'' = f(x, y') \qquad (12.24)$$

可降阶高阶微分方程
第一种类型(例 1,2)

中不显含未知函数 y,故可假设 $y' = p(x)$,则有 $y'' = p'(x)$,这时方程(12.24)转化为下面的一阶微分方程

$$p' = f(x, p).$$

如果能够利用第二节中的方法求出此方程的通解,即

$$p(x) = \varphi(x, C_1),$$

则由 $p(x) = y'$可以得到如下一阶微分方程

$$y' = \varphi(x, C_1),$$

对上式两端积分,可得原方程的通解为

$$y = \int \varphi(x, C_1) \mathrm{d}x + C_2.$$

例 3 求微分方程 $y'' = \dfrac{2x}{1+x^2} y'$的通解.

解 令 $y' = p(x)$,则 $y'' = p'(x)$,原方程可化为

$$p' = \frac{2x}{1+x^2} p,$$

这是一个可分离变量的方程,分离变量得

$$\frac{\mathrm{d}p}{p} = \frac{2x}{1+x^2} \mathrm{d}x,$$

 可降阶高阶微分方程

第二种类型(例 3,4)

两边积分,得

$$\ln|p| = \ln(1+x^2) + C,$$

于是

$$y' = p = C_1(1+x^2), (C_1 = \pm \mathrm{e}^C).$$

再积分,得原方程的通解

$$y = C_1 \left(\frac{1}{3} x^3 + x \right) + C_2.$$

例 4 求微分方程 $xy'' - y' = x^2 \mathrm{e}^x$ 满足初始条件 $y|_{x=1} = 0$,$y'|_{x=1} = 0$的特解.

解 令 $y' = p(x)$,则 $y'' = p'(x)$,原方程可以化为

$$xp' - p = x^2 \mathrm{e}^x,$$

这是关于 p 和 p'的一阶非齐次线性微分方程,故可改写成

$$p' - \frac{1}{x} p = x \mathrm{e}^x.$$

根据一阶非齐次线性微分方程的通解公式,有

$$\begin{aligned}
p &= \mathrm{e}^{\int \frac{1}{x} \mathrm{d}x} \left(\int x \mathrm{e}^x \mathrm{e}^{-\int \frac{1}{x} \mathrm{d}x} \mathrm{d}x + C_1 \right) \\
&= x \left(\int \mathrm{e}^x \mathrm{d}x + C_1 \right) \\
&= x(\mathrm{e}^x + C_1),
\end{aligned}$$

即

$$p = y' = x(\mathrm{e}^x + C_1).$$

由初始条件 $y'|_{x=1} = 0$,得 $C_1 = -\mathrm{e}$. 所以有

$$y' = x(e^x - e).$$

对上式两边积分,得

$$y = (x-1)e^x - \frac{e}{2}x^2 + C_2.$$

又由初始条件 $y|_{x=1} = 0$,得 $C_2 = \frac{e}{2}$. 因此,所求的特解为

$$y = (x-1)e^x - \frac{e}{2}x^2 + \frac{e}{2}.$$

三、 $y'' = f(y, y')$ 型(不显含自变量 x)

由于微分方程

$$y'' = f(y, y') \tag{12.25}$$

中不显含自变量 x,故可假设 $y' = q(y)$,利用复合函数的求导法则,将 y'' 转化为关于 y 的导数,即

$$y'' = \frac{d(y')}{dx} = \frac{d(y')}{dy}\frac{dy}{dx} = \frac{dq}{dy} \cdot y' = q \cdot \frac{dq}{dy}.$$

这时方程(12.25)转化为下面的一阶微分方程

$$q \cdot \frac{dq}{dy} = f(y, q).$$

可降阶高阶微分方程

 第三种类型(例5,6)

这是一个关于 q 和 y 的一阶微分方程. 如果能够利用第二节中的方法求出此方程的通解,即

$$q(y) = \psi(y, C_1),$$

则由 $q(y) = y'$ 可以得到如下一阶微分方程

$$y' = \psi(y, C_1),$$

分离变量并两边积分,可求得原方程的通解

$$\int \frac{dy}{\psi(y, C_1)} = x + C_2.$$

例5 求微分方程 $y'' - (y')^2 = 0$ 的通解.

解 由于所给的方程不显含自变量 x,故假设 $y' = q(y)$,于是 $y'' = q \cdot \frac{dq}{dy}$. 将 y' 和 y'' 代入原方程,得

$$q \cdot \frac{dq}{dy} - q^2 = 0.$$

当 $q \neq 0$ 时,约分并分离变量,得

$$\frac{dq}{q} = dy,$$

两边积分,得

$$\ln|q| = y + C,$$

即

$$q = y' = C_1 e^y \quad (C_1 = \pm e^C),$$

再分离变量

$$e^{-y}dy = C_1 dx,$$

两边积分,得

$$-e^{-y} = C_1 x + C_2,$$

整理得原方程的隐式通解

$$C_1 x + C_2 + e^{-y} = 0.$$

例6 求微分方程 $y'' = y'e^y$ 满足初始条件 $y|_{x=0} = 0, y'|_{x=0} = 1$ 的特解.

解 由于所给的方程不显含自变量 x,故假设 $y' = q(y)$,于是 $y'' = q \cdot \dfrac{dq}{dy}$. 将 y' 和 y'' 代入原方程,得

$$q \cdot \frac{dq}{dy} = qe^y.$$

当 $q \neq 0$ 时,约分并分离变量,得

$$dq = e^y dy,$$

两边积分,得

$$q = e^y + C_1,$$

即

$$y' = e^y + C_1.$$

由初始条件 $y|_{x=0} = 0, y'|_{x=0} = 1$,得 $C_1 = 0$,代入上面的方程,有 $y' = e^y$,再分离变量

$$\frac{dy}{e^y} = dx,$$

两边积分,得

$$-e^{-y} = x + C_2,$$

结合初始条件 $y|_{x=0} = 0$,得 $C_2 = 0$,因此原方程的特解为

$$x + e^{-y} = 0.$$

习题 12-3(A)

1. 求下列各微分方程的通解.

(1) $y'' = x^2 + 1$; (2) $y''' = \cos x + e^{2x}$;

(3) $xy'' - 2y' = 0$; (4) $y'' - y' = e^{2x}$;

(5) $y'' + \dfrac{y'^2}{1-y} = 0$.

2. 求下列各微分方程满足初始条件的特解.

(1) $y''' = \dfrac{1}{x^3} + 1, y(1) = 1, y'(1) = 1, y''(1) = \dfrac{1}{2}$;

(2) $y'' - y' = 2x, y(0) = 1, y'(0) = 0$;

(3) $y'' = e^{2y}, y(0) = 0, y'(0) = 1$.

习题 12-3(B)

1. 求下列各微分方程的通解.

(1) $y^{(n)} = e^{ax} + x^b (a,b$ 为常数$)$；

(2) $xy'' - y' \ln x = 0$；　　(3) $y'' = (y')^2$．

2. 求下列各微分方程满足初始条件的特解．

(1) $y'' = 1 + (y')^2, y(0) = 1, y'(0) = 0$；

(2) $y'' = (y')^3 + y', y(0) = 0, y'(0) = 1$；

(3) $yy'' = 2(y'^2 - y'), y(0) = 1, y'(0) = 2$．

第四节　二阶常系数线性微分方程

在第二节中，我们分别研究了一阶微分方程中的齐次线性微分方程和非齐次线性微分方程的解法，发现非齐次线性微分方程的通解是由其对应的齐次线性微分方程的通解和其自身的特解组合而成．事实上，高阶线性微分方程的通解结构也有类似的特点．

一、 高阶线性微分方程及其解的结构

1. n 阶线性微分方程

定义 1　称形如

$$y^{(n)} + a_1(x) y^{(n-1)} + \cdots + a_{n-1}(x) y' + a_n(x) y = f(x) \qquad (12.26)$$

的方程为 **n 阶线性微分方程**，如果方程（12.26）中的右端函数 $f(x)$ 不恒为零，那么称之为**非齐次线性微分方程**；如果方程（12.26）中的右端函数 $f(x) \equiv 0$，那么称

$$y^{(n)} + a_1(x) y^{(n-1)} + \cdots + a_{n-1}(x) y' + a_n(x) y = 0 \qquad (12.27)$$

为方程（12.26）对应的齐次线性微分方程．

下面主要讨论 $n = 2$ 时的线性微分方程解的结构，相同的结论可以推广到 n 阶线性微分方程．

首先讨论齐次线性微分方程的情形．

2. 齐次线性微分方程解的结构

定理 1　若函数 $y_1(x)$ 与 $y_2(x)$ 都是二阶齐次线性微分方程

$$y'' + P(x) y' + Q(x) y = 0 \qquad (12.28)$$

的解，则

$$y = C_1 y_1(x) + C_2 y_2(x) \qquad (12.29)$$

也是方程（12.28）的解．

证　将式（12.29）代入到方程（12.28）的左边，利用函数求导运算的线性性质，得

$$\left[C_1 y_1'' + C_2 y_2'' \right] + P(x) \left[C_1 y_1' + C_2 y_2' \right] + Q(x) \left[C_1 y_1 + C_2 y_2 \right]$$
$$= C_1 \left[y_1'' + P(x) y_1' + Q(x) y_1 \right] + C_2 \left[y_2'' + P(x) y_2' + Q(x) y_2 \right],$$

 高阶线性微分方程及其解的结构

由于函数 $y_1(x)$ 与 $y_2(x)$ 都是方程(12.28)的解,可知上式恒为零,即说明式(12.29)是方程(12.28)的解. 证毕.

从形式上看,式(12.29)中含有两个任意常数 C_1 和 C_2,但是无法断定式(12.29)就是方程(12.28)的通解. 例如,设 $y_1(x)$ 是方程(12.28)的解,易验证 $y_2(x) = 2y_1(x)$ 也是方程(12.28)的解. 这样式(12.29)可以化为 $y = C_1 y_1(x) + 2C_2 y_1(x) = C y_1(x)$,其中 $C = C_1 + 2C_2$. 这时,两个任意的常数被合并为一个任意常数,显然不是方程(12.28)的通解. 那么,在什么情况下式(12.29)才能是方程(12.28)的通解呢? 为此,我们先介绍函数之间线性相关与线性无关的概念.

定义2 设函数 $y_1(x), y_2(x), \cdots, y_n(x)$ 是定义在区间 I 上的 n 个函数,若存在 n 个不全为零的常数 $k_1, k_2, \cdots, k_n$,使得恒等式

$$k_1 y_1(x) + k_2 y_2(x) + \cdots + k_n y_n(x) \equiv 0, (x \in I)$$

成立,则称这 n 个函数在区间 I 上是**线性相关的**,否则称它们是**线性无关的**.

例如,函数组 $1, \cos^2 x$ 和 $\sin^2 x$ 在区间 $(-\infty, +\infty)$ 上是线性相关的. 事实上,取 $k_1 = 1, k_2 = k_3 = -1$ 即可验证它们是线性相关的. 而函数组 $1, x$ 和 x^2 在区间 $(-\infty, +\infty)$ 上是线性无关的,留给读者自行验证.

容易验证,两个函数之间是否线性相关,与它们的比值有关:**若两个函数之比恒等于常数,则它们之间是线性相关的,否则是线性无关的**.

定理2 若定理1中的函数 $y_1(x)$ 与 $y_2(x)$ 是线性无关的,则式(12.29)是方程(12.28)的通解.

证明从略.

例如,函数 $e^x, 2e^x$ 和 e^{-3x} 都是微分方程 $y'' + 2y' - 3y = 0$ 的解,并且 $\dfrac{e^x}{e^{-3x}} = e^{4x} \neq$ 常数,即函数 e^x 与 e^{-3x} 是线性无关的,由定理2,$y = C_1 e^x + C_2 e^{-3x}$ 是该方程的通解;而 $\dfrac{e^x}{2e^x} = \dfrac{1}{2}$ 恒等于常数,则函数 e^x 与 $2e^x$ 线性相关,所以 $y = C_1 \cdot 2e^x + C_2 e^x = (2C_1 + C_2) e^x$ 不是该方程的通解.

可以将定理2的结论推广到 n 阶齐次线性微分方程的情形.

定理3 若函数组 $y_1(x), y_2(x), \cdots, y_n(x)$ 是 n 阶齐次线性微分方程

$$y^{(n)} + a_1(x) y^{(n-1)} + \cdots + a_{n-1}(x) y' + a_n(x) y = 0$$

的 n 个线性无关的解,则 $y = C_1 y_1(x) + C_2 y_2(x) + \cdots + C_n y_n(x)$ 是该齐次线性微分方程的通解.

3. 非齐次线性微分方程解的结构

对非齐次线性微分方程,有下面的两个结果.

定理 4　设 $y^*(x)$ 是二阶非齐次线性微分方程

$$y'' + P(x)y' + Q(x)y = f(x) \qquad (12.30)$$

的一个特解,而 $Y(x)$ 是方程(12.30)所对应的齐次线性微分方程

$$y'' + P(x)y' + Q(x)y = 0$$

的通解,则 $y = Y(x) + y^*(x)$ 是二阶非齐次线性微分方程(12.30)的通解.

证　将 $y = Y(x) + y^*(x)$ 代入方程(12.30)的左边,得

$$(Y + y^*)'' + P(x)(Y + y^*)' + Q(x)(Y + y^*)$$
$$= (Y'' + P(x)Y' + Q(x)Y) + (y^{*''} + P(x)y^{*'} + Q(x)y^*)$$
$$= 0 + f(x) = f(x).$$

又由于 $Y(x)$ 是齐次线性微分方程 $y'' + P(x)y' + Q(x)y = 0$ 的通解,则 $Y(x)$ 中必含有两个相互独立的任意常数,从而 $y = Y(x) + y^*(x)$ 中也含有两个相互独立的任意常数,所以它必定是非齐次线性微分方程(12.30)的通解.

可以看到,这里通解的结构与一阶非齐次线性微分方程通解的结构是相同的.

例如,$y'' + y = x^2$ 是二阶非齐次线性微分方程. 可以验证,函数 $y^* = x^2 - 2$ 是它的一个特解,而 $Y(x) = C_1\cos x + C_2\sin x$ 是其对应的齐次线性微分方程 $y'' + y = 0$ 的通解,则

$$y = Y(x) + y^* = C_1\cos x + C_2\sin x + x^2 - 2$$

是方程 $y'' + y = x^2$ 的通解.

定理 5　设非齐次线性微分方程 $y'' + P(x)y' + Q(x)y = f(x)$ 中的右端函数 $f(x)$ 是函数 $f_1(x)$ 与 $f_2(x)$ 的和,即非齐次线性微分方程为

$$y'' + P(x)y' + Q(x)y = f_1(x) + f_2(x). \qquad (12.31)$$

并且,函数 $y_1(x)$ 与 $y_2(x)$ 分别是微分方程

$$y'' + P(x)y' + Q(x)y = f_1(x),$$

与

$$y'' + P(x)y' + Q(x)y = f_2(x)$$

的解,则 $y = y_1(x) + y_2(x)$ 是方程(12.31)的解.

结合函数求导运算的线性性质,利用类似定理 1 中的证明方法可以证明定理 5,详细过程留给读者验证.

例如,函数 $y = x^2 - 2$ 是方程 $y'' + y = x^2$ 的一个解,而函数 $y = 1$ 是方程 $y'' + y = 1$ 的一个解,则函数

$$y = (x^2 - 2) + 1 = x^2 - 1$$

是方程 $y'' + y = x^2 + 1$ 的一个解.

利用前面给出的结论,我们来研究系数是常数情形的二阶线性微分方程的解法,它的一般形式是

$$y'' + py' + qy = f(x), \tag{12.32}$$

其中 p, q 是实常数，$f(x)$ 是确定的函数. 首先讨论二阶常系数齐次线性微分方程的解法.

二、 二阶常系数齐次线性微分方程的解法

设有二阶常系数齐次线性微分方程

$$y'' + py' + qy = 0, \tag{12.33}$$

其中，p, q 是实常数.

下面来讨论方程(12.33)的通解.

由定理 1 和定理 2 可知，我们需要找到方程(12.33)的两个线性无关的特解. 从方程(12.33)的形式可以看到，若 $y(x)$ 是它的一个解，则 $y(x), y'(x)$ 和 $y''(x)$ 的线性组合恒为零，这说明 $y(x)$，$y'(x)$ 和 $y''(x)$ 应是同一类的函数. 考虑到这个特点，不妨假设 $y(x)$ 为指数函数 $y = e^{rx}(r \neq 0$ 为常数)，将 $y = e^{rx}$ 代入方程(12.33)，得

$$(e^{rx})'' + p(e^{rx})' + q(e^{rx}) = 0, \tag{12.34}$$

即

$$e^{rx}(r^2 + pr + q) = 0. \tag{12.35}$$

因为 $e^{rx} > 0$，所以

$$r^2 + pr + q = 0. \tag{12.36}$$

二阶常系数齐次线性微分方程的解法及举例(例 1, 2, 3)

也就是说，如果函数 $y = e^{rx}$ 满足方程(12.33)，则常数 r 必满足方程(12.36). 反之，设常数 r 满足方程(12.36)，则函数 $y = e^{rx}$ 也必是方程(12.33)的解.

我们把一元二次代数方程(12.36)叫作微分方程(12.33)的**特征方程**，把一元二次代数方程(12.36)的解叫作微分方程(12.33)的**特征根**.

由一元二次方程的求根公式可知，特征方程(12.36)的两个根 r_1 和 r_2 可以表示为

$$r_{1,2} = \frac{-p \pm \sqrt{p^2 - 4q}}{2},$$

这里 r_1 和 r_2 的取值有三种不同的情形，分别对应微分方程(12.33)通解的三种不同情形. 具体讨论如下：

（1）当 $p^2 - 4q > 0$ 时，特征方程(12.36)有两个不相等的实数根 $r_1 \neq r_2$，对应于微分方程(12.33)有两个解 $y_1 = e^{r_1 x}, y_2 = e^{r_2 x}$. 又由于 $\dfrac{e^{r_2 x}}{e^{r_1 x}} = e^{(r_2 - r_1)x}$ 不是常数，所以 $y_1 = e^{r_1 x}$ 与 $y_2 = e^{r_2 x}$ 是线性无关的，从而得到微分方程(12.33)的通解

$$y = C_1 e^{r_1 x} + C_2 e^{r_2 x}.$$

（2）当 $p^2 - 4q = 0$ 时，特征方程(12.36)有两个相等的实数根 $r_1 = r_2 = -\dfrac{p}{2}$，因此只能得到微分方程(12.33)的一个特解 $y_1 = e^{r_1 x}$. 为求出微分方程(12.33)的通解，还必须找出微分方程(12.33)的

另一个与 $y_1 = \mathrm{e}^{r_1 x}$ 线性无关的特解 $y_2\left(\text{即}\dfrac{y_2}{y_1}\text{不是常数}\right)$.

不妨设 $\dfrac{y_2}{y_1} = u(x)$, 这里的 $u(x)$ 是一个待定函数, 则有 $y_2 = u(x)y_1 = u(x)\mathrm{e}^{r_1 x}$. 为确定函数 $u(x)$ 的表达式, 先求 y_2 的导数

$$y_2' = u'(x)\mathrm{e}^{r_1 x} + r_1 u(x)\mathrm{e}^{r_1 x},$$

$$y_2'' = u''(x)\mathrm{e}^{r_1 x} + 2r_1 u'(x)\mathrm{e}^{r_1 x} + r_1^2 u(x)\mathrm{e}^{r_1 x}.$$

再将 y_2, y_2' 和 y_2'' 代入微分方程 (12.33), 得

$$\mathrm{e}^{r_1 x}\big[\left(u''(x) + 2r_1 u'(x) + r_1^2 u(x)\right) + \left(u'(x) + r_1 u(x)\right)\big] = 0.$$

上式两边消去 $\mathrm{e}^{r_1 x}$, 并按 $u''(x), u'(x)$ 和 $u(x)$ 合并同类项, 整理得

$$u''(x) + (2r_1 + p)u'(x) + (r_1^2 + pr_1 + q)u(x) = 0.$$

注意到 r_1 是特征方程 (12.36) 的二重根, 则有 $r_1^2 + pr_1 + q = 0$, 且 $2r_1 + p = 0$, 于是上述方程可以化为

$$u''(x) = 0.$$

这时候可以选取 $u(x) = x$, 则 $y_2 = x\mathrm{e}^{r_1 x}$, 且 $\dfrac{y_2}{y_1} = x$ 不是常数, 即 $y_1 = \mathrm{e}^{r_1 x}$ 和 $y_2 = x\mathrm{e}^{r_1 x}$ 是线性无关的, 于是

$$y = C_1 y_1 + C_2 y_2 = C_1 \mathrm{e}^{rx} + C_2 x\mathrm{e}^{rx} = (C_1 + C_2 x)\mathrm{e}^{rx}$$

是二阶常系数齐次线性微分方程 (12.33) 的通解.

(3) 当 $p^2 - 4q < 0$ 时, 特征方程 (12.36) 有一对共轭的复根

$$r_{1,2} = \alpha \pm \mathrm{i}\beta\,(\beta \neq 0),$$

其中, $\alpha = -\dfrac{p}{2}, \beta = \dfrac{\sqrt{4q - p^2}}{2}$, 此时, 方程 (12.33) 有两个线性无关的解

$$y_1 = \mathrm{e}^{r_1 x} = \mathrm{e}^{(\alpha + \mathrm{i}\beta)x}, y_2 = \mathrm{e}^{r_2 x} = \mathrm{e}^{(\alpha - \mathrm{i}\beta)x}.$$

利用欧拉公式 $\mathrm{e}^{\mathrm{i}\theta} = \cos\theta + \mathrm{i}\sin\theta$, 将上面的复数形式的解化为

$$y_1 = \mathrm{e}^{\alpha x}(\cos\beta x + \mathrm{i}\sin\beta x), y_2 = \mathrm{e}^{\alpha x}(\cos\beta x - \mathrm{i}\sin\beta x).$$

结合定理 1 的结论, 可知 $Y_1 = \dfrac{1}{2}(y_1 + y_2) = \mathrm{e}^{\alpha x}\cos\beta x$ 和 $Y_2 = \dfrac{1}{2}(y_1 - y_2) = \mathrm{e}^{\alpha x}\sin\beta x$ 都是方程 (12.33) 的解, 并且容易验证 Y_1 和 Y_2 是线性无关的, 所以

$$y = C_1 \mathrm{e}^{\alpha x}\cos\beta x + C_2 \mathrm{e}^{\alpha x}\sin\beta x = \mathrm{e}^{\alpha x}(C_1 \cos\beta x + C_2 \sin\beta x)$$

是二阶常系数齐次线性微分方程 (12.33) 的通解.

综合以上的分析过程, 为求二阶常系数齐次线性微分方程 (12.33) 的通解, 可分三个步骤进行:

第一步　写出方程 (12.33) 对应的特征方程 (12.36);

第二步　求出特征方程 (12.36) 的两个特征根 r_1 和 r_2;

第三步　根据两个特征根的不同情形, 可以分别得到方程

（12.33）的通解,具体情况见表 12-1.

表　12-1

特征方程 $r^2 + pr + q = 0$ 的两个根 r_1 和 r_2	微分方程 $y'' + py' + qy = 0$ 的通解
都是实数根,且 $r_1 \neq r_2$	$y = C_1 e^{r_1 x} + C_2 e^{r_2 x}$
都是实数根,且 $r_1 = r_2 = r$	$y = (C_1 + C_2 x) e^{rx}$
是一对共轭的复根 $r_{1,2} = \alpha \pm i\beta$	$y = e^{\alpha x}(C_1 \cos\beta x + C_2 \sin\beta x)$

例 1　求微分方程 $y'' - 3y' - 4y = 0$ 的通解.

解　原方程的特征方程为

$$r^2 - 3r - 4 = 0,$$

解得 $r_1 = -1, r_2 = 4$.

所以,原方程的通解为

$$y = C_1 e^{-x} + C_2 e^{4x}.$$

例 2　求微分方程 $y'' - 6y' + 9y = 0$ 满足初始条件 $y(0) = 0$, $y'(0) = 1$ 的特解.

解　原方程的特征方程为

$$r^2 - 6r + 9 = 0,$$

经计算,特征方程有两个相等的实数根 $r_1 = r_2 = 3$,因此所求微分方程的通解为

$$y = (C_1 + C_2 x) e^{3x}.$$

将初始条件 $y(0) = 0$ 代入通解,得 $C_1 = 0$,从而有

$$y = C_2 x e^{3x}.$$

将上式求导,再结合初始条件 $y'(0) = 1$,得 $C_2 = 1$. 于是原方程满足初始条件 $y(0) = 0, y'(0) = 1$ 的特解为

$$y = x e^{3x}.$$

例 3　求微分方程 $y'' + 4y' + 13y = 0$ 的通解.

解　原方程的特征方程为

$$r^2 + 4r + 13 = 0,$$

这时特征方程有一对共轭的复根 $r_{1,2} = -2 \pm 3i$.

因此,原微分方程的通解为

$$y = e^{-2x}(C_1 \cos 3x + C_2 \sin 3x).$$

三、二阶常系数非齐次线性微分方程的解法

设有二阶常系数非齐次线性微分方程

$$y'' + py' + qy = f(x), \tag{12.37}$$

其中,p 和 q 是实常数,$f(x)$ 是已知的函数.

由定理 4 可知,方程（12.37）的通解是它对应的齐次线性微分方程 $y'' + py' + qy = f(x)$ 的通解与方程（12.37）的一个特解之和.

例如,容易验证 $y^* = \dfrac{1}{9}$ 是二阶常系数非齐次线性微分方程

$y'' - 6y' + 9y = 1$ 的一个特解,再结合例 2,$y = (C_1 + C_2 x) e^{3x}$ 是二阶常系数齐次线性微分方程 $y'' - 6y' + 9y = 0$ 的通解,因此 $y = (C_1 +$

$C_2x)e^{3x}+\dfrac{1}{9}$是所给方程的通解.

在前一部分我们已讨论了二阶常系数齐次线性微分方程的通解,所以接下来主要讨论方程(12.37)的特解问题. 这里把二阶非齐次线性方程(12.37)对应的齐次线性方程的特征方程与特征根也称为方程(12.37)的特征方程和特征根.

下面介绍右端函数$f(x)$是两种常见类型的解法.

1. 第一种类型:$f(x)=e^{\lambda x}P_m(x)$,其中,λ是常数,$P_m(x)$是m次多项式.

根据右端函数$f(x)$是指数函数与多项式函数的乘积的特点,利用待定系数法,可以确定方程(12.37)有一个形如

$$y^*=x^kQ_m(x)e^{\lambda x}$$

的特解,其中,$Q_m(x)$是和$P_m(x)$具有相同次数(m次)的多项式. 特解y^*中k的取值分为以下三种情况:

当λ不是特征方程$r^2+pr+q=0$的根时,$k=0$;

当λ是特征方程$r^2+pr+q=0$的单根时,$k=1$;

当λ是特征方程$r^2+pr+q=0$的二重根时,$k=2$.

例4 求微分方程$y''-3y'+2y=2x+1$的通解.

二阶常系数非齐次线性方程特解的第一种类型(例4,5,6)

解 由题意可知$f(x)=2x+1=P_1(x)e^{0x}$,即$m=1,\lambda=0$. 原方程对应的齐次线性方程为

$$y''-3y'+2y=0,$$

它的特征方程为

$$r^2-3r+2=0,$$

则$r_1=1$和$r_2=2$是其两个不相等的实根,于是原方程对应的齐次线性方程的通解为

$$Y=C_1e^x+C_2e^{2x}.$$

再根据$\lambda=0$不是特征方程的根,所以可以假设原方程的一个特解的形式为

$$y^*=x^0Q_1(x)e^{0x}=a_0x+a_1,$$

则有$y^{*'}=a_0$,$y^{*''}=0$. 将$y^*,y^{*'},y^{*''}$代入原方程,得

$$-3a_0+2a_0x+2a_1=2x+1,$$

即

$$2a_0x+2a_1-3a_0=2x+1.$$

比较上式两边多项式的系数,得

$$\begin{cases}2a_0=2,\\2a_1-3a_0=1,\end{cases}$$

所以,$a_0=1,a_1=2$,于是得到原方程的一个特解

$$y^*=x+2.$$

因此,原方程的通解为

$$y=Y+y^*=C_1e^x+C_2e^{2x}+x+2.$$

例5 求微分方程$y''+y'=x^2+x$的一个通解.

解 由题意可知 $f(x) = P_2(x)e^{0x} = x^2 + x$，即 $m=2, \lambda = 0$. 原方程对应的齐次线性方程为

$$y'' + y' = 0,$$

它的特征方程为

$$r^2 + r = 0,$$

则 $r_1 = -1$ 和 $r_2 = 0$ 是其两个不相等的实根，于是原方程对应的齐次线性方程的通解为

$$Y = C_1 e^{-x} + C_2.$$

再根据 $\lambda = 0$ 是特征方程的单根，所以可以假设原方程的一个特解形式为

$$y^* = x^1 Q_2(x)e^{0x} = x(a_0 x^2 + a_1 x + a_2) = a_0 x^3 + a_1 x^2 + a_2 x,$$

则有 $y^{*\prime} = 3a_0 x^2 + 2a_1 x + a_2, y^{*\prime\prime} = 6a_0 x + 2a_1$. 将 $y^*, y^{*\prime}, y^{*\prime\prime}$ 代入原方程，得

$$6a_0 x + 2a_1 + 3a_0 x^2 + 2a_1 x + a_2 = x^2 + x,$$

即

$$3a_0 x^2 + (6a_0 + 2a_1)x + (2a_1 + a_2) = x^2 + x.$$

比较上式两边多项式的系数，得

$$\begin{cases} 3a_0 = 1, \\ 6a_0 + 2a_1 = 1, \\ 2a_1 + a_2 = 0, \end{cases}$$

所以，$a_0 = \dfrac{1}{3}, a_1 = -\dfrac{1}{2}, a_2 = 1$. 于是得到原方程的一个特解

$$y^* = \frac{1}{3}x^3 - \frac{1}{2}x^2 + x.$$

因此，原方程的通解为

$$y = Y + y^* = C_1 e^{-x} + C_2 + \frac{1}{3}x^3 - \frac{1}{2}x^2 + x.$$

例 6 求微分方程 $y'' - 2y' + y = xe^x$ 满足初始条件 $y(0) = 1$, $y'(0) = 0$ 的特解.

解 由题意可知 $f(x) = P_1(x)e^x = xe^x$，即 $m=1, \lambda = 1$. 原方程对应的齐次线性方程为

$$y'' - 2y' + y = 0,$$

它的特征方程为

$$r^2 - 2r + 1 = 0,$$

则 $r_1 = r_2 = 1$ 是其两个相等的实根（二重根），于是原方程对应的齐次线性方程的通解为

$$Y = (C_1 + C_2 x)e^x.$$

再根据 $\lambda = 1$ 是特征方程的二重根，所以可以假设原方程的一个特解形式为

$$y^* = x^2 Q_1(x)e^x = x^2(a_0 x + a_1)e^x = (a_0 x^3 + a_1 x^2)e^x,$$

于是有

$$y^{*\prime} = [a_0 x^3 + (3a_0 + a_1)x^2 + 2a_1 x]e^x,$$
$$y^{*\prime\prime} = [a_0 x^3 + (6a_0 + a_1)x^2 + (6a_0 + 4a_1)x + 2a_1]e^x.$$

将 $y^*, y^{*\prime}, y^{*\prime\prime}$ 代入原方程,消去 e^x,化简后得
$$6a_0 x + 2a_1 = x,$$

比较上式两边多项式的系数,得
$$\begin{cases} 6a_0 = 1, \\ 2a_1 = 0, \end{cases}$$

所以,$a_0 = \dfrac{1}{6}, a_1 = 0.$ 于是得到原方程的一个特解

$$y^* = \frac{1}{6}x^3 e^x.$$

因此,原方程的通解为

$$y = Y + y^* = \left(C_1 + C_2 x + \frac{1}{6}x^3\right)e^x.$$

经计算,得通解的导数为

$$y' = \left(C_1 + C_2 + C_2 x + \frac{1}{2}x^2 + \frac{1}{6}x^3\right)e^x.$$

由 $y(0) = 1$ 得 $C_1 = 1$;由 $y'(0) = 0$ 得 $C_1 + C_2 = 0$,即 $C_2 = -1$. 因此,原方程满足所给初始条件的特解为

$$y = \left(1 - x + \frac{1}{6}x^3\right)e^x.$$

2. 第二种类型:$f(x) = e^{\alpha x}[P_l(x)\cos\beta x + P_n(x)\sin\beta x]$,其中,$P_l(x), P_n(x)$ 分别为 x 的 l 次和 n 次多项式,$\beta \neq 0$ 为常数,则二阶常系数非齐次线性微分方程(12.37)的一个特解可以假设为

$$y = x^k e^{\alpha x}[R_m^{(1)}(x)\cos\beta x + R_m^{(2)}(x)\sin\beta x],$$

其中,$R_m^{(1)}(x), R_m^{(2)}(x)$ 是 x 的 $m = \max\{l, n\}$ 次多项式,k 的取值分为以下两种情况:

当 $\alpha + i\beta$(或 $\alpha - i\beta$)不是特征方程 $r^2 + pr + q = 0$ 的根时,$k = 0$;

当 $\alpha + i\beta$(或 $\alpha - i\beta$)是特征方程 $r^2 + pr + q = 0$ 的单根时,$k = 1$.

二阶常系数线性非齐次方程特解的第二种类型(例 7,8)

例 7 求微分方程 $y'' + 2y' + 2y = 3\cos x + \sin x$ 的一个特解.

解 右端函数 $3\cos x + \sin x$ 属于 $f(x) = e^{\alpha x}[P_l(x)\cos\beta x + P_n(x)\sin\beta x]$ 型,其中,

$$\alpha = 0, \beta = 1, l = n = 0.$$

该微分方程的特征方程为 $r^2 + 2r + 2 = 0$,特征根为 $r_{1,2} = -1 \pm i$,因此 $\alpha + i\beta = i$ 不是特征根,故 $k = 0$. $R_n^{(1)}(x), R_n^{(2)}(x)$ 都为 0 次多项式,即常数. 因此原方程的特解可以假设为 $y^* = A\cos x + B\sin x$,其中,A, B 为待定的常数. 将 y^* 代入原方程,得

$$(A + 2B)\cos x + (B - 2A)\sin x = 3\cos x + \sin x.$$

比较上式等号两边的系数,得

$$\begin{cases} A + 2B = 3, \\ -2A + B = 1. \end{cases}$$

解之得 $A = \dfrac{1}{5}, B = \dfrac{7}{5}$，所以得到原方程的一个特解

$$y^* = \frac{1}{5}\cos x + \frac{7}{5}\sin x.$$

例 8 求微分方程 $y'' + 2y' + y = xe^x + \sin x$ 的通解.

解 此方程为二阶非齐次线性微分方程. 根据解的结构定理(定理 4)，需先求出对应的齐次线性方程的通解，再找到非齐次线性方程的特解.

由方程的特征方程 $r^2 + 2r + 1 = 0$ 可得特征根 $r_1 = r_2 = -1$，所以对应的齐次线性方程的通解为

$$Y = (C_1 + C_2 x)e^{-x}.$$

利用待定系数法，可求得方程 $y'' + 2y' + y = xe^x$ 的一个特解

$$y_1^* = \left(\frac{1}{4}x - \frac{1}{4}\right)e^x,$$

和方程 $y'' + 2y' + y = \sin x$ 的一个特解

$$y_2^* = -\frac{1}{2}\cos x,$$

根据定理 5，可得原方程的一个特解为

$$y^* = \left(\frac{1}{4}x - \frac{1}{4}\right)e^x - \frac{1}{2}\cos x.$$

从而，原方程的通解为

$$Y = (C_1 + C_2 x)e^{-x} + \left(\frac{1}{4}x - \frac{1}{4}\right)e^x - \frac{1}{2}\cos x.$$

习题 12-4(A)

1. 指出下列各对函数在其定义区间内的线性相关性.

(1) $3x$ 与 x^2；　　　　　　　　(2) e^x 与 xe^x；

(3) e^{-x} 与 e^{-2x}；　　　　　　(4) e^x 与 $5e^x$；

(5) $\sin x$ 与 $\sin 2x$；　　　　　　(6) $\sin x\cos x$ 与 $\sin 2x$；

(7) $e^x\sec x$ 与 $e^x\tan x$；　　　(8) $\ln x$ 与 $\ln x^\mu\ (\mu > 0)$.

2. 验证函数 $y_1 = e^{2x}, y_2 = xe^{2x}$ 是微分方程 $y'' - 4y' + 4y = 0$ 的两个线性无关的解，并写出该方程的通解.

3. 通过观察给出微分方程 $y'' + y = 0$ 的两个线性无关的特解，并写出该方程的通解.

4. 写出下列各二阶常系数线性齐次微分方程的通解.

(1) $y'' - 3y' + 2y = 0$；　　　　(2) $y'' - 10y' + 25y = 0$；

(3) $y'' - 2y' + 10y = 0$；　　　(4) $\dfrac{d^2x}{dt^2} - 2x = 0$.

5. 求下列各微分方程满足初始条件的特解.

(1) $\dfrac{d^2y}{dt^2} + 3\dfrac{dy}{dt} - 4y = 0, y(0) = 2, y'(0) = -3$；

$(2)y''-2y'+y=0,y(0)=1,y'(0)=2$；

$(3)y''-4y'+5y=0,y(0)=1,y'(0)=0.$

6. 求下列各二阶常系数线性非齐次微分方程的通解.

$(1)y''+y=1+x$；　　　　　$(2)y''+2y'+y=2e^{-x}$；

$(3)2y''+y'-y=3+x-x^2$；　　$(4)y''-y=4xe^x.$

7. 求下列各二阶常系数线性非齐次微分方程满足初始条件的特解.

$(1)y''-2y'=6x-1,y(0)=1,y'(0)=3$；

$(2)y''+4y=5e^x,y(0)=0,y'(0)=1.$

8. 求常系数线性非齐次微分方程 $y''+y'=2x+e^x$ 的通解.

习题 12-4（B）

1. 若 $y=\varphi_1(x),y=\varphi_2(x)$ 是二阶线性非齐次微分方程 $y''+P(x)y'+Q(x)y=f(x)$ 的两个解,证明:$y=\varphi_2(x)-\varphi_1(x)$ 是相应线性齐次微分方程 $y''+P(x)y'+Q(x)y=0$ 的解.

2. 已知函数 $y_1(x)=xe^x+e^{2x},y_2(x)=xe^x+e^{-x},y_3(x)=xe^x+e^{2x}+e^{-x}$ 都是微分方程 $y''+P(x)y'+Q(x)y=f(x)$ 的解,写出该方程的通解.

3. 若二阶常系数线性齐次微分方程的两个特解是 $y_1=e^x,y_2=e^{x/2}$,写出该微分方程及其通解.

4. 若二阶常系数线性齐次微分方程有一个特解 $y_1=xe^{-2x}$,写出该微分方程及其通解.

5. 求下列各常系数线性非齐次微分方程的通解.

$(1)y''+y=4x\cos x$；　　　　$(2)y'''+y''=e^{-x}.$

6. 求下列各二阶常系数线性非齐次微分方程满足初始条件的特解.

$(1)y''+y=\sin x,y(0)=1,y'(0)=0$；

$(2)y''-y'=5e^x\cos x,y(0)=0,y'(0)=2.$

7. 若连续函数 $y=f(x)$ 满足 $f(x)=e^x+\int_0^x(t-x)f(t)\mathrm{d}t$,求 $y=f(x)$ 的表达式.

8. 证明:若 $f(x)$ 满足方程 $f'(x)=f(1-x)$,则必满足方程 $f''(x)+f(x)=0$,并求方程 $f'(x)=f(1-x)$ 的解.

第五节　微分方程在经济管理中的应用

在经济与管理中,为更好地解释所涉及问题的意义和规律,研究相关变量之间的关系,经常需要将有关量的函数及其导数联系起来,建立关系式,并根据已知条件来确定这些量之间关系的具体表达式. 在数学上,就是建立微分方程(含初始条件)并求解. 接下来举几个相关的例子.

例1 （新产品推广模型）设有某种新产品要推向市场,它的销售量 $x(t)$ 是时间 t 的可导函数. 因为产品的性能良好,每售出一个产品就相当于发布一个宣传品,所以可以假定 t 时刻产品的销售增长速率 $\dfrac{\mathrm{d}x}{\mathrm{d}t}$ 与 $x(t)$ 成正比. 另外,由于产品销售存在一定的市场饱和容量 N（也称为饱和水平）,所以可以假定 $\dfrac{\mathrm{d}x}{\mathrm{d}t}$ 与潜在客户的产品需求量 $N-x(t)$ 也成正比. 若当 $t=0$ 时, $x=\dfrac{N}{5}$,求:

(1)销售量 $x(t)$ 的函数表达式;

(2)销售量函数 $x(t)$ 增长最快的时刻 T.

解 (1)由题意知,销售增长速率 $\dfrac{\mathrm{d}x}{\mathrm{d}t}$ 与 $x(t)(N-x(t))$ 成正比,设比例系数为 $k(k>0)$,于是有

$$\frac{\mathrm{d}x}{\mathrm{d}t}=kx(N-x). \qquad (12.38)$$

这是一个可分离变量的方程,先分离变量

$$\frac{\mathrm{d}x}{x(N-x)}=k\mathrm{d}t,$$

再两边积分

$$\frac{x}{N-x}=Ce^{Nkt},$$

整理,得

$$x(t)=\frac{NCe^{Nkt}}{Ce^{Nkt}+1}. \qquad (12.39)$$

由 $t=0$ 时, $x=\dfrac{N}{5}$,可得 $C=\dfrac{1}{4}$. 因此所求销售量 $x(t)$ 的函数表达式为

$$x(t)=\frac{Ne^{Nkt}}{e^{Nkt}+4}.$$

(2)销售增长速率为

$$\frac{\mathrm{d}x}{\mathrm{d}t}=\frac{4N^2ke^{Nkt}}{(e^{Nkt}+4)^2}>0.$$

为寻找增长最快的时刻 T ,先计算

$$\frac{\mathrm{d}^2x}{\mathrm{d}t^2}=\frac{4N^3k^2e^{Nkt}(4-e^{Nkt})}{(e^{Nkt}+4)^3},$$

由 $\dfrac{\mathrm{d}^2x}{\mathrm{d}t^2}=0$ 可得, $t=\dfrac{\ln4}{Nk}$.

容易验证,当 $t<\dfrac{\ln4}{Nk}$ 时, $\dfrac{\mathrm{d}^2x}{\mathrm{d}t^2}>0$; $t>\dfrac{\ln4}{Nk}$ 时, $\dfrac{\mathrm{d}^2x}{\mathrm{d}t^2}<0$. 这说明 $t=\dfrac{\ln4}{Nk}$ 时, $x(t)$ 增长最快,所以有 $T=\dfrac{\ln4}{Nk}$.

注 (1)微分方程(12.38)也被称为逻辑斯谛(logistic)方程,

其通解表达式（12.39）也被称为逻辑斯谛曲线. 作为马尔萨斯（Malthus, Thomas Robert）人口模型的推广, 逻辑斯蒂方程是由比利时数学生物学家韦吕勒（Verhulst, Pierre - Francois）提出的著名人口增长模型, 它的应用从人口增长模型拓展到包括生物学、医学、经济管理学等在内的众多领域.

（2）可以验证, 当 $T = \dfrac{\ln 4}{Nk}$ 时, $x(T) = \dfrac{N}{2}$. 因而, 当 $x(T) = \dfrac{N}{2}$ 时, $\dfrac{d^2 x}{dt^2} = 0$; 当 $x(T) < \dfrac{N}{2}$ 时, $\dfrac{d^2 x}{dt^2} > 0$; 当 $x(T) > \dfrac{N}{2}$ 时, $\dfrac{d^2 x}{dt^2} < 0$. 即当销售量达到最大需求量 N（饱和水平）的一半时, 产品最为畅销; 当销售量未达到 $\dfrac{N}{2}$ 时, 产品会越来越畅销; 当销售量超过 $\dfrac{N}{2}$ 时, 产品的销售增速逐渐减小.

例 2 （公司资产函数）某公司在第 t 年的净资产为 $X(t)$（万元）, 假定公司的资产本身以每年 5% 的速度连续增长, 同时, 公司每年以 300 万元的数额连续支付职工工资.

（1）给出描述公司的净资产 $X(t)$（万元）的微分方程;

（2）若公司的初始净资产为 X_0（万元）, 求 $X(t)$;

（3）讨论当 X_0 分别为 5000, 6000, 7000 时, 公司净资产 $X(t)$ 的变化特点.

解 （1）由"净资产增长速度 = 资产本身增长速度 - 职工工资支付速度", 得到所求的净资产 $X(t)$ 满足的微分方程

$$\dfrac{dX}{dt} = 0.05X - 300.$$

令 $\dfrac{dX}{dt} = 0$, 可得利息与支出达到平衡时的解 $X_0 = 6000$（平衡解）.

（2）方程 $\dfrac{dX}{dt} = 0.05X - 300$ 可分离变量为

$$\dfrac{dX}{X - 6000} = 0.05\,dt,$$

两边积分, 整理得

$$X(t) = Ce^{0.05t} + 6000.$$

再由 $X(t) = X_0$, 得 $X(t)$ 的表达式为

$$X(t) = (X_0 - 6000)e^{0.05t} + 6000.$$

（3）当 $X_0 = 5000$ 时, $X(t) = -1000e^{0.05t} + 6000$, 公司的净资产额随时间 t 递减, 且当 $t = 35.8$ 时, $X(t) = 0$, 即公司将在第 36 年破产;

当 $X_0 = 6000$ 时, $X(t) = 6000$ 是平衡解, 即公司将会保持收支平衡, 净资产保持在 6000 万元不变;

当 $X_0 = 7000$ 时, $X(t) = 1000e^{0.05t} + 6000$, 公司的净资产额随时间 t 按指数级增长.

例 3 设某商品的需求函数为

$$Q_d = 42 - 4P - 4P' + P'',$$

供给函数为

$$Q_s = -6 + 8P,$$

初始条件分别为 $P(0) = 6, P'(0) = 4$,若在假定每一时刻市场供需平衡($Q_d = Q_s$),求价格函数 $P(t)$.

解　由题意,市场供需平衡时有 $Q_d = Q_s$,整理得

$$P'' - 4P' - 12P = -48,$$

这是一个常系数的二阶非齐次线性微分方程.其特征方程为 $r^2 - 4r - 12 = 0$,易求得 $r_1 = -2, r_2 = 6$,所以其对应的齐次线性微分方程的通解为

$$\overline{P}(t) = C_1 e^{-2t} + C_2 e^{6t}.$$

又由于右端函数为 -48,所以可以假设特解的形式为 $P^*(t) = A$,将其代入方程 $P'' - 4P' - 12P = -48$,得 $A = 4$,
因此非齐次线性微分方程的通解为

$$P(t) = \overline{P}(t) + P^*(t) = C_1 e^{-2t} + C_2 e^{6t} + 4.$$

再结合初始条件 $P(0) = 6, P'(0) = 4$,可求得 $C_1 = C_2 = 1$,所以商品的价格函数为

$$P(t) = e^{-2t} + e^{6t} + 4.$$

习题 12-5(A)

1. 在冷库中存储的某种新鲜水果 500t,放置一段时间之后开始腐烂,腐烂率是未腐烂数量的 0.001 倍,设腐烂的数量为 yt,则显然它是时间 t 的函数,求此函数的表达式.

2. 已知某商品的需求量 Q(单位:kg)对价格 P(单位:元)的弹性为 $\dfrac{EQ}{EP} = -P\ln 2$,且当 $P = 0$ 时,需求量 $Q = 600\text{kg}$. 求:

   (1)该商品对价格的需求函数 $Q(P)$;
   (2)当价格 $P = 1$ 元时,市场对该商品的需求量;
   (3)当 $P \to +\infty$ 时,需求量是否趋于稳定?

3. 记某型号小轿车的运行成本为 $R = R(t)$,转让价值为 $S = S(t)$,其中 t 为自购买开始计的时间. 设运行成本与转让价值满足的方程为

$$R' = \frac{a}{S}, S' = -bS,$$

其中,$a > 0, b > 0$ 为已知的常数,且 $R(0) = 0, S(0) = S_0$(购买成本),求 $R(t)$ 和 $S(t)$.

4. 考虑在某池塘里养鱼,一开始放养 200 条,鱼可以自然繁殖,鱼塘最多能容纳 2000 条鱼. 设在 t 时刻池塘内鱼的数量为 $Y = Y(t)$,经验表明,池塘内鱼数量的变化率与池内的鱼数量 Y 和池内还能容纳的鱼数 $2000 - Y$ 的乘积成正比. 又知第 3 个月末池塘内鱼的数量为 500 条,求放养 t 个月末时池塘内的鱼数量 Y

(t) 的表达式和放养半年后池塘内的鱼数量.

习题 12-5（B）

1. 设市场上某商品的需求函数为
$$D = 12 + 2P - 4P' + P'',$$
供给函数为
$$S = -6 + 2P + 5P' + 10P'',$$
这里假定初始值分别为 $P(0) = 5, P'(0) = 1$. 试求在市场均衡条件 $(D = S)$ 下该商品的价格函数 $P = P(t)$.

2. 某公司的办公用品成本 $y(x)$ 与公司员工人数 x 相关,如果办公用品的边际成本为
$$y' = y^2 \mathrm{e}^{-x} - 2y,$$
且 $y(0) = 1$,求办公用品的成本函数 $y(x)$.

第六节　MATLAB 数学实验

MATLAB 中解常微分方程符号解的命令为 dsolve,求微分方程通解的使用格式为 dsolve('eqn','var'),其中,eqn 表示方程,var 表示微分方程中的自变量;求微分方程特解的使用格式为 dsolve('eqn', 'cond1',…, 'condn','var'),其中,condi 表示微分方程第 i 个初值条件.下面给出具体实例.

例 1　求微分方程 $y' = \mathrm{e}^x y$ 的通解.

【MATLAB 代码】

≫ syms x y;

≫ dsolve('Dy = exp(x) * y','x')

运行结果:

ans = −

C1 ∗ exp(exp(x))

即微分方程的通解为 $y = C_1 \mathrm{e}^{\mathrm{e}^x}$.

例 2　求下列微分方程的特解:
$$y' - \frac{2y}{x+1} = (x+1)^{\frac{5}{2}}, y(0) = \frac{2}{3}.$$

【MATLAB 代码】

≫ syms x y;

≫ f = dsolve('Dy − 2 * y/(x + 1) = (x + 1)^(5/2)', 'y(0) = 2/3', 'x')

运行结果:

f =

(2 ∗ (x + 1)^(7/2))/3

即微分方程的特解 $y = \frac{2}{3}(x+1)^{\frac{7}{2}}$.

例 3 求微分方程 $y'' + 2y' - 3y = 0$ 的通解.

【MATLAB 代码】

≫syms x y;

≫f = dsolve('D2y + 2 * Dy - 3 * y','x')

运行结果:

f =

C1 * exp(x) + C2 * exp(-3 * x)

即微分方程的通解为 $y = c_1 \mathrm{e}^x + c_2 \mathrm{e}^{-3x}$.

例 4 求微分方程 $y'' + 2y' - 3y = 0$ 满足 $y(0) = 1, y'(0) = 1$ 的特解.

【MATLAB 代码】

≫syms x y;

≫f = dsolve('D2y + 2 * Dy - 3 * y', 'y(0) = 1', 'Dy(0) = 1','x')

运行结果:

f =

exp(x)

即微分方程的特解为 $y = \mathrm{e}^x$.

总习题十二

1. 填空题:

(1)若函数 $y = \dfrac{\mathrm{e}^{x^2}}{x}$ 是微分方程 $y' + p(x)y = 2\mathrm{e}^{x^2}$ 的解,则 $p(x) =$

_____;

(2)若一阶线性微分方程 $y' + P(x)y = Q(x)$ 有两个特解 $y_1 = 2$、$y_2 = 2 + \mathrm{e}^{-x^2}$,则该方程的通解为_____;

(3)以 $y = \cos 2x$ 为一个特解的二阶常系数线性齐次微分方程为

_____;

(4)过点 $(-1,1)$,且在点 (x,y) 处的切线斜率为 $\dfrac{y}{1-x}$ 的曲线方程为_____;

(5)微分方程 $y'' - 4y = 1 + \mathrm{e}^{2x} + \mathrm{e}^{-2x}$ 的特解为_____.

2. 单项选择题:

(1)微分方程 $(y^2 - 6x)\dfrac{\mathrm{d}y}{\mathrm{d}x} + 2y = 0$ 是(   );

(A) 变量可分离方程   (B) 齐次方程

(C) 关于 y, y' 的一阶线性方程   (D) 关于 x, x' 的一阶线性方程

(2)已知 $y_1(x), y_2(x)$ 是二阶线性齐次微分方程的两个解,则 $y = C_1 y_1 + C_2 y_2$(其中,C_1, C_2 是任意常数)(   );

（A）是方程的通解　（B）是方程的一个特解

（C）是方程的解　（D）不是方程的解

（3）微分方程 $y'' - y' = e^x + \sin x$ 的特解形式是 $y^* = ($ 　$)$;

（A）$ae^x + b\sin x$　（B）$axe^x + b\sin x + c\cos x$

（C）$axe^x + b\sin x$　（D）$ae^x + b\sin x + c\cos x$

（4）曲线 $y = f(x)$ 在点 $(0, -2)$ 处的切线方程为 $2x - y = 2$，如果满足 $f''(x) = 6x$，则函数 $f(x) = ($ 　$)$;

（A）$x^3 - 2$　（B）$x^3 - 2x^2 - 2$

（C）$x^3 + 2x - 2$　（D）$x^3 - 2x - 2$

（5）若连续函数 $f(x)$ 满足关系式 $f(x) = \int_0^{2x} f\left(\dfrac{t}{2}\right) \mathrm{d}t + \ln 2$，则 $f(x) = ($ 　$)$.

（A）$e^x \ln 2$　（B）$e^{2x} \ln 2$

（C）$e^x + \ln 2$　（D）$e^{2x} + \ln 2$

3. 求下列微分方程的通解.

（1）$(e^{x+y} - e^x)\mathrm{d}x + (e^{x+y} + e^y)\mathrm{d}y = 0$;

（2）$xy' - y - \sqrt{y^2 - x^2} = 0 (x < 0)$;

（3）$(1 + x)\dfrac{\mathrm{d}y}{\mathrm{d}x} - ny = e^x (1 + x)^{n+1}$;

（4）$y' = \dfrac{1}{x\cos y + \sin 2y}$;

（5）$(1 + e^x)y'' + y' = 0$;

（6）$y'' = (y')^3 + y'$;

（7）$y'' - 3y' + 2y = 2xe^x$;

（8）$y'' - 6y' + 9y = 9x + e^{3x}$.

4. 求下列微分方程满足初值条件的解：

（1）$xy' + y = \sin x, y(\pi) = 1$;

（2）$y'' + y = \cos x + \sin x, y(0) = 1, y'(0) = \dfrac{1}{2}$.

5. 已知函数 $f(x)$ 满足 $\int_0^1 f(tx)\mathrm{d}t = \dfrac{1}{2}f(x) + 1$，求 $f(x)$.

6. 对于 $x > 0$，过曲线 $y = f(x)$ 上点 $(x, f(x))$ 处的切线在 y 轴上的截距等于 $\dfrac{1}{x}\int_0^x f(t)\mathrm{d}t$，求函数 $f(x)$.

7. 设函数 $f(x)$ 在区间 $[1, +\infty)$ 内连续，由 $y = f(x), x = 1, x = t$ $(t > 1)$ 及 x 轴围成的平面图形绕 x 轴旋转一周所成的旋转体的体积 $V(t) = \dfrac{\pi}{3}[t^2 f(t) - f(1)]$，求函数 $f(x)$ 所满足的微分方程，并求该微分方程满足初始条件 $y\Big|_{x=2} = \dfrac{2}{9}$ 的特解.

8. 设函数 $y = y(x)(x \geq 0)$ 有二阶导数，且 $y'(x) > 0, y(0) = 1$，过

曲线 $y=y(x)$ 上任意一点 $P(x,y)$ 作该曲线的切线及 x 轴的垂线,上述两直线与 x 轴所围成的三角形的面积记为 S_1,区间 $[0,x]$ 上以 $y=y(x)$ 为曲边的曲边梯形的面积记为 S_2,并且 $2S_1 - S_2$ 恒为 1,求此曲线方程.

9. 某容器内盛有 100L 含盐 10kg 的浓盐水,若以 3L/min 的均匀速度向容器内注入净水,同时以 2L/min 的均匀速度放出混合均匀的溶液,问开始 1h 后,容器中还有多少盐?

第 十 三 章
差 分 方 程

在经济学的理论研究中,通常假设所研究的经济变量是连续变量. 然而,在实际经济活动中,不可能对经济变量进行连续观察,各种经济变量的观察值只能是该经济变量在一定时期(周、月、年)的取值. 也就是说,大多数实际可观察的经济变量都可以认为是离散变量. 因此,对一个实际经济系统进行实证研究时,经常用差分近似微分,用差分方程代替微分方程来建立该经济系统的数学模型.

对于一般的差分方程,求其通解是非常困难的,没有一般的方法. 本章仅介绍差分方程的概念和常用的差分方程的求解方法,并给出在经济和管理科学研究中最常见的几类差分方程.

第一节 差分方程的基本概念

一、 函数的差分

引例 某商家经营一种商品,记第 t 月月初的库存量是 $R(t)$,第 t 月的进货量和出售量分别是 $P(t)$ 和 $Q(t)$,则第 $t+1$ 月月初的库存量 $R(t+1)$ 应是

$$R(t+1) = R(t) + P(t) - Q(t),$$

即

$$R(t+1) - R(t) = P(t) - Q(t).$$

如果记

$$\Delta R(t) = R(t+1) - R(t),$$

则 $\Delta R(t)$ 记录的就是商家相邻两月库存量的改变量. 这里的库存量 $R(t)$ 是时间 t 的函数,我们也称 $\Delta R(t)$ 为库存量函数 $R(t)$ 在 t 时刻(t 为月份)的差分. 一般地,有下面的定义:

定义1 设有函数 $y = f(x)$,其中自变量 x 的取值为非负整数,函数 y 的取值为一个序列

$$f(0), f(1), \cdots, f(x), f(x+1), \cdots,$$

或记为

$$y_0, y_1, \cdots, y_x, y_{x+1}, \cdots.$$

当自变量由 x 改变到 $x+1$ 时,相应的函数值的改变量称为函数 $y=f(x)$ 在点 x 处的差分(也称一阶差分),记为 Δy_x,即

$$\Delta y_x = y_{x+1} - y_x, x = 0, 1, 2, \cdots.$$

注 由于 $y=f(x)$ 的函数值是一个序列,按一阶差分的定义,差分就是序列的相邻值之差. 当函数 $y=f(x)$ 的一阶差分为正时,表明序列是增加的,并且其值越大,序列增加越快;反之,当一阶差分为负时,表明序列是减少的,并且其绝对值越大,序列减少越快.

例 1 设 $y_x = C$(C 为常数),求 Δy_x.

解 因为 $\Delta y_x = y_{x+1} - y_x = C - C = 0$,所以常数的一阶差分为零,即 $\Delta C = 0$.

例 2 设 $y_x = x^3$,求 Δy_x.

解 $\Delta y_x = y_{x+1} - y_x = (x+1)^3 - x^3 = 3x^2 + 3x + 1.$

例 3 设 $y_x = 2^x$,求 Δy_x.

解 $\Delta y_x = y_{x+1} - y_x = 2^{x+1} - 2^x = 2^x.$

一般地,对于指数函数 $y_x = a^x$($a > 0$ 且 $a \neq 1$),$\Delta y_x = a^x(a-1).$

例 4 设 $y_x = \sin 2x$,求 Δy_x.

解 $\Delta y_x = y_{x+1} - y_x = \sin 2(x+1) - \sin 2x = 2\cos(2x+1)\sin 1.$

类似地,容易得到当 $y_x = \sin ax$ 时,$\Delta y_x = 2\cos a\left(x + \dfrac{1}{2}\right)\sin\dfrac{a}{2}$;

当 $y_x = \cos bx$ 时,$\Delta y_x = -2\sin b\left(x + \dfrac{1}{2}\right)\sin\dfrac{b}{2}.$

例 5 设 $y_x = \log_a x$(其中,$a > 0$ 且 $a \neq 1$),求 Δy_x.

解 $\Delta y_x = y_{x+1} - y_x = \log_a(x+1) - \log_a x = \log_a\left(1 + \dfrac{1}{x}\right).$

特殊地,当 $y_x = \ln x$ 时,$\Delta y_x = \ln\left(1 + \dfrac{1}{x}\right).$

例 6 设 $y_x = x^2 - 3x + 1$,求 Δy_x.

解 $\Delta y_x = y_{x+1} - y_x = (x+1)^2 - 3(x+1) + 1 - (x^2 - 3x + 1) = 2x - 2.$
由(一阶)差分的定义,容易得到以下性质:

(1) $\Delta C = 0$(C 为常数);

(2) $\Delta(Cy_x) = C\Delta y_x$($C$ 为常数);

(3) $\Delta(ay_x + bz_x) = a\Delta y_x + b\Delta z_x$($a, b$ 为常数);

(4) $\Delta(y_x \cdot z_x) = y_{x+1}\Delta z_x + z_x\Delta y_x = y_x\Delta z_x + z_{x+1}\Delta y_x$;

(5) $\Delta\left(\dfrac{y_x}{z_x}\right) = \dfrac{z_x\Delta y_x - y_x\Delta z_x}{z_x z_{x+1}} = \dfrac{z_{x+1}\Delta y_x - y_{x+1}\Delta z_x}{z_x z_{x+1}}.$

一阶差分的几何意义:由差分的定义可知,函数 $y=f(x)$ 在点 x 处的(一阶)差分可化为

$$\Delta y_x = y_{x+1} - y_x = f(x+1) - f(x) = \frac{f(x+1) - f(x)}{(x+1) - x},$$

表示经过点 (x, y_x) 与点 $(x+1, y_{x+1})$ 的直线的斜率(见图 13-1).

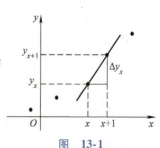

图 13-1

因为函数 $y = f(x)$ 的差分 Δy_x 也是自变量 x 的函数，所以可以继续讨论一阶差分函数 Δy_x 的差分，即函数 $y = f(x)$ 的高阶差分.

定义 2　当自变量由 x 改变到 $x + 1$ 时，一阶差分函数 Δy_x 的差分

$$
\begin{aligned}
\Delta(\Delta y_x) &= \Delta(y_{x+1} - y_x) \\
&= (y_{x+2} - y_{x+1}) - (y_{x+1} - y_x) \\
&= y_{x+2} - 2y_{x+1} + y_x,
\end{aligned}
$$

称为函数 $y = f(x)$ 的二阶差分，记为 $\Delta^2 y_x$，即

$$
\Delta^2 y_x = y_{x+2} - 2y_{x+1} + y_x.
$$

类似地，二阶差分 $\Delta^2 y_x$ 的差分称为三阶差分，记为 $\Delta^3 y_x$，即

$$
\begin{aligned}
\Delta^3 y_x &= \Delta(\Delta^2 y_x) = \Delta(y_{x+2} - 2y_{x+1} + y_x) \\
&= (y_{x+3} - 2y_{x+2} + y_{x+1}) - (y_{x+2} - 2y_{x+1} + y_x) \\
&= y_{x+3} - 3y_{x+2} + 3y_{x+1} - y_x.
\end{aligned}
$$

一般地，函数 $y = f(x)$ 的 $n - 1$ 阶差分的差分称为 y 的 n 阶差分，记为 $\Delta^n y_x$，即

$$
\Delta^n y_x = \Delta(\Delta^{n-1} y_x).
$$

二阶及二阶以上的差分统称为高阶差分.

例 7　设 $y_x = x^2$，求 $\Delta^2 y_x$ 和 $\Delta^3 y_x$.

解　$\Delta y_x = y_{x+1} - y_x = (x+1)^2 - x^2 = 2x + 1$，

$\Delta^2 y_x = \Delta(\Delta y_x) = \Delta(2x + 1) = 2(x + 1) + 1 - (2x + 1) = 2$，

$\Delta^3 y_x = \Delta(\Delta^2 y_x) = \Delta(2) = 0$.

容易证明，对于 n 次多项式，它的 n 阶差分是常数，n 阶以上的差分均为零.

例 8　设 $y_x = e^{3x}$，求 $\Delta^2 y_x$ 和 $\Delta^3 y_x$.

解　$\Delta y_x = y_{x+1} - y_x = e^{3(x+1)} - e^{3x} = (e^3 - 1)e^{3x}$，

$$
\begin{aligned}
\Delta^2 y_x &= \Delta(\Delta y_x) = \Delta((e^3 - 1)e^{3x}) \\
&= (e^3 - 1)\Delta(e^{3x}) = (e^3 - 1)^2 e^{3x},
\end{aligned}
$$

$$
\begin{aligned}
\Delta^3 y_x &= \Delta(\Delta^2 y_x) = \Delta((e^3 - 1)^2 e^{3x}) \\
&= (e^3 - 1)^2 \Delta(e^{3x}) = (e^3 - 1)^3 e^{3x}.
\end{aligned}
$$

可以证明，函数 y_x 的一阶差分可以用 y_x 的两个相邻的值表示，二阶差分可以用 y_x 的三个相邻的值表示，以此类推，n 阶差分可以用 y_x 的 $n + 1$ 个相邻的值表示，即有下面的定理.

定理 1　设有函数 $y_x = f(x)$，则

$$
\Delta^n y_x = \sum_{i=0}^{n} (-1)^i C_n^i y_{x+n-i},
$$

其中，C_n^i 是在 n 个元素中取 i 个元素的组合数.

定理 1 的证明见二维码，定理 1 表明，函数 $y_x = f(x)$ 在点 x 处的 n 阶差分是该函数的 $n + 1$ 个函数值 $y_{x+n}, y_{x+n-1}, \cdots, y_x$ 的线性组

合.

二、 差分方程的一般概念

就像利用微分方程来研究连续变量间的关系一样,可以利用差分方程来研究离散变量间的关系. 因此,差分方程中的许多概念与微分方程中的相应概念类似.

定义 3 含有未知函数 y_x 及其差分的等式称为差分方程. 它的一般形式是

$$F(x, y_x, \Delta y_x, \cdots, \Delta^n y_x) = 0.$$

根据定理 1, y_x 的各阶差分都可以用 y_x 的相邻值表示,所以可以得到差分方程的另一种形式的定义:

定义 4 含有未知函数 y_x 的相邻值的等式称为差分方程. 它的一般形式是

$$F(x, y_x, y_{x+1}, \cdots, y_{x+n}) = 0,$$

或

$$F(x, y_x, y_{x-1}, \cdots, y_{x-n}) = 0.$$

在实际应用中,以这种形式定义的差分方程更为常见. 定义 3 和定义 4 是关于差分方程的不同表述,这些不同的表达形式之间是可以相互转化的.

例如,差分方程 $\Delta^2 y_x = e^x$ 可以化为 $y_{x+2} - 2y_{x+1} + 2y_x = e^x$,又可以化为 $y_x - 2y_{x-1} + 2y_{x-2} = e^{x-2}$.

定义 5 差分方程中含有未知函数 y_x 的最大下标与最小下标的差称为该差分方程的阶.

例如, $y_{x+2} - 6y_{x+1} + 8y_x = 2x$ 是二阶差分方程; $y_{x+4} - 5y_{x+2} + 3y_{x+1} - 2 = 0$ 是三阶差分方程;差分方程 $\Delta^3 y_x - 3\Delta y_x - 2y_x = 1$ 里含有三阶差分,但此方程可以化为 $y_{x+3} - 3y_{x+2} = 1$,所以是一阶差分方程.

与微分方程类似,需要给出差分方程的解的精确定义.

定义 6 对于 n 阶差分方程

$$F(x, y_x, y_{x+1}, \cdots, y_{x+n}) = 0,$$

若存在函数 u_x,使得

$$F(x, u_x, \cdots, u_{x+n}) \equiv 0,$$

则称此函数 u_x 为差分方程的解;若 u_x 中含有 n 个相互独立的任意常数,则称 u_x 为差分方程的通解;若 u_x 中不含有任意常数,则称 u_x 为差分方程的特解.

与微分方程的情况类似,为了得到差分方程的特解(确定通解中的任意常数),需要知道一些附加的条件. 对于 n 阶差分方程,常见的确定任意常数的条件是

$$y_0 = u_0^*, y_1 = u_1^*, \cdots, y_{n-1} = u_{n-1}^*,$$

其中, u_i^* ($i = 0, 1, \cdots, n-1$) 是已知的常数. 这里确定常数的条件称为**初始条件**. 求满足给定初始条件的差分方程解的问题称为差分方程的**初值问题**.

三、 常系数线性差分方程解的结构

n 阶常系数线性差分方程的一般形式如下:

$$y_{x+n} + a_1 y_{x+n-1} + \cdots + a_{n-1} y_{x+1} + a_n y_x = f(x), \qquad (13.1)$$

其中, $a_1, \cdots, a_n$ 是常数,且 $a_n \neq 0$, $f(x)$ 是已知的函数. 当 $f(x)$ 不恒等于零时,称差分方程(13.1)是非齐次的;当 $f(x)$ 恒等于零时,称差分方程(13.1)是齐次的,可以表示为

$$y_{x+n} + a_1 y_{x+n-1} + \cdots + a_{n-1} y_{x+1} + a_n y_x = 0. \qquad (13.2)$$

下面介绍 n 阶常系数线性差分方程(13.1)和差分方程(13.2)的几个结论:

定理 2 设 y_x^1, y_x^2 是齐次线性差分方程(13.2)的解, C_1, C_2 是任意常数,则

$$y_x = C_1 y_x^1 + C_2 y_x^2$$

也是差分方程(13.2)的解.

证 由 y_x^1, y_x^2 是齐次线性差分方程(13.2)的解,有

$$y_{x+n}^1 + a_1 y_{x+n-1}^1 + \cdots + a_n y_x^1 \equiv 0,$$
$$y_{x+n}^2 + a_1 y_{x+n-1}^2 + \cdots + a_n y_x^2 \equiv 0.$$

将 $y_x = C_1 y_x^1 + C_2 y_x^2$ 代入差分方程(13.2)的左边,有

$$(C_1 y_{x+n}^1 + C_2 y_{x+n}^2) + a_1(C_1 y_{x+n-1}^1 + C_2 y_{x+n-1}^2) + \cdots + a_n(C_1 y_x^1 + C_2 y_x^2)$$
$$= C_1(y_{x+n}^1 + a_1 y_{x+n-1}^1 + \cdots + a_n y_x^1) + C_2(y_{x+n}^2 + a_1 y_{x+n-1}^2 + \cdots + a_n y_x^2)$$
$$\equiv 0 + 0 = 0,$$

所以, $y_x = C_1 y_x^1 + C_2 y_x^2$ 也是差分方程(13.2)的解.

与常系数齐次线性微分方程类似,由此可以得到常系数齐次线性差分方程通解的结构:

定理 3 设 $y_x^1, y_x^2, \cdots, y_x^n$ 是齐次线性差分方程(13.2)的 n 个线性无关的解,则

$$Y_x = C_1 y_x^1 + C_2 y_x^2 + \cdots + C_n y_x^n$$

是差分方程(13.2)的**通解**,其中, $C_1, C_2, \cdots, C_n$ 是任意常数.

定理 3 给出了常系数齐次线性差分方程的通解的结构:求 n 阶常系数齐次线性差分方程通解的关键是找到它的 n 个线性无关的解.

定理 4 设 y_x^* 是非齐次线性差分方程(13.1)的一个特解, Y_x

是方程(13.1)对应的齐次线性差分方程(13.2)的通解,则非齐次线性差分方程(13.1)的通解为

$$y_x = Y_x + y_x^*.$$

定理 4 给出了常系数非齐次线性差分方程的通解的结构:求 n 阶常系数非齐次线性差分方程的通解,需要先找到它的一个特解,再找到与它对应的齐次线性差分方程的通解.

定理 5 设 y_x^{*1}, y_x^{*2} 分别是非齐次线性差分方程

$$y_{x+n} + a_1 y_{x+n-1} + \cdots + a_{n-1} y_{x+1} + a_n y_x = f_1(x),$$
$$y_{x+n} + a_1 y_{x+n-1} + \cdots + a_{n-1} y_{x+1} + a_n y_x = f_2(x),$$

的特解,则 $y_x^* = y_x^{*1} + y_x^{*2}$ 是差分方程

$$y_{x+n} + a_1 y_{x+n-1} + \cdots + a_{n-1} y_{x+1} + a_n y_x = f_1(x) + f_2(x)$$

的特解.

习题 13-1(A)

1. 求下列函数的一阶差分和二阶差分.

   (1) $y_x = 3x^2 - x^3$;　　(2) $y_x = e^{2x}$;　　(3) $y_x = x^2 3^x$;

   (4) 设阶乘函数 $y_x = x^{(n)} = x(x-1)\cdots(x-n+1)$, $x^{(0)} = 1$.

2. 判断下列差分方程的阶数.

   (1) $y_{n+1} = 2y_n + 5$;　　(2) $y_{n+1} = 3 - y_n^2$;　(3) $y_{x+1} = 4y_x + y_{x-1}$;

   (4) $y_x = xy_{x-1} - y_{x-2}$;　(5) $y_{x+1} = y_x y_{x-1}$;　(6) $y_x = 2y_{x-1}^2 + xy_{x-3}$;

   (7) $y_{x+5} - 4y_{x+3} + 3y_{x+2} + 2y_{x-1} - 1 = 0$;

   (8) $\Delta^3 y_x + y_x + 1 = 0$.

3. 已知差分方程 $y_{x+2} - 3y_{x+1} + 2y_x - 1 = 0$,

   (1) 证明:函数 $y_x = C_1 + C_2 2^x - x$ (其中, C_1, C_2 是任意常数) 是差分方程的通解;

   (2) 当初始条件为 $y_0 = 0, y_1 = 3$ 时,求差分方程的特解.

4. 如果 $X_0 = 2, X_1 = 5, X_2 = 11, X_3 = 23, X_4 = 47, \cdots$,根据以上数据的规律,写出 X_{n+1} 和 X_n 表示的差分方程.

5. 某个地区,若每年现有的汽车中有 $x\%$ 需报废,同时每年新购 N 辆汽车,试建立 n 年后汽车总数 C_n 的差分方程.

习题 13-1(B)

1. 求差分 $\Delta(x^2), \Delta^2(x^2), \Delta^3(x^2)$.

2. 一辆油耗指标是 $30\mathrm{UKgal/mile}^{\ominus}$,建立一个以 n 为英里,X_n 为汽

$\ominus$　加仑(gal)为非法定计量单位,1 加仑(英)(UKgal) = 4.546092L

　　英里(mile)为非法定计量单位,1 英里(mile) = 1.61km

车油箱内汽油加仑数的差分方程.

3. 某植物第一天长高 $3\mathrm{cm}$,之后每天长的高度是前一天的 $\frac{1}{2}$,建立一个描述 n 天后植物高度 B_n 的差分方程.

4. 某种树 10 年后可成材,若 P_n 表示第 n 年种植的树数,M_n 表示第 n 年时已成材的树数,试写出与 P_n,M_n 有关的差分方程. 如果 C 表示每年要砍伐的树数,差分方程应如何修正?

第二节 一阶常系数线性差分方程

一阶常系数线性差分方程的一般形式为
$$y_{x+1} + ay_x = f(x), \tag{13.3}$$
其中,a 为常数且 $a \neq 0$,方程右端 $f(x)$ 为已知的函数. 当 $f(x)$ 不恒等于零时,称方程(13.3)为非齐次的;当 $f(x)$ 恒等于零时,称方程(13.3)为齐次的,此时可以写作
$$y_{x+1} + ay_x = 0. \tag{13.4}$$
也称方程(13.4)是方程(13.3)对应的齐次线性差分方程.

一、 一阶常系数齐次线性差分方程

对于差分方程(13.4),通常用的求解方法有迭代法和特征值法两种.

1. 迭代法求解

因为差分方程(13.4)可以化为
$$y_{x+1} = -ay_x,$$
所以当 y_0 为已知时,根据上式可依次得到
$$y_1 = -ay_0 = y_0(-a),$$
$$y_2 = -ay_1 = y_0(-a)^2,$$
$$y_3 = -ay_2 = y_0(-a)^3,$$
$$\vdots$$
于是,利用数学归纳法可证明
$$y_x = y_0(-a)^x.$$
若令 $y_0 = C$ 为任意常数,则齐次线性差分方程(13.4)的通解为
$$Y_x = C(-a)^x.$$

例 1 求一阶常系数齐次线性差分方程 $y_{x+1} + 2y_x = 0$ 满足初始条件 $y_0 = 1$ 的特解.

解 将方程变形为
$$y_{x+1} = -2y_x.$$
由于 $y_0 = 1$,于是,

$$y_1 = -2y_0 = -2,$$
$$y_2 = -2y_1 = -2 \cdot (-2) = (-2)^2,$$
$$y_3 = 2y_2 = -2 \cdot (-2)^2 = (-2)^3,$$
$$\vdots$$

因此,齐次线性差分方程 $y_{x+1} - 2y_x = 0$ 满足初始条件 $y_0 = 1$ 的特解为

$$y_x = (-2)^x.$$

2. 特征根法求解

由于一阶齐次线性差分方程(13.4)可以化为

$$y_{x+1} - y_x + ay_x + y_x = 0,$$

即

$$\Delta y_x = (-a-1)y_x.$$

这说明方程(13.4)的解与它的一阶差分只相差一个常数因子,因此可认为 y_x 是某个指数函数. 不妨设 $y_x = \lambda^x (\lambda \neq 0)$,将其代入方程(13.4),有

$$\lambda^{x+1} + a\lambda^x = 0,$$

即

$$\lambda + a = 0, \tag{13.5}$$

所以 $\lambda = -a$. 于是 $y_x = (-a)^x$ 是差分方程(13.4)的一个解,从而可得一阶齐次线性差分方程(13.4)的通解

$$y_x = C(-a)^x.$$

一般地,称方程(13.5)为一阶齐次线性差分方程(13.4)的特征方程,特征方程的根称为特征根. 上面求差分方程通解的方法称为**特征根法**.

例 2 求差分方程 $3y_{x+1} - y_x = 0$ 的通解.

解 特征方程为

$$3\lambda - 1 = 0,$$

所以特征根 $\lambda = \dfrac{1}{3}$,因此原差分方程的通解为

$$y = \frac{C}{3^x}(C \text{ 为任意常数}).$$

例 3 求差分方程 $2y_x + 5y_{x-1} = 0$ 满足初始条件 $y_0 = 3$ 的特解.

解 先将差分方程改写为

$$2y_{x+1} + 5y_x = 0,$$

所以特征方程为

$$2\lambda + 5 = 0,$$

易知,特征根 $\lambda = -\dfrac{5}{2}$,于是原差分方程的通解为

$$y = C\left(-\frac{5}{2}\right)^x(C \text{ 为任意常数}).$$

将初始条件 $y_0 = 3$ 代入通解,得 $C = 3$,因此所求的特解为

$$y = 3\left(-\frac{5}{2}\right)^x.$$

二、一阶常系数非齐次线性差分方程

由第一节的定理 4 可知,非齐次线性差分方程的通解可以写成它对应的齐次线性差分方程的通解与它自己的一个特解之和. 而在上一部分已经讨论了齐次线性差分方程的解法,所以,接下来只需讨论差分方程(13.3)的特解 y_x^* 的求法.

1. 迭代法求解

与齐次线性差分方程的迭代法类似,对于非齐次线性差分方程(13.3),先将其转化为

$$y_{x+1} = -ay_x + f(x),\ x = 0,1,2,\cdots$$

不妨设特解 y_x^* 在初始时刻的函数值为零,即 $y_0^* = 0$,则有

$$y_1 = -ay_0 + f(0) = f(0),$$
$$y_2 = -ay_1 + f(1) = -af(0) + f(1),$$
$$y_3 = -ay_2 + f(2) = (-a)^2 f(0) + (-a)f(1) + f(2),$$
$$\vdots$$

以此类推,由数学归纳法可得差分方程(13.3)的一个特解为

$$y_x^* = (-a)^{x-1}f(0) + (-a)^{x-2}f(1) + \cdots$$
$$+ (-a)f(x-2) + f(x-1)$$
$$= \sum_{i=0}^{x-1} (-a)^i f(x-i-1).$$

又由于一阶非齐次线性差分方程(13.3)对应的齐次线性差分方程的通解为

$$Y_x = C(-a)^x,$$

所以差分方程(13.3)的通解为

$$y_x = C(-a)^x + \sum_{i=0}^{x-1} (-a)^i f(x-i-1).$$

例 4 求差分方程 $y_{x+1} - y_x = x^2$ 的通解.

解 这是一阶非齐次线性差分方程,它对应的齐次线性差分方程为

$$y_{x+1} - y_x = 0,$$

其通解为

$$Y_x = C.$$

再利用迭代法,可得原方程的一个特解

$$y_x^* = \sum_{i=0}^{x-1} (1)^i (x-i-1)^2 = \frac{1}{6}x(x-1)(2x-1)$$
$$= \frac{x^3}{3} - \frac{x^2}{2} + \frac{x}{6}.$$

因此,原方程的通解为

$$y_x = Y_x + y_x^* = \frac{x^3}{3} - \frac{x^2}{2} + \frac{x}{6} + C.$$

例5 求差分方程 $y_{x+1} - \dfrac{1}{2}y_x = 2^x$ 的通解.

解 这是一阶非齐次线性差分方程,它对应的齐次线性差分方程为

$$y_{x+1} - \frac{1}{2}y_x = 0,$$

其通解为

$$Y_x = \frac{C_1}{2^x}.$$

再利用迭代法,可得原方程的一个特解

$$y_x^* = \sum_{i=0}^{x-1} \left(\frac{1}{2}\right)^i 2^{x-i-1} = \frac{2^{x+1}}{3} - \frac{8}{3} \frac{1}{2^x}.$$

因此,原方程的通解为

$$y_x = Y_x + y_x^* = \frac{C_1}{2^x} + \frac{2^{x+1}}{3} - \frac{8}{3} \frac{1}{2^x} = \frac{C}{2^x} + \frac{2^{x+1}}{3} \left(C = C_1 - \frac{8}{3}\right).$$

2. 待定系数法求解

理论上来说,迭代法可以求出所有情形的一阶非齐次线性差分方程的解. 但是对于右端函数比较复杂的情况,迭代法中的"和式"的计算就显得相当复杂. 接下来讨论的待定系数法,可以比较方便地求解右端函数是某些特殊形式函数的差分方程的解.

(1) 右端函数为多项式型:$f(x) = P_n(x)$

这里的 $P_n(x)$ 为 x 的 n 次多项式,而 $\Delta y_x = y_{x+1} - y_x$,所以差分方程(13.3)可以改写为

$$\Delta y_x + (a+1)y_x = P_n(x) (a \neq 0).$$

若 y_x^* 是上面方程的解,则有

$$\Delta y_x^* + (a+1)y_x^* = P_n(x).$$

因为 $P_n(x)$ 是 n 次多项式,所以上式的左边也应该是 n 次多项式,即 y_x^* 为多项式. 当 y_x^* 是多项式时,Δy_x^* 就是比 y_x^* 低一次的多项式,因此可假设差分方程的解 y_x^* 为以下的待定式

$$y_x^* = x^k Q_n(x),$$

这里 $Q_n(x)$ 也是 n 次多项式,系数待定,k 的取值按下列方式确定

① 当 $a+1 \neq 0$ 时,即 1 不是特征根($1 \neq -a$)时,$k=0$;

② 当 $a+1 = 0$ 时,即 1 是特征根($1 = -a$)时,$k=1$.

将 $y_x^* = x^k Q_n(x)$ 代入原方程,比较等式两边同次幂的系数,就可以计算出 $Q_n(x)$.

例6 求差分方程 $y_{x+1} + 2y_x = 3$ 的通解.

解 先求原方程对应的齐次线性差分方程 $y_{x+1} + 2y_x = 0$ 的通解.

特征方程为

$$\lambda + 2 = 0,$$

则特征根为 $\lambda = -2$,所以齐次线性差分方程的通解为

$$Y_x = C(-2)^x.$$

再求原方程的一个特解 y_x^*.

由于 1 不是特征根,且原方程的右端函数为零次多项式,所以可令

$$y_x^* = x^0 Q_0(x) = b.$$

将 $y_x^* = b$ 代入原方程,有

$$b + 2b = 3,$$

即 $b = 1$,从而 $y_x^* = 1$.

综上,原方程的通解为

$$y_x = Y_x + y_x^* = C(-2)^x + 1.$$

例 7 求差分方程 $y_{x+1} - y_x = x^2 + 3x$ 的通解.

解 先求原方程对应的齐次线性差分方程 $y_{x+1} - y_x = 0$ 的通解.

特征方程为

$$\lambda - 1 = 0,$$

则特征根为 $\lambda = 1$,所以齐次线性差分方程的通解为

$$Y_x = C.$$

再求原方程的一个特解 y_x^*.

由于 1 是特征根,且原方程的右端函数为二次多项式,所以可令

$$y_x^* = x^1 Q_2(x) = x(b_0 x^2 + b_1 x + b_2).$$

将 y_x^* 代入原方程,有

$$3b_0 x^2 + (3b_0 + 2b_1)x + b_0 + b_1 + b_2 = x^2 + 3x.$$

比较上式两边同次幂的系数,可得

$$b_0 = \frac{1}{3}, b_1 = 1, b_2 = -\frac{4}{3},$$

于是有 $y_x^* = \frac{1}{3}x^3 + x^2 - \frac{4}{3}x.$

综上,原方程的通解为

$$y_x = Y_x + y_x^* = C + \frac{1}{3}x^3 + x^2 - \frac{4}{3}x.$$

(2)右端函数为指数函数与多项式之积型:$f(x) = \mu^x P_n(x)$

这里的 μ 为常数,且 $\mu \neq 0, 1$,$P_n(x)$ 为 x 的 n 次多项式,此时差分方程(13.3)为

$$y_{x+1} + ay_x = \mu^x P_n(x).$$

若作变换 $y_x = \mu^x \cdot z_x$,则上面的方程可以化为

$$\mu^{x+1} \cdot z_{x+1} + a\mu^x \cdot z_x = \mu^x P_n(x),$$

消去 μ^x 可得

$$\mu z_{x+1} + az_x = P_n(x).$$

这是右端函数为多项式型的一阶非齐次线性差分方程,利用待定系数法可以求得它的一个特解 z_x^*,因此

$$y_x^* = \mu^x \cdot z_x^*$$

是原方程的一个特解.

例 8　求差分方程 $y_{x+1} - 2y_x = x3^x$ 的通解.

解　先求原方程对应的齐次线性差分方程 $y_{x+1} - 2y_x = 0$ 的通解.

特征方程为

$$\lambda - 2 = 0,$$

则特征根为 $\lambda = 2$,所以齐次线性差分方程的通解为

$$Y_x = C2^x.$$

再求原方程的一个特解 y_x^*.

令 $y_x = 3^x \cdot z_x$,代入原方程,化简得

$$3z_{x+1} - 2z_x = x.$$

由于 1 不是特征根,且原方程的右端函数为一次多项式,所以可令

$$z_x^* = x^0 Q_1(x) = b_0 x + b_1.$$

将 z_x^* 代入方程 $3z_{x+1} - 2z_x = x$,比较同次幂的系数,可求得

$$z_x^* = x - 3.$$

于是得到原方程的一个特解

$$y_x^* = 3^x(x - 3).$$

综上,原方程的通解为

$$y_x = Y_x + y_x^* = C2^x + 3^x(x - 3).$$

(3) 右端函数为三角函数型:$f(x) = \alpha_1 \cos\beta x + \alpha_2 \sin\beta x$

这里 $\alpha_1, \alpha_2, \beta$ 均为常数,且 $\beta \neq 0$,α_1 与 α_2 不同时为零. 此时差分方程(13.3)可以写作

$$y_{x+1} + ay_x = \alpha_1 \cos\beta x + \alpha_2 \sin\beta x.$$

设此方程有特解

$$y_x^* = b_1 \cos\beta x + b_2 \sin\beta x,$$

其中,b_1, b_2 均为待定的系数. 将 y_x^* 代入上面的方程,得

$$b_1 \cos\beta(x+1) + b_2 \sin\beta(x+1) + ab_1 \cos\beta x + ab_2 \sin\beta x$$
$$= \alpha_1 \cos\beta x + \alpha_2 \sin\beta x,$$

整理得

$$[b_1(\cos\beta + a) + b_2 \sin\beta]\cos\beta x + [-b_1 \sin\beta + b_2(\cos\beta + a)]\sin\beta x$$
$$= \alpha_1 \cos\beta x + \alpha_2 \sin\beta x.$$

上式恒成立的充要条件是

$$\begin{cases} b_1(\cos\beta + a) + b_2 \sin\beta = \alpha_1, \\ -b_1 \sin\beta + b_2(\cos\beta + a) = \alpha_2. \end{cases}$$

① 当 $D = \begin{vmatrix} \cos\beta + a & \sin\beta \\ -\sin\beta & \cos\beta + a \end{vmatrix} = (\cos\beta + a)^2 + \sin^2\beta \neq 0$ 时,可求得上面方程组的唯一解

$$\begin{cases} b_1^* = \dfrac{1}{D}\begin{vmatrix} \alpha_1 & \sin\beta \\ \alpha_2 & \cos\beta + a \end{vmatrix} = \dfrac{1}{D}[\alpha_1(\cos\beta + a) - \alpha_2 \sin\beta], \\[3mm] b_2^* = \dfrac{1}{D}\begin{vmatrix} \cos\beta + a & \alpha_1 \\ -\sin\beta & \alpha_2 \end{vmatrix} = \dfrac{1}{D}[\alpha_2(\cos\beta + a) + \alpha_2 \sin\beta]. \end{cases}$$

此时,差分方程的通解为
$$y_x = Y_x + y_x^* = C(-a)^x + b_1^* \cos\beta x + b_2^* \sin\beta x.$$

② 当 $D = \begin{vmatrix} \cos\beta + a & \sin\beta \\ -\sin\beta & \cos\beta + a \end{vmatrix} = (\cos\beta + a)^2 + \sin^2\beta = 0$ 时,即

$$\begin{cases} \cos\beta + a = 0, \\ \sin\beta = 0, \end{cases}$$

则

$$\begin{cases} \beta = 2k\pi, \\ a = -1, \end{cases} \text{或} \begin{cases} \beta = (2k+1)\pi, \\ a = 1. \end{cases}$$

此时可令 $y_x^* = x(b_1\cos\beta x + b_2\sin\beta x)$,代入差分方程得

$$b_1\cos\beta x\cos\beta + b_2\sin\beta x\cos\beta = \alpha_1\cos\beta x + \alpha_2\sin\beta x.$$

比较方程两边的系数,可得 $b_1 = \dfrac{\alpha_1}{\cos\beta} = \dfrac{\alpha_1}{-a}, b_2 = \dfrac{\alpha_2}{\cos\beta} = \dfrac{\alpha_2}{-a}.$

于是,当 $a = -1$ 时,
$$y_x^* = x(\alpha_1\cos 2k\pi x + \alpha_2\sin 2k\pi x);$$

当 $a = 1$ 时,
$$y_x^* = -x[\alpha_1\cos(2k+1)x + \alpha_2\sin(2k+1)x].$$

此时,差分方程的通解为

当 $a = -1$ 时,
$$y_x = Y_x + y_x^* = C(-a)^x + x(\alpha_1\cos 2k\pi x + \alpha_2\sin 2k\pi x);$$

当 $a = 1$ 时,
$$y_x = Y_x + y_x^* = C(-a)^x - x[\alpha_1\cos(2k+1)x + \alpha_2\sin(2k+1)x].$$

例 9　求差分方程 $y_{x+1} - 5y_x = \cos\dfrac{\pi}{2}x$ 的通解.

解　先求原方程对应的齐次线性差分方程 $y_{x+1} - 5y_x = 0$ 的通解.
特征方程为
$$\lambda - 5 = 0,$$

则特征根为 $\lambda = 5$,所以齐次线性差分方程的通解为
$$Y_x = C5^x.$$

根据右端函数的特点及 $D \neq 0$,可以假设
$$y_x^* = b_1\cos\frac{\pi}{2}x + b_2\sin\frac{\pi}{2}x,$$

将其代入原方程,得
$$\begin{cases} -5b_1 + b_2 = 1, \\ -b_1 - 5b_2 = 0. \end{cases}$$

解得
$$b_1 = -\frac{5}{26}, b_2 = \frac{1}{26}.$$

因此原方程的通解为
$$y_x = Y_x + y_x^* = C5^x - \frac{5}{26}\cos\frac{\pi}{2}x + \frac{1}{26}\sin\frac{\pi}{2}x.$$

习题 13-2(A)

1. 求下列差分方程的通解.

   $(1) 3y_{x+1} - 2y_x = 0$;　　　$(2) y_x = 3y_{x-1}$;　　　$(3) \Delta y_x = 0$.

2. 求下列差分方程在给定初始条件下的特解.

   $(1) 2y_{x+1} + y_x = 0, y_0 = 3$;　　　$(2) y_x + y_{x-1} = 0, y_0 = 10$;

   $(3) \Delta y_x - y_x = 0, y_0 = 1$.

3. 求下列差分方程的通解.

   $(1) \Delta y_x = 3$;　　　　　　　　$(2) y_{x+1} + y_x = 2^x$;

   $(3) y_x + y_{x-1} = (6x-7)5^{x-1}$;　$(4) y_{x+1} - 3y_x = -2$;

   $(5) y_{t+1} - 2y_t = 3t^2$;　　　　　$(6) y_{x+1} + 4y_x = x^2 + x - 1$;

   $(7) \Delta y_t - 3y_t = t - 1$.

4. 求下列差分方程在给定初始条件下的特解.

   $(1) y_{t+1} - y_t = t + 1, y_0 = 1$;　　$(2) \Delta y_x - 4y_x = 3, y_0 = \dfrac{1}{4}$;

   $(3) 3y_x - 3y_{x-1} = (x+1)3^x, y_0 = \dfrac{1}{2}$;

   $(4) y_{x+1} - \dfrac{1}{2}y_x = 2^x, y_0 = 3$.

习题 13-2(B)

1. 求下列差分方程的通解或特解.

   $(1) \Delta y_x = x^{(9)}$;　　　　　　$(2) y_{x+1} - ay_x = 2^x (a \neq 0)$;

   $(3) y_{x+1} - 5y_x = \cos\left(\dfrac{\pi}{2}x\right)$;　$(4) y_{x+1} + 4y_x = \sin(\pi x), y_0 = 1$.

2. 设 a, b 为非零常数且 $1 + a \neq 0$, 验证:通过变换 $z_x = y_x - \dfrac{b}{1+a}$, 可以

   将非齐次差分方程 $y_{x+1} + ay_x = b$ 化为齐次差分方程,并求解 y_x.

3. 已知差分方程

   $$(a + by_x)y_{x+1} = cy_x,$$

   其中, $a > 0, b > 0, c > 0$ 均为常数, $y_0 > 0$ 为给定的初始条件.

   (1) 证明: $y_x > 0, x = 1, 2, 3\cdots$;

   (2) 证明:在变换 $z_x = \dfrac{1}{y_x}$ 下,原方程可以化为关于 z_x 的线性差分

   方程,并求出原方程的通解;

   (3) 求差分方程 $(2 + 3y_x)y_{x+1} = 4y_x$ 在初始条件 $y_0 = 1$ 时的特解

   及 $\lim\limits_{x \to +\infty} y_x$.

第三节 二阶常系数线性差分方程

本节主要讨论二阶常系数线性差分方程的解法，这类方程的一般形式为

$$y_{x+2} + py_{x+1} + qy_x = f(x), \tag{13.6}$$

其中，p, q 为常数，且 $q \neq 0$，右端函数 $f(x)$ 是已知的函数．当 $f(x)$ 不恒为零时，称差分方程(13.6)为非齐次的；当 $f(x)$ 恒为零时，即

$$y_{x+2} + py_{x+1} + qy_x = 0, \tag{13.7}$$

则称之为齐次的，也称方程(13.7)是方程(13.6)对应的齐次线性差分方程．

先来讨论齐次线性方程解法．

一、 二阶常系数齐次线性差分方程的解法

由本章第一节的定理 3 可知，为求齐次线性差分方程(13.7)的通解，只需找到它的两个线性无关的特解，然后构造它们的线性组合，即得到通解．

由于齐次线性差分方程(13.7)可以改写成

$$\Delta^2 y_x + (2+p)\Delta y_x + (1+p+q)y_x = 0,$$

这说明 $y_x, \Delta y_x$ 和 $\Delta^2 y_x$ 应是同种类型的函数，不妨设 $y_x = \lambda^x$，试着找到合适的 λ，使得 $y_x = \lambda^x$ 满足齐次线性差分方程(13.7)．将 $y_x = \lambda^x$ 代入方程(13.7)，得

$$\lambda^x(\lambda^2 + p\lambda + q) = 0,$$

消去 λ^x，即得

$$\lambda^2 + p\lambda + q = 0, \tag{13.8}$$

称这个一元二次方程为齐次线性差分方程(13.7)的**特征方程**，称特征方程(13.8)的根为**特征根**．与二阶常系数齐次线性微分方程类似，可分成三种情况来讨论方程(13.7)的通解．

（1） 当 $p^2 - 4q > 0$ 时，特征方程(13.8)有两个不相等的实根

$$\lambda_{1,2} = \frac{-p \pm \sqrt{p^2 - 4q}}{2},$$

则 $y_x^1 = \lambda_1^x$ 和 $y_x^2 = \lambda_2^x$ 是齐次线性差分方程(13.7)的两个特解，容易验证它们是线性无关的．于是差分方程(13.7)的通解为

$$y_x = C_1 y_x^1 + C_2 y_x^2 = C_1 \lambda_1^x + C_2 \lambda_2^x (C_1, C_2 \text{ 为任意常数}).$$

（2） 当 $p^2 - 4q = 0$ 时，特征方程(13.8)有两个相等的实根

$$\lambda_1 = \lambda_2 = \lambda = -\frac{p}{2},$$

则此时只能得到齐次线性差分方程(13.7)的一个特解

$$y_x^1 = \lambda^x.$$

为寻找另一个与 $y_x^1 = \lambda^x$ 线性无关的方程的特解，不妨设 $y_x^2 = $

$u_x \cdot \lambda^x$(u_x 是 x 的函数,不是常数),将它代入齐次线性差分方程(13.7),有

$$u_{x+2} \cdot \lambda^{x+2} + pu_{x+1} \cdot \lambda^{x+1} + qu_x \cdot \lambda^x = 0,$$

等式两边消去 λ^x,得

$$u_{x+2} \cdot \lambda^2 + pu_{x+1} \cdot \lambda + qu_x = 0,$$

由差分的定义,可将上式改写为

$$(\Delta^2 u_x + 2\Delta u_x + u_x) \cdot \lambda^2 + (\Delta u_x + u_x) \cdot p\lambda + qu_x = 0,$$

即

$$\lambda^2 \Delta^2 u_x + \lambda(2\lambda + p)\Delta u_x + (\lambda^2 + p\lambda + q)u_x = 0.$$

因为 $\lambda = -\dfrac{p}{2}$ 是特征方程的二重根,所以 $\lambda^2 + p\lambda + q = 0$ 且 $2\lambda + p = 0$,这时上式化为

$$\Delta^2 u_x = 0.$$

可选取 $u_x = x$,于是得到齐次线性差分方程(13.7)的另一个特解

$$y_x^1 = x\lambda^x.$$

因此,二阶常系数齐次线性差分方程(13.7)的通解为

$$y_x = C_1 y_x^1 + C_2 y_x^2 = (C_1 + C_2 x)\lambda^x \quad (C_1, C_2 \text{ 为任意常数}).$$

（3）　当 $p^2 - 4q < 0$ 时,特征方程(13.8)有一对共轭的复根

$$\lambda_{1,2} = \alpha \pm i\beta,$$

则此时可验证齐次线性差分方程(13.7)有下面两个线性无关的解

$$y_x^1 = \gamma^x \cos\omega x, \quad y_x^2 = \gamma^x \sin\omega x,$$

其中,$\gamma = \sqrt{\alpha^2 + \beta^2}$,$\tan\omega = \dfrac{\beta}{\alpha}$($\beta > 0, 0 < \omega < \pi$),于是差分方程(13.7)的通解为

$$y_x = C_1 y_x^1 + C_2 y_x^2 = (C_1 \cos\omega x + C_2 \sin\omega x)\gamma^x \quad (C_1, C_2 \text{ 为任意常数}).$$

总结以上的讨论过程,可得二阶常系数齐次线性差分方程(13.7)的求解步骤:

第一步,写出齐次差分方程(13.7)的特征方程(13.8)

$$\lambda^2 + p\lambda + q = 0.$$

第二步,求出特征方程(13.8)的两个根 λ_1 和 λ_2.

第三步,根据特征根 λ_1 和 λ_2 的不同情形,可分别写出齐次线性差分方程(13.7)的通解,详细情况见表 13-1.

表　13-1

特征方程 $\lambda^2 + p\lambda + q = 0$ 的两个根 λ_1 和 λ_2	差分方程 $y_{x+2} + py_{x+1} + qy_x = 0$ 的通解
都是实数根,且 $\lambda_1 \neq \lambda_2$	$y = C_1 \lambda_1^x + C_2 \lambda_2^x$
都是实数根,且 $\lambda_1 = \lambda_2 = \lambda$	$y = (C_1 + C_2 x)\lambda^x$
是一对共轭的复根 $\lambda_{1,2} = \alpha \pm i\beta$	$y_x = (C_1 \cos\omega x + C_2 \sin\omega x)\gamma^x$, 其中,$\gamma = \sqrt{\alpha^2 + \beta^2}$,$\tan\omega = \dfrac{\beta}{\alpha}$($\beta > 0, 0 < \omega < \pi$).

例 1 求差分方程 $y_{x+2} - 5y_{x+1} + 6y_x = 0$ 的通解.

解 原方程的特征方程 $\lambda^2 - 5\lambda + 6 = 0$ 的特征根为 $\lambda_1 = 2$ 和 $\lambda_2 = 3$，是两个不相等的实根，所以原方程的通解为

$$y_x = C_1 2^x + C_2 3^x \quad (C_1, C_2 \text{ 为任意常数}).$$

例 2 求差分方程 $y_{x+2} - 6y_{x+1} + 9y_x = 0$ 的通解.

解 原方程的特征方程 $\lambda^2 - 6\lambda + 9 = 0$ 的特征根为 $\lambda_1 = \lambda_2 = 3$，是两个相等的实根，所以原方程的通解为

$$y_x = (C_1 + C_2 x) 3^x \quad (C_1, C_2 \text{ 为任意常数}).$$

例 3 求差分方程 $\Delta^2 y_x + 2\Delta y_x + \dfrac{10}{9} y_x = 0$ 的通解.

解 原方程可以改写为

$$y_{x+2} + \frac{1}{9} y_x = 0,$$

这是一个二阶常系数齐次线性差分方程，其特征方程为

$$\lambda^2 + \frac{1}{9} = 0,$$

易知此特征方程有两个共轭的复根 $\lambda_{1,2} = \pm \dfrac{1}{3}\mathrm{i}$（即 $\alpha = 0, \beta = \dfrac{1}{3}$），

则 $\gamma = \sqrt{\alpha^2 + \beta^2} = \dfrac{1}{3}, \omega = \dfrac{\pi}{2}$，所以原方程的通解为

$$y_x = \left(C_1 \cos \frac{\pi}{2} x + C_2 \sin \frac{\pi}{2} x\right) \frac{1}{3^x} (C_1, C_2 \text{ 为任意常数})$$

例 4 求差分方程 $y_{x+2} + y_{x+1} - 12y_x = 0$ 满足初始条件 $y_0 = 1$，$y_1 = 2$ 的特解.

解 原方程的特征方程 $\lambda^2 + \lambda - 12 = 0$ 的特征根为 $\lambda_1 = -4$ 和 $\lambda_2 = 3$ 是两个不相等的实根，所以原方程的通解为

$$y_x = C_1(-4)^x + C_2 3^x \quad (C_1, C_2 \text{ 为任意常数}).$$

由初始条件 $y_0 = 1$ 和 $y_1 = 2$ 可得

$$\begin{cases} C_1 + C_2 = 1, \\ -4C_1 + 3C_2 = 2, \end{cases}$$

解得 $C_1 = \dfrac{1}{7}$ 和 $C_2 = \dfrac{6}{7}$. 所以原方程满足初始条件 $y_0 = 1, y_1 = 2$ 的特解为

$$y_x = \frac{1}{7}(-4)^x + \frac{6}{7} 3^x.$$

二、 二阶常系数非齐次线性差分方程的解法

由第一节的定理 4 可知，非齐次线性差分方程的通解可以写成它对应的齐次线性方程的通解与它自己的一个特解之和. 由于在上一部分已经讨论了齐次线性差分方程的解法，所以，下面只讨论差分方程(13.6)特解 y_x^* 的求法.

常见差分方程(13.6)的右端函数类型是 $f(x) = P_n(x)$ ($P_n(x)$ 为 x 的 n 次多项式)和 $f(x) = \mu^x P_n(x)$ (其中,μ 为常数,且 $\mu \neq 0,1$)两种类型.

1. 右端函数为多项式型:$f(x) = P_n(x)$

此时,差分方程(13.6)为

$$y_{x+2} + py_{x+1} + qy_x = P_n(x) \ (q \neq 0),$$

利用差分的概念,上面的方程可以化为

$$\Delta^2 y_x + (p+2)\Delta y_x + (p+q+1)y_x = P_n(x).$$

若 y_x^* 是上面方程的解,则有

$$\Delta^2 y_x^* + (p+2)\Delta y_x^* + (p+q+1)y_x^* = P_n(x).$$

与一阶非齐次线性差分方程的待定系数法类似,因为 $P_n(x)$ 是 n 次多项式,所以上式的左边也应该是 n 次多项式,即 y_x^* 为多项式. 而当 y_x^* 是多项式时,Δy_x^* 是比 y_x^* 低一次的多项式,$\Delta^2 y_x^*$ 是比 y_x^* 低两次的多项式,因此可以假设差分方程的特解 y_x^* 为以下的待定式

$$y_x^* = x^k Q_n(x),$$

这里 $Q_n(x)$ 也是 n 次多项式,系数待定,k 的取值按下列方式确定

(1) 当 $p+q+1 \neq 0$,即 1 不是特征方程 $\lambda^2 + p\lambda + q = 0$ 的根时,$k = 0$;

(2) 当 $p+q+1 = 0$ 且 $p+2 \neq 0$,即 1 是特征方程 $\lambda^2 + p\lambda + q = 0$ 的单根时,$k = 1$;

(3) 当 $p+q+1 = 0$ 且 $p+2 = 0$,即 1 是特征方程 $\lambda^2 + p\lambda + q = 0$ 的二重根时,$k = 2$.

将 $y_x^* = x^k Q_n(x)$ 代入原方程,比较等式两边同次幂的系数,就可以计算出 $Q_n(x)$.

例 5 求差分方程 $y_{x+2} + 3y_{x+1} - 10y_x = 12x - 4$ 的通解.

解 特征方程为

$$\lambda^2 + 3\lambda - 10 = 0,$$

则特征根为 $\lambda_1 = -5$ 和 $\lambda_2 = 2$,所以原方程对应的齐次线性差分方程的通解为

$$Y_x = C_1(-5)^x + C_2 2^x.$$

接下来求原方程的一个特解 y_x^*.

由于 1 不是原方程的特征根,且右端函数为一次多项式,于是可以假设

$$y_x^* = x^0 Q_1(x) = b_0 x + b_1.$$

将 y_x^* 代入原方程,有

$$b_0(x+2) + b_1 + 3[b_0(x+1) + b_1] - 10(b_0 x + b_1) = 12x - 4,$$

求得 $b_0 = -2, b_1 = -1$,所以

$$y_x^* = -2x - 1.$$

因此,原方程的通解为
$$y_x = Y_x + y_x^* = C_1(-5)^x + C_2 2^x - 2x - 1.$$

例6 求差分方程 $y_{x+2} - 4y_{x+1} + 3y_x = 4x - 2$ 的通解.

解 特征方程为
$$\lambda^2 - 4\lambda + 3 = 0,$$

则特征根为 $\lambda_1 = 1$ 和 $\lambda_2 = 3$,所以原方程对应的齐次线性差分方程的通解为
$$Y_x = C_1 + C_2 3^x.$$

接下来求原方程的一个特解 y_x^*.

由于1是特征方程的单根,且右端函数为一次多项式,于是可以假设
$$y_x^* = x^1 Q_1(x) = x(b_0 x + b_1) = b_0 x^2 + b_1 x.$$

将 y_x^* 代入原方程,有
$$b_0(x+2)^2 + b_1(x+2) - 4[b_0(x+1)^2 + b_1(x+1)]$$
$$+ 3(b_0 x^2 + b_1 x) = 4x - 2,$$

经整理,并比较两边的系数,得 $b_0 = -1, b_1 = 1$,所以
$$y_x^* = -x^2 + x.$$

因此,原方程的通解为
$$y_x = Y_x + y_x^* = C_1 + C_2 3^x - x^2 + x.$$

例7 求差分方程 $y_{x+2} - 2y_{x+1} + y_x = 6$ 满足初始条件 $y_0 = 2$, $y_1 = 6$ 的特解.

解 特征方程为
$$\lambda^2 - 2\lambda + 1 = 0,$$

则其特征根为 $\lambda_1 = \lambda_2 = 1$,所以原方程对应的齐次线性差分方程的通解为
$$Y_x = C_1 + C_2 x.$$

接下来求原方程的一个特解 y_x^*.

由于1是特征方程的二重根,且右端函数为零次多项式,于是可以假设
$$y_x^* = x^2 Q_0(x) = b_0 x^2.$$

将 y_x^* 代入原方程,有
$$b_0(x+2)^2 - 2b_0(x+1)^2 + b_0 x^2 = 6,$$

经整理,并比较两边的系数,得 $b_0 = 3$,所以
$$y_x^* = 3x^2.$$

因此,原方程的通解为
$$y_x = Y_x + y_x^* = C_1 + C_2 x + 3x^2.$$

再由初始条件 $y_0 = 2, y_1 = 6$ 可得 $C_1 = 2, C_2 = 1$. 因此所求的特解为
$$y_x = 2 + x + 3x^2.$$

2. 右端函数为指数函数与多项式之积型:$f(x) = \mu^x P_n(x)$

这里的 μ 为常数,且 $\mu \neq 0, 1$,$P_n(x)$ 是 x 的 n 次多项式,此时差

分方程(13.6)可以写为

$$y_{x+2} + py_{x+1} + qy_x = \mu^x P_n(x),$$

若作变换 $y_x = \mu^x \cdot z_x$,则上面的方程可以化为

$$\mu^{x+2} \cdot z_{x+2} + p\mu^{x+1} \cdot z_{x+1} + q\mu^x \cdot z_x = \mu^x P_n(x),$$

消去 μ^x 可得

$$\mu^2 \cdot z_{x+2} + p\mu \cdot z_{x+1} + q \cdot z_x = P_n(x).$$

这是右端函数为多项式型的二阶非齐次线性差分方程,利用待定系数法可以求得它的一个解 z_x^*,因此

$$y_x^* = \mu^x \cdot z_x^*$$

是原方程的一个特解.

例 8　求差分方程 $y_{x+2} - 3y_{x+1} + 2y_x = 3 \cdot 5^x$ 的通解.

解　特征方程为

$$\lambda^2 - 3\lambda + 2 = 0,$$

则特征根为 $\lambda_1 = 1$ 和 $\lambda_2 = 2$,所以原方程对应的齐次线性差分方程的通解为

$$Y_x = C_1 + C_2 2^x.$$

接下来求原方程的一个特解 y_x^*.

由于原方程的右端函数为 $f(x) = 3 \cdot 5^x$,所以可以设

$$y_x^* = 5^x \cdot z_x^*,$$

将其代入原方程,经化简得

$$25z_{x+2}^* - 15z_{x+1}^* + 2z_x^* = 3,$$

这是属于右端函数为零次多项式的情形,先给出特征方程

$$25\lambda^2 - 15\lambda + 2 = 0,$$

其特征根为 $\lambda_1 = \dfrac{1}{5}$ 和 $\lambda_2 = \dfrac{2}{5}$. 由于 1 不是特征方程的根,且右端函数为零次多项式,所以可假设

$$z_x^* = x^0 Q_0(x) = b_0.$$

将 z_x^* 代入方程 $25z_{x+2} - 15z_{x+1} + 2z_x = 3$,整理并比较两边同次幂的系数,可得 $b_0 = \dfrac{1}{4}$,则有

$$z_x^* = \frac{1}{4},$$

进而有

$$y_x^* = 5^x \cdot z_x^* = \frac{5^x}{4}.$$

因此,原方程的通解为

$$y_x = Y_x + y_x^* = C_1 + C_2 2^x + \frac{5^x}{4}.$$

习题 13-3(A)

1. 求下列差分方程的通解或特解.

$(1)\, y_{x+2} + 5y_{x+1} + 6y_x = 0;$　　$(2)\, y_{x+2} - 10y_{x+1} + 25y_x = 0;$

$(3)\, 9y_x + y_{x-2} = 0;$　　　　　$(4)\, y_{x+2} + 3y_{x+1} - \dfrac{7}{4}y_x = 0;$

$(5)\, y_{x+2} - 4y_{x+1} + 3y_x = 0,\, y_0 = 1,\, y_1 = 5;$

$(6)\, y_{x+2} - 2y_{x+1} + 2y_x = 0,\, y_0 = 2,\, y_1 = 3.$

2. 求下列差分方程的通解或特解.

$(1)\, y_{x+2} + y_{x+1} - 12y_x = 5;$　　$(2)\, 4y_{x+2} - 12y_{x+1} + 9y_x = 2;$

$(3)\, y_{x+2} - 4y_{x+1} + 16y_x = x - \dfrac{2}{13};$

$(4)\, y_{x+2} - 6y_{x+1} + 5y_x = 3 \cdot 2^x;$

$(5)\, y_{x+2} - 7y_{x+1} + 10y_x = 5,\, y_0 = 1,\, y_1 = 9;$

$(6)\, y_{x+2} - y_x = 6x^2 - 2,\, y_0 = 0,\, y_1 = 1.$

习题 13-3（B）

1. 求下列差分方程的通解.

$(1)\, y_{x+2} - y_{x+1} - 2y_x = 5 + \mathrm{e}^x;$

$(2)\, y_{x+2} - 4y_{x+1} + 4y_x = x + 2^x.$

第四节　差分方程在经济管理中的应用

在经济与管理的许多实际问题中, 所涉及的变量数据常常以等间隔时间周期进行统计, 这就导致其中有关的变量是离散化取值的, 它们之间的关系往往是以差分方程的形式出现. 本节通过举例来说明差分方程在经济管理中的简单应用.

一、存贷款相关的模型

例 1（存款模型）　设将资金存于某金融机构, 初始资金量为 $Z_0 = 100$ 万元, 按期结息, 每一期的利率为 $r = 4\%$, 求第 10 期期末时的资金总量 Z_{10}.

解　由题意, 第 n 期期末的资金总量和第 $n+1$ 期期末的资金总量关系为

$$Z_{n+1} = Z_n + rZ_n,$$

上式可以化为

$$Z_{n+1} - (1+r)Z_n = 0.$$

这是一个一阶常系数齐次线性差分方程, 特征方程为

$$\lambda - (1+r) = 0,$$

所以 $\lambda = (1+r)$ 是特征根, 从而原齐次线性差分方程的通解为

$$Z_n = C(1+r)^n.$$

由初始资金量为 Z_0, 可得 $C = Z_0$, 则第 n 期期末时的资金总量为

$$Z_n = Z_0(1 + r)^n.$$

又由于 $Z_0 = 100$ 万，$r = 4\%$，则第 10 年末的资金总量为

$$Z_{10} = 100(1 + 0.04)^{10} = 148.0244 \text{ 万元}.$$

例 2（贷款模型） 设某人向银行贷款 A_0 元，用于购买某件商品，贷款年限为 n 年，约定按月等额还款，假定年利率为 r，求该借款人每月需向银行还款多少元？特别地，当 $A_0 = 600000$ 元，$r = 0.06$ 和 $n = 10$ 时，借款人每月需向银行还款多少元？

解 设借款人每月还款 a 元. 记从借款之日起，第 t 个月还款后尚欠银行 A_t 元，总计还款期限为 $12n$ 个月，则有以下差分方程

$$A_{t+1} = A_t\left(1 + \frac{r}{12}\right) - a,$$

即

$$A_{t+1} - \left(1 + \frac{r}{12}\right)A_t = -a.$$

这是一个一阶常系数非齐次线性差分方程，利用待定系数法可以求得其通解为

$$A_t = C\left(1 + \frac{r}{12}\right)^t + \frac{12a}{r}.$$

再由初始贷款金额 A_0 元，可得 $C = A_0 - \dfrac{12a}{r}$，因此有

$$A_t = \left(A_0 - \frac{12a}{r}\right)\left(1 + \frac{r}{12}\right)^t + \frac{12a}{r}.$$

又由于贷款年限为 n 年（$12n$ 个月），则有 $A_{12n} = 0$，所以可求得每月的还款金额为

$$a = \frac{A_0 \dfrac{r}{12}\left(1 + \dfrac{r}{12}\right)^{12n}}{\left(1 + \dfrac{r}{12}\right)^{12n} - 1}.$$

特别地，当 $A_0 = 600000$ 元，$r = 0.06$，$n = 10$ 时，计算得每月还款额为

$$a = \frac{\dfrac{0.06}{12}\left(1 + \dfrac{0.06}{12}\right)^{120}}{\left(1 + \dfrac{0.06}{12}\right)^{120} - 1} \times 600000 \approx 6661.23 \text{ 元}.$$

二、 动态供需均衡模型（蛛网模型）

例 3 在普通市场中，一种商品的价格和消费者对该种商品的需求量是相互影响的，多呈负相关的走势. 用 D_t 表示第 t 期该商品的需求量，S_t 表示第 t 期该商品的供给量，P_t 表示第 t 期该商品的价格. 第 t 期的需求量依赖于同期价格，假设它们之间的关系（需求函数）为

$$D_t = a + bP_t, \tag{13.9}$$

其中 a, b 为常数. 第 t 期的供给量依赖于前期价格，也就是说，供

给量滞后于价格一个周期，假设它们之间的关系（供给函数）为

$$S_t = a_1 + b_1 P_{t-1}, \tag{13.10}$$

其中 a_1, b_1 为常数，且假定 $b_1 \neq b$. 求供需均衡 $(D_t = S_t)$ 的条件下，商品的价格随时间的变化规律.

解　供需均衡 $(D_t = S_t)$ 时，联合式(13.9)和式(13.10)得

$$P_t - \frac{b_1}{b} P_{t-1} = \frac{a_1 - a}{b},$$

上式也可化为

$$P_{t+1} - \frac{b_1}{b} P_t = \frac{a_1 - a}{b},$$

这是一个一阶常系数非齐次线性差分方程，它对应的齐次线性差分方程的通解为

$$P_t = C \left(\frac{b_1}{b} \right)^t,$$

可以求得它的一个特解

$$P_t^* = \frac{a_1 - a}{b - b_1},$$

所以商品的价格随时间的变化规律为

$$P_t = C \left(\frac{b_1}{b} \right)^t + \frac{a_1 - a}{b - b_1}. \tag{13.11}$$

注

1. 如果供需平衡，并且商品价的价格保持不变，即

$$P_t = P_{t-1} = P_e,$$

则由式(13.9)和式(13.10)，可求得静态均衡价格

$$P_e = \frac{a_1 - a}{b - b_1}.$$

此时，需求函数和供给函数可以改写为 $D_t = a + b P_e$ 和 $S_t = a_1 + b_1 P_e$. 如果将这两个函数的图形画在同一个坐标平面上，记其交点为 (P_e, Q_e)，称为该种商品的静态均衡点.

2. 如果已知初始价格 P_0，将其代入式(13.11)，求得 $C = P_0 - P_e$，那么此时商品的价格随时间的变化规律为

$$P_t = (P_0 - P_e) \left(\frac{b_1}{b} \right)^t + P_e.$$

(1)当 $P_0 = P_e$ 时，有 $P_t = P_e$，这表明没有外部干扰因素，商品的价格将固定在常数值 P_e 上，也就是前面所说的静态均衡.

(2)当 $P_0 \neq P_e$ 时，商品的价格 P_t 随着时间 t 的变化而变化. 容易看出，当且仅当 $\left| \dfrac{b_1}{b} \right| < 1$ 时，有

$$\lim_{t \to +\infty} P_t = \lim_{t \to +\infty} \left[(P_0 - P_e) \left(\frac{b_1}{b} \right)^t + P_e \right] = P_e,$$

也就是说，当商品的价格 P_t 随着时间 t 的无限增大逐渐地振荡趋

近于静态均衡价格 P_e.

下面的图 13-2 给出了不同情形下商品的价格(纵轴)与供需(横轴)的关系图.

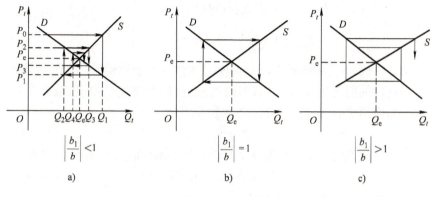

图 13-2

可以看到图 13-2 的形状类似于蜘蛛网,因此称上面的模型为蛛网模型.

三、 国民收入相关的模型

本小节主要讨论国民收入、消费和投资之间关系的问题.

例 4 (哈罗德(Harrod R. H.)经济增长模型)记 Y_n 为第 n 期内的国民收入, S_n 为该期内的储蓄, I_n 为投资. 假定储蓄和国民收入的关系为

$$S_n = sY_{n-1}, \tag{13.12}$$

其中, $0 < s < 1$ 为边际储蓄倾向. 当期投资和前两期的国民收入差相关,其关系为

$$I_n = k(Y_n - Y_{n-1}), \tag{13.13}$$

这里 $k > 0$ 为预期资本加速系数. 试求在均衡条件 $S_n = I_n$ 下,国民收入 Y_n 与 n 的关系.

解 在均衡条件 $S_n = I_n$ 下,将式(13.12)和式(13.13)中的 S_n 和 I_n 消去,整理得

$$kY_n - (s+k)Y_{n-1} = 0,$$

也可化为

$$kY_{n+1} - (s+k)Y_n = 0,$$

这是一个一阶常系数齐次线性差分方程,其通解为

$$Y_n = C\left(1 + \frac{s}{k}\right)^n.$$

其中, C 为任意常数, $\frac{s}{k} > 0$,哈罗德称之为"保证增长率". 其经济含义是:如果国民收入 Y_n 按保证增长率 $\frac{s}{k}$ 增长,那么就能保证第 n 期的储蓄与第 n 期的投资达到动态均衡 $S_n = I_n$.

若 Y_0 为即期的国民收入,则有

$$S_n = I_n = s\left(1 + \frac{s}{k}\right)^{n-1} Y_0,$$

又因为 $S_1 = I_1 = sY_0$,上式也可以写成

$$S_n = \left(1 + \frac{s}{k}\right)^{n-1} S_1, \quad I_n = \left(1 + \frac{s}{k}\right)^{n-1} I_1.$$

例 5 （萨缪尔森(Samuelson)乘数 – 加速数模型）记 Y_n 为第 n 期内的国民收入,S_n 为该期内的消费,I_n 为再生产投资,政府在各期内用于公共设施的支出为常数 G,则有

$$Y_n = S_n + I_n + G. \tag{13.14}$$

假设第 n 期的消费水平与前一期的国民收入水平相关,即有

$$S_n = \alpha Y_{n-1} \quad (0 < \alpha < 1), \tag{13.15}$$

这里 α 表示边际消费倾向.

设第 n 期的再生产投资和消费水平的变化相关,即有

$$I_n = \beta(S_n - S_{n-1}) \quad (\beta > 0), \tag{13.16}$$

其中 β 为加速数. 试建立国民收入 Y_n 与 n 满足的差分方程,并当 $\alpha = 0.5, \beta = 1, G = 1, Y_0 = 2, Y_1 = 3$ 时,建立国民收入 Y_n 与 n 的具体关系.

解 将式(13.15)和式(13.16)代入式(13.14),

$$Y_n = \alpha Y_{n-1} + \beta(\alpha Y_{n-1} - \alpha Y_{n-2}) + G,$$

即

$$Y_n - \alpha(1 + \beta) Y_{n-1} + \alpha\beta Y_{n-2} = G,$$

也可化为

$$Y_{n+2} - \alpha(1 + \beta) Y_{n+1} + \alpha\beta Y_n = G, \tag{13.17}$$

这是一个二阶常系数非齐次线性差分方程,按照其常规解法求解即可.

当 $\alpha = 0.5, \beta = 1, G = 1, Y_0 = 2, Y_1 = 3$,方程(13.17)变为

$$Y_{n+2} - Y_{n+1} + \frac{1}{2} Y_n = 1, \tag{13.18}$$

先求方程(13.18)对应的齐次线性差分方程的通解 y_n.
由特征方程

$$\lambda^2 - \lambda + \frac{1}{2} = 0,$$

求得特征根为 $\lambda = \dfrac{1 \pm i}{2}$,所以对应的齐次线性差分方程的通解为

$$y_n = \left(\frac{\sqrt{2}}{2}\right)^n \left(C_1 \cos \frac{n\pi}{4} + C_2 \sin \frac{n\pi}{4}\right).$$

再求方程(13.18)的一个特解 Y_n^*.

由于 1 不是特征方程的根,且方程(13.18)的右端函数为零次多项式,所以可以假设特解为 $Y_n^* = b_0$,代入方程(13.18)可得

$$b_0 - b_0 + \frac{1}{2}b_0 = 1,$$

解得 $b_0 = 2$,于是

$$Y_n^* = 2.$$

因此,差分方程(13.18)的通解为

$$Y_n = y_n + Y_n^* = \left(\frac{\sqrt{2}}{2}\right)^n \left(C_1 \cos \frac{n\pi}{4} + C_2 \sin \frac{n\pi}{4}\right) + 2.$$

再结合初始条件 $Y_0 = 2$,$Y_1 = 3$,可求得 $C_1 = 0$,$C_2 = 2$,所以此时国民收入 Y_n 与 n 的关系为

$$Y_n = 2^{1-\frac{n}{2}} \sin \frac{n\pi}{4} + 2.$$

习题 13-4(A)

1. 某人在 60 岁时将 10 万元钱存入某基金会,约定固定月利率为 0.4%,每月从中提取 1000 元作为日常生活费,试通过建立差分方程计算:

   (1)他每月末在基金会里还有多少钱?

   (2)在他多少岁时将存入基金会里的钱用完?

   (3)如果他想用到 80 岁,那么在 60 岁时应存入多少钱?

2. 假设一水库中开始有 10 万条鱼,由于繁殖导致鱼的年增长率为 25%,而每年的捕鱼量为 3 万条.

   (1)列出每年末水库中存有鱼量的差分方程,并求解;

   (2)按现在的情形,多少年后水库中的鱼将被捕捞完?

3. 梅茨勒(Metzler L. A)曾提出如下库存模型:

$$\begin{cases} Y_t = U_t + S_t + V_0, \\ U_t = \beta Y_{t-1}, \\ S_t = \beta(Y_{t-1} - Y_{t-2}), \end{cases}$$

   其中 Y_t, U_t, S_t 分别为 t 时期的总收入、销售收入和库存量,V_0 和 β 为常数,且 $0 < \beta < 1$. 试求 Y_t, U_t, S_t 关于 t 的表达式.

习题 13-4(B)

1. 设某商品(单位:箱)的供需方程分别为 $S_t = 12 + 3\left(P_{t-1} - \frac{1}{3}\Delta P_{t-2}\right)$,$D_t = 40 - 4P_t$,其中,$P_{t-1}$ 和 P_{t-2} 分别表示第 $t-1$ 期和第 $t-2$ 期的价格(单位:百元/箱),供方在第 t 期的售价为 $P_{t-1} - \frac{1}{3}\Delta P_{t-2}$,需方按照价格 P_t 就可以使该商品在第 t 期售完(即供需平衡). 已知 $P_0 = 4$,$P_1 = \frac{13}{4}$,试求价格函数 P_t 的表

达式.

2. 设 Y_t 为第 t 期国民收入,C_t 为第 t 期消费,I 为投资(假定各期相同),它们之间的关系为:$Y_t = C_t + I, C_t = \alpha Y_{t-1} + \beta$,其中,$0 < \alpha < 1$,$\beta > 0$,且假定 Y_0 已知,试求 Y_t 和 C_t.

第五节　MATLAB 数学实验

利用 MATLAB 求解差分方程需要建立 M 文件,然后调用所定义的函数即可. 下面给出具体实例.

例 1　调用 MATLAB 求解差分方程 $x_{k+1} = 1.02x_k + 1, x_1 = 1$.

首先建立一个关于变量 n,r 的函数

```
function x = chafen(n)
x(1) = 1;
for k = 1:n
x(k + 1) = 1.02 * x(k) + 1;
end
```

在 command 窗口里调用 sqh 函数

```
≫ k = (1:16);
≫ y1 = chafen(15)
```

运行结果:

```
y1 =
  Columns 1 through 6
    1.0000    2.0200    3.0604    4.1216    5.2040    6.3081
  Columns 7 through 12
    7.4343    8.5830    9.7546   10.9497   12.1687   13.4121
  Columns 13 through 16
   14.6803   15.9739   17.2934   18.6393
≫ plot(k,y1,'- -')
```

运行结果:

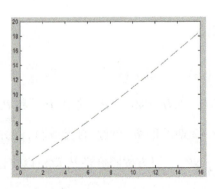

总习题十三

1. 填空题:

(1)设 $y_t = \dfrac{1}{t-1}$,则 $\Delta y_t =$ _____;

(2)设 $y_x = \dfrac{1}{3}e^x$,则 $\Delta^2 y_t =$ _____;

(3)如果 $y_x = \dfrac{1}{2}x(x+1) - 3$ 是差分方程 $\Delta y_x = \varphi(x)$ 的解,则

$\varphi(x) =$ _____;

(4)已知某二阶常系数齐次线性差分方程的通解为 $y_x = C_1 5^x + C_2$,则此差分方程为_____;

(5)已知某二阶常系数非齐次线性差分方程的通解为 $y_x = (C_1 + C_2 x)2^x + x$,则此差分方程为_____ .

2. 选择题

(1)下列等式中,( )不是差分方程;

(A) $xy_{x+1} - 2y_{x-1} = \left(\dfrac{5}{3}\right)^x$ (B) $\Delta^2 y_x = x^2 + 1$

(C) $y_{x+2} - 2y_{x+1} = \dfrac{1}{2}$ (D) $\Delta^2 y_x = y_{x+2} - 2y_{x+1} + y_x$

(2)下列等式中,( )是一阶差分方程;

(A) $xy_{x+1} - 2y_{x-1} = \left(\dfrac{5}{3}\right)^x$ (B) $\Delta y_x - y_x = x^2 + 1$

(C) $y_{x+2} - 2y_{x+1} + y_x = \cos x$ (D) $\Delta y_x = y_{x+1} - y_x$

(3)差分方程 $4y_{x+2} - 4y_{x+1} + y_x = 0$ 的通解是( );

(A) $y_x = A + B\left(\dfrac{1}{2}\right)^x$ (B) $y_x = A\left(-\dfrac{1}{2}\right)^x + B\left(\dfrac{1}{2}\right)^x$

(C) $y_x = Ax\left(\dfrac{1}{2}\right)^x + B\left(\dfrac{1}{2}\right)^x$ (D) $y_x = Ax + B\left(\dfrac{1}{2}\right)^x$

(4)函数 $y_x = C_1 + C_2 3^x + x2^x$ 是差分方程( )的通解;

(A) $y_{x+2} - 3y_{x+1} + 4y_x + x2^x = 0$

(B) $y_{x+2} - 4y_{x+1} + 3y_x + x2^x = 0$

(C) $y_{x+2} - 3y_{x+1} + 4y_x - x2^x = 0$

(D) $y_{x+2} - 4y_{x+1} + 3y_x - x2^x = 0$

3. 已知 $\hat{y}_x = e^x$ 和 $\widetilde{y}_x = e^x + 2x$ 均是差分方程 $y_{x+1} + P(x)y_x = Q(x)$ 的解,求此差分方程的表达式.

4. 已知数列 $\{a_n\}$ $(1,2,3,\cdots)$ 满足 $a_{n+2} = \dfrac{a_{n+1} - a_n}{2}$,且 $a_1 = m$,

$a_2 = n$,求数列的通项 a_n.

5. 验证:通过变换 $z_x = (x+1)y_x$ 可将差分方程

$$(x+3)y_{x+2}+a(x+2)y_{x+1}+b(x+1)y_x=\varphi(x)$$
$$(a,b \text{ 为常数})$$

变换为关于 z_x 的二阶常系数线性差分方程,并利用此结论求差分方程

$$(x+3)y_{x+2}-3(x+2)y_{x+1}+2(x+1)y_x=0$$

的通解.

习题解答

1. 3.
2. (1)(4,-5,-6);(-4,-5,6);(4,5,6);
   (2)(4,5,-6);(-4,-5,-6);(-4,5,6);
   (3)(-4,5,-6).
3. 直角三角形.
4. $d_x = \sqrt{y^2 + z^2}, d_y = \sqrt{x^2 + z^2}, d_z = \sqrt{x^2 + y^2}$.
5. $M(1,0,0)$.
6. $(x - x_0)^2 + (y - y_0)^2 + (z - z_0)^2 = R^2$.
7. $2x - 6y + 2z - 7 = 0$.

1. $5\vec{a} - 4\vec{b} + 7\vec{c}$.

2. $\dfrac{\vec{a} + \vec{b}}{2}$.

3. $-\dfrac{1}{2}(\vec{a} + \vec{c})$.

4. $\pm\dfrac{1}{\sqrt{14}}(1,2,-3)$.

5. $(1)\sqrt{3}$; $(2)-6\sqrt{3}$; $(3)2-\sqrt{3}$; $(4)1$; $(5)6$; $(6)3$.

6. $\vec{a} \cdot \vec{b} = 1; \vec{a} \times \vec{b} = (-8,-5,6); \mathrm{Prj}_{\vec{a}}\vec{b} = \dfrac{1}{3}$.

7. $\cos\alpha = \dfrac{1}{2}, \cos\beta = -\dfrac{1}{2}, \cos\gamma = \dfrac{\sqrt{2}}{2}; \alpha = \dfrac{\pi}{3}, \beta = \dfrac{2\pi}{3}, \gamma = \dfrac{\pi}{4}$.

8. $(-2,3,0)$.
9. $k = -1$ 或 $k = 4$.
10. $\pm\dfrac{1}{3}(1,-2,2)$.

11. $\dfrac{\pi}{3}$.

12. 2.

1~2. 略.
3. $\pm 15\sqrt{3}$.
4. 24.

5. $\sqrt{14}$; $\arccos\dfrac{1}{\sqrt{14}}$.

6. $\dfrac{\pi}{3}$.

习题 8-3（A）

1. （1）$x=3$； （2）$3x-7y+5z=1$；
   （3）$2x+9y+6z=121$； （4）$14x+9y-z=15$；
   （5）$x-2y-z+6=0$； （6）$y=-4$；
   （7）$x+z=0$； （8）$y+2z=0$；
   （9）$-17x+28y+9z=0$； （10）$\dfrac{x}{2}+\dfrac{y}{1}+\dfrac{z}{1}=1$.

2. （1）平面 xOy； （2）垂直于 x 轴的平面；
   （3）平行于 z 轴的平面； （4）平行于 y 轴的平面；
   （5）在 x 轴、y 轴和 z 轴上截距全为 1 的平面；
   （6）在 x 轴、y 轴和 z 轴上截距分别为 2，-3 和 4 的平面.
   作图略.

3. $\dfrac{\pi}{3}$.

4. $x+y+z=12$.

5. $2x+y-2z=15$.

6. $\sqrt{6}$.

习题 8-3（B）

1. $\dfrac{x}{3}+\dfrac{y}{6}+\dfrac{z}{-9}=1$ 或 $\dfrac{x}{3}+\dfrac{y}{-2}+\dfrac{z}{-1}=1$.

2. $x^2+y^2-2xy+2x+2y-1=0$.

3. $x-2y+z-3=0$.

4. $6x+3y+2z-20=0$.

5. $2y\pm z=0$.

6. $2x+y+2z\pm2\sqrt[3]{3}=0$.

习题 8-4（A）

1. （1）$\dfrac{x-1}{2}=\dfrac{y-2}{-3}=\dfrac{z+1}{4}$； （2）$x=y=z$；
   （3）$\dfrac{x-3}{-4}=\dfrac{y+2}{2}=\dfrac{z-1}{1}$（或$\dfrac{x+1}{-4}=\dfrac{y}{2}=\dfrac{z-2}{1}$）；
   （4）$\dfrac{x}{-2}=\dfrac{y-2}{3}=\dfrac{z-4}{1}$； （5）$\dfrac{x+1}{3}=\dfrac{y-2}{-1}=\dfrac{z-1}{1}$.

2. （1）$x+y+3z=6$； （2）$8x-9y-22z=59$；
   （3）$x+4y=0$； （4）$6x-y+9z=7$.

3. $\dfrac{x-1}{-2}=\dfrac{y}{-1}=\dfrac{z+2}{1}$, $\begin{cases} x = 1-2t \\ y = \quad -t, \\ z = -2+t. \end{cases}$

4. $\dfrac{\pi}{4}$.

5. $\dfrac{\pi}{6}$.

6. (1)平行；　　(2)垂直；　　(3)平行；　　(4)垂直.

7. $(5,-3,2)$.

8. $5x+2y+z+1=0$.

9. $\left(-\dfrac{5}{3},\dfrac{2}{3},\dfrac{2}{3}\right)$.

习题 8-4(B)

1. $\left(-\dfrac{10}{7},\dfrac{19}{7},-\dfrac{27}{7}\right)$.

2. $(12,4,-18)$.

3. $\dfrac{\sqrt{14}}{2}$.

4. $\begin{cases} 3x+2y=7, \\ z=0. \end{cases}$

5. $(1,0,3)$.

6. $387x-164y-24z=421$ 或 $3x-4y=5$.

7. $11x+11y+6z=0$.

习题 8-5(A)

1. (1) $(x-1)^2+(y-2)^2+(z+3)^2=4$；　　(2) $(x-1)^2+(y+1)^2+(z-2)^2=6$；

(3) $2x-y+5z=10$；　　(4) $\left(x+\dfrac{2}{3}\right)^2+(y+1)^2+\left(z+\dfrac{4}{3}\right)^2=\dfrac{116}{9}$.

2. (1)球心 $(0,0,1)$,半径2；　　(2)球心 $(1,-2,-1)$,半径 $\sqrt{6}$.

3. (1) $z=x^2+y^2$；　　(2) $y=\pm2\sqrt{x^2+z^2}$；

(3) $x^2+3(y^2+z^2)=1$；$x^2+z^2+3y^2=1$；

(4) $x^2-2(y^2+z^2)=1$；$x^2+z^2-2y^2=1$.

4. (1)在平面直角坐标系中表示一条直线,在空间直角坐标系中表示一个平面；

(2)在平面直角坐标系中表示一条双曲线,在空间直角坐标系中表示一个双曲柱面；

(3)在平面直角坐标系中表示一个椭圆,在空间直角坐标系中表示一个椭圆柱面.

5. 略.

习题 8-5(B)

1. $x^2+y^2+z^2-4x-2y+4z=0$.

2. 略.

1. (1)直线；　　(2)圆；　　(3)双曲线；　　(4)抛物线.

2. (1)在平面直角坐标系中表示一个点,在空间直角坐标系中表示一条直线；

　(2)在平面直角坐标系中表示两个点,在空间直角坐标系中表示两条直线.

3. $\begin{cases} x^2 + y^2 = 1, \\ z = 0. \end{cases}$

4. $\begin{cases} 3x^2 + 2z^2 = 16, \\ y = 0. \end{cases}$

5 ~ 6. 略.

1. 平行于 x 轴: $3y^2 - z^2 = 16$；平行于 y 轴: $3x^2 + 2z^2 = 16$.

2. $\begin{cases} x = 3\cos\theta, \\ y = \sqrt{3}\sin\theta, (0 \leq \theta < 2\pi). \\ z = \sqrt{3}\sin\theta, \end{cases}$

一、填空题:

1. 1;

2. $\pm \dfrac{1}{2\sqrt{11}}(6, -2, -2)$;

3. $\vec{a}^0 = \left(\dfrac{1}{3}, \dfrac{2}{3}, \pm\dfrac{2}{3} \right)$;

4. $x + 3y + z = 2$;

5. $x = \dfrac{y-2}{0} = \dfrac{z+3}{2}$;

6. $-2x + 4y + z = -7$;

7. $x = 2 + (y^2 + z^2), x^2 + y^2 = (2 + z^2)^2$;

8. $\begin{cases} 2x^2 - z^2 = 1, \\ y = 0. \end{cases}$

二、选择题:

1. C;　　2. C;　　3. A;　　4. A;　　5. B;　　6. D;　　7. B;　　8. C.

三、解答题:

1. $(0, 0, -1)$ 或 $\left(\dfrac{\sqrt{2}}{2}, \dfrac{\sqrt{2}}{2}, 0 \right)$.

2. 1.

3. $7x + 5y + 4z = 14$ 和 $x + 5y - 8z = 2$.

4. $\dfrac{x-1}{1} = \dfrac{y-2}{2} = \dfrac{z-3}{-3}$.

5. $\dfrac{x+28}{8} = \dfrac{2y+65}{14} = \dfrac{2z+25}{2}$.

6. (1) 旋转椭球面. 椭圆 $\begin{cases} \dfrac{x^2}{4}+\dfrac{y^2}{9}=1, \\ z=0, \end{cases}$ 绕 x 轴旋转而成,或椭圆 $\begin{cases} \dfrac{x^2}{4}+\dfrac{z^2}{9}=1, \\ y=0, \end{cases}$ 绕 x 轴旋转而成;

(2) 单叶旋转双曲面. 双曲线 $\begin{cases} x^2-\dfrac{y^2}{4}=1, \\ z=0, \end{cases}$ 绕 y 轴旋转而成,或双曲线 $\begin{cases} z^2-\dfrac{y^2}{4}=1, \\ x=0, \end{cases}$ 绕 y 轴旋转而成;

(3) 双叶旋转双曲面. 双曲线 $\begin{cases} x^2-y^2=1, \\ z=0, \end{cases}$ 绕 x 轴旋转而成,或双曲线 $\begin{cases} x^2-z^2=1, \\ y=0, \end{cases}$ 绕 x 轴旋转而成;

(4) 旋转抛物面. 抛物线 $\begin{cases} \dfrac{x^2}{9}-z=0, \\ y=0, \end{cases}$ 绕 z 轴旋转而成,或抛物线 $\begin{cases} \dfrac{y^2}{9}-z=0, \\ x=0, \end{cases}$ 绕 z 轴旋转而成;

(5) 双曲抛物面;

(6) 旋转锥面. 射线 $z=|x|$, $y=0$ 绕 z 轴旋转而成,或射线 $z=|y|$, $x=0$ 绕 z 轴旋转而成.

7. (1) 双曲线; $\begin{cases} \dfrac{z^2}{4}-\dfrac{y^2}{25}=\dfrac{5}{9}, \\ x=2; \end{cases}$

(2) 椭圆; $\begin{cases} \dfrac{x^2}{9}+\dfrac{z^2}{4}=2, \\ y=5; \end{cases}$

(3) 两条直线; $\begin{cases} \dfrac{x}{3}=\dfrac{y}{5}, \\ z=2, \end{cases}$ 和 $\begin{cases} \dfrac{x}{3}=-\dfrac{y}{5}, \\ z=2; \end{cases}$

(4) 双曲线; $\begin{cases} \dfrac{x^2}{9}-\dfrac{y^2}{25}=\dfrac{3}{4}, \\ z=1. \end{cases}$

习题 9-1(A)

1. (1) $f(-y,-x)=\sqrt{y^2-x^2}$; $f(x,-x)=0$;

(2) $f(x)=(x+1)^3-1$; $z=\sqrt{y}+x-1$;

(3) $f\left(x+y,\dfrac{y}{x}\right)=x^2-y^2$;

(4) $f(x,y)=\dfrac{y^2-x^2}{4}$.

2. (1) $\{(x,y)\mid y>\sqrt{x}, x\geqslant 0\}$;

(2) $\{(x,y)\mid |x|<|y|\leqslant 1\}$;

(3) $\{(x,y)\mid x^2+y^2<1, |y|\leqslant x, x\neq 0\}$;

(4) $\{(x,y)\mid 2\leqslant \sqrt{x^2+y^2}<4\}$.

3. (1) $-\dfrac{1}{3}$;   (2) a;   (3) 0;   (4) $\dfrac{1}{2}$;   (5) 2;   (6) 4.

4. 略.

习题 9-1（B）

1. $L = 8400x + 3100y - 200x^2 - 75y^2 - 132000$.

2. （1）$\sqrt{e}$；　　　（2）1；　　　（3）0；　　　（4）0.

3. 略.

4. 不连续.

习题 9-2（A）

1. （1）$\dfrac{\partial z}{\partial x} = y^2 + \dfrac{1}{\sqrt{2x+3y}}, \dfrac{\partial z}{\partial y} = 2xy + \dfrac{3}{2\sqrt{2x+3y}}$；

（2）$\dfrac{\partial z}{\partial x} = -y\sin 2xy + \cos(x+y), \dfrac{\partial z}{\partial y} = -x\sin 2xy + \cos(x+y)$；

（3）$\dfrac{\partial z}{\partial x} = \dfrac{1}{2(x+2y)\sqrt{\ln(x+2y)}}, \dfrac{\partial z}{\partial y} = \dfrac{1}{(x+2y)\sqrt{\ln(x+2y)}}$；

（4）$\dfrac{\partial z}{\partial x} = \dfrac{2x}{x^2 + \ln y}, \dfrac{\partial z}{\partial y} = \dfrac{1}{y(x^2 + \ln y)}$；

（5）$\dfrac{\partial z}{\partial x} = \dfrac{1}{2}\sqrt{\dfrac{y}{x}}\cos\dfrac{y}{x} + \sqrt{\dfrac{y^3}{x^3}}\sin\dfrac{y}{x}, \dfrac{\partial z}{\partial y} = \dfrac{1}{2}\sqrt{\dfrac{x}{y}}\cos\dfrac{y}{x} - \sqrt{\dfrac{y}{x}}\sin\dfrac{y}{x}$；

（6）$\dfrac{\partial z}{\partial x} = \dfrac{-y}{2\sqrt{xy(1-xy)}}, \dfrac{\partial z}{\partial y} = \dfrac{-x}{2\sqrt{xy(1-xy)}}$；

（7）$\dfrac{\partial z}{\partial x} = \dfrac{y^3}{(x^2+y^2)^{3/2}}, \dfrac{\partial z}{\partial y} = \dfrac{x^3}{(x^2+y^2)^{3/2}}$；

（8）$\dfrac{\partial z}{\partial x} = \dfrac{-y}{x^2+y^2}, \dfrac{\partial z}{\partial y} = \dfrac{x}{x^2+y^2}$；

（9）$\dfrac{\partial u}{\partial x} = \dfrac{1}{y}z^{\frac{x}{y}}\ln z, \dfrac{\partial u}{\partial y} = -\dfrac{x}{y^2}z^{\frac{x}{y}}\ln z, \dfrac{\partial u}{\partial z} = \dfrac{x}{y}z^{\frac{x-y}{y}}$；

（10）$\dfrac{\partial u}{\partial x} = \dfrac{2x\sec^2(x^2-y^2)}{z}, \dfrac{\partial u}{\partial y} = -\dfrac{2y\sec^2(x^2-y^2)}{z}, \dfrac{\partial u}{\partial z} = -\dfrac{\tan(x^2-y^2)}{z^2}$.

2. $\arctan\dfrac{1}{2} \approx 26°34'$.

3. $z_x(1,0) = 1 + e, z_y(1,0) = 1$.

4. （1）$\dfrac{\partial^2 z}{\partial x^2} = 6xy^2, \dfrac{\partial^2 z}{\partial y\partial x} = 6x^2y - 9y^2 - 1, \dfrac{\partial^2 z}{\partial x\partial y} = 6x^2y - 9y^2 - 1$,

$\dfrac{\partial^2 z}{\partial y^2} = 2x^3 - 18xy, \dfrac{\partial^3 z}{\partial x^3} = 6y^2$；

（2）$\dfrac{\partial^2 z}{\partial x^2} = \dfrac{1}{x}, \dfrac{\partial^2 z}{\partial y^2} = -\dfrac{x}{y^2}, \dfrac{\partial^3 z}{\partial x\partial y^2} = -\dfrac{1}{y^2}$.

5. 略.

习题 9-2（B）

1. 0, 1, 2.

2. $\dfrac{\partial z}{\partial x} = \dfrac{|y|}{x^2 + y^2}, \dfrac{\partial z}{\partial y} = -\dfrac{x}{x^2 + y^2}\mathrm{sgn}\dfrac{1}{y}$.

3. 略.

4. $\dfrac{\partial^2 z}{\partial x^2} = \dfrac{2xy}{(x^2 + y^2)^2}, \dfrac{\partial^2 z}{\partial y^2} = -\dfrac{2xy}{(x^2 + y^2)^2}, \dfrac{\partial^2 z}{\partial x \partial y} = \dfrac{y^2 - x^2}{(x^2 + y^2)^2}$.

5. 略.

习题 9-3(A)

1. (1) $\mathrm{d}z = \cos\left(x + \dfrac{1}{y}\right) \cdot \left(\mathrm{d}x - \dfrac{1}{y^2}\mathrm{d}y\right)$;　　　(2) $\mathrm{d}z = (2xy + 2\sqrt{y})\mathrm{d}x + \left(x^2 + \dfrac{x}{\sqrt{y}}\right)\mathrm{d}y$;

　　(3) $\mathrm{d}z = \dfrac{1}{x^2}\mathrm{e}^{\frac{y}{x}}(x\mathrm{d}y - y\mathrm{d}x)$;　　　(4) $\mathrm{d}z = \dfrac{2}{y^2}\csc\dfrac{2x}{y} \cdot (y\mathrm{d}x - x\mathrm{d}y)$;

　　(5) $\mathrm{d}u = z^{x^2 + y^2}\left[2\ln z \cdot (x\mathrm{d}x + y\mathrm{d}y) + \dfrac{x^2 + y^2}{z}\mathrm{d}z\right]$;

　　(6) $\mathrm{d}u = \dfrac{\mathrm{d}x - 3\mathrm{d}y + 2\mathrm{d}z}{x - 3y + 2z}$.

2. $\mathrm{d}z = \dfrac{1}{2}\mathrm{d}x - \dfrac{1}{4}\mathrm{d}y + \dfrac{1}{2}\ln 2\mathrm{d}z$.

3. $\mathrm{d}z \big|_{(1,2)} = 8\mathrm{d}x - 4\mathrm{d}y$.

4. $\mathrm{d}z = 0.5\mathrm{e}^2$.

习题 9-3(B)

1. 1.08.

2. 2.95.

3. 存在;不连续;不可微.

习题 9-4(A)

1. (1) $\dfrac{\mathrm{d}z}{\mathrm{d}t} = \mathrm{e}^{\sin t - 2t^3}(\cos t - 6t^2)$;

　　(2) $\dfrac{\mathrm{d}z}{\mathrm{d}t} = \mathrm{e}^t(\cos t - \sin t) + \cos t$;

　　(3) $\dfrac{\mathrm{d}z}{\mathrm{d}x} = 2x\cos y - x^2\sin y \cdot y'(x)$.

2. (1) $\dfrac{\partial z}{\partial x} = -\dfrac{2y}{(x - y)^2}\mathrm{e}^{\frac{x+y}{x-y}}, \dfrac{\partial z}{\partial y} = \dfrac{2x}{(x - y)^2}\mathrm{e}^{\frac{x+y}{x-y}}$;

　　(2) $\dfrac{\partial z}{\partial x} = (x^2 + y^2)^{xy+1}\left[\dfrac{2x(xy + 1)}{x^2 + y^2} + y\ln(x^2 + y^2)\right]$,

　　　　$\dfrac{\partial z}{\partial y} = (x^2 + y^2)^{xy+1}\left[\dfrac{2y(xy + 1)}{x^2 + y^2} + x\ln(x^2 + y^2)\right]$.

3. (1) $\dfrac{\partial z}{\partial x} = \dfrac{1}{y}f_1' + y\mathrm{e}^{xy}f_2', \dfrac{\partial z}{\partial y} = -\dfrac{x}{y^2}f_1' + x\mathrm{e}^{xy}f_2'$;

　　(2) $\dfrac{\partial z}{\partial x} = yf_1' + 2xf_2', \dfrac{\partial z}{\partial y} = xf_1' - 2yf_2'$;

$(3)\dfrac{\partial z}{\partial x}=f+\dfrac{x^2}{\sqrt{x^2+y^2}}f',\ \dfrac{\partial z}{\partial y}=\dfrac{xy}{\sqrt{x^2+y^2}}f';$

$(4)\dfrac{\partial u}{\partial x}=f'_1+yf'_2+yzf'_3,\ \dfrac{\partial u}{\partial y}=xf'_2+xzf'_3,\ \dfrac{\partial u}{\partial z}=xyf'_3.$

4～5. 略.

6. $\mathrm{d}u=-2x\sin(x^2+y^2+z^2)\mathrm{d}x+\big[e^{y+z}-2y\sin(x^2+y^2+z^2)\big]\mathrm{d}y+\big[e^{y+z}-2z\sin(x^2+y^2+z^2)\big]\mathrm{d}z.$

习题 9-4（B）

1. $(1)\dfrac{\partial^2 z}{\partial x^2}=y^2f''_{11}+2yf''_{12}+f''_{22},\qquad \dfrac{\partial^2 z}{\partial y^2}=x^2f''_{11}+2xf''_{12}+f''_{22},$

$\dfrac{\partial^2 z}{\partial x\partial y}=\dfrac{\partial^2 z}{\partial y\partial x}=f'_1+xyf''_{11}+(x+y)f''_{12}+f''_{22}.$

$(2)\dfrac{\partial^2 z}{\partial x^2}=2f'_2+f''_{11}+4xf''_{12}+4x^2f''_{22},\qquad \dfrac{\partial^2 z}{\partial y^2}=2f'_2+4y^2f''_{22},$

$\dfrac{\partial^2 z}{\partial x\partial y}=\dfrac{\partial^2 z}{\partial y\partial x}=2yf''_{12}+4xyf''_{22}.$

2. $\dfrac{\partial z}{\partial y}=x^4f'_1+x^2f'_2,$

$\dfrac{\partial^2 z}{\partial y^2}=x^5f''_{11}+2x^3f''_{12}+xf''_{22},$

$\dfrac{\partial^2 z}{\partial x\partial y}=4x^3f'_1+2xf'_2+x^4yf''_{11}-yf''_{22}.$

3. $\dfrac{\partial z}{\partial r}=\cos\theta\cdot\dfrac{\partial z}{\partial x}+\sin\theta\cdot\dfrac{\partial z}{\partial y},$

$\dfrac{\partial z}{\partial\theta}=-r\sin\theta\cdot\dfrac{\partial z}{\partial x}+r\cos\theta\cdot\dfrac{\partial z}{\partial y}.$

习题 9-5（A）

1. $(1)\dfrac{\mathrm{d}y}{\mathrm{d}x}=\dfrac{\cos y}{1+x\sin y};\qquad (2)\dfrac{\mathrm{d}y}{\mathrm{d}x}=\dfrac{1}{2y-e^y};\qquad (3)\dfrac{\mathrm{d}y}{\mathrm{d}x}=-\dfrac{x+y}{y-x}.$

2. $2e^2.$

3. $\dfrac{\mathrm{d}z}{\mathrm{d}x}=yx^{y-1}+\dfrac{x^y\ln x}{1+e^y}.$

4. $(1)\dfrac{\partial z}{\partial x}=\dfrac{z}{2yz-x},\dfrac{\partial z}{\partial y}=-\dfrac{z^2}{2yz-x};\qquad (2)\dfrac{\partial z}{\partial x}=\dfrac{x-yz}{z+xy},\dfrac{\partial z}{\partial y}=\dfrac{y-xz}{z+xy};$

$(3)\dfrac{\partial z}{\partial x}=-\dfrac{z}{2x},\dfrac{\partial z}{\partial y}=-\dfrac{z}{2y};\qquad (4)\dfrac{\partial z}{\partial x}=\dfrac{z}{x+z},\dfrac{\partial z}{\partial y}=\dfrac{z^2}{y(x+z)}.$

5. $\dfrac{(2-z)^2+x^2}{(2-z)^3}.$

6. 略.

7. $\dfrac{\partial z}{\partial x}=\dfrac{2x}{f'\left(\frac{z}{y}\right)-2z},\quad \dfrac{\partial z}{\partial y}=\dfrac{2y-f\left(\frac{z}{y}\right)+\frac{z}{y}f'\left(\frac{z}{y}\right)}{f'\left(\frac{z}{y}\right)-2z}.$

习题 9-5（B）

1. $e^{xyz}\left(yz+\dfrac{xy^2z}{1-xy}+\dfrac{yz}{z-1}\right).$

2. $-1.$

3. $\dfrac{\partial z}{\partial x}=\dfrac{f_u+yzf_v}{1-f_u-xyf_v},\ \dfrac{\partial x}{\partial y}=-\dfrac{f_u+xzf_v}{f_u+yzf_v},\ \dfrac{\partial y}{\partial z}=\dfrac{1-f_u-xyf_v}{f_u+xzf_v}.$

4. $\dfrac{z(z^4-2xyz^2-x^2y^2)}{(z^2-xy)^3}.$

5. 1.

6. （1）$\dfrac{dy}{dx}=\dfrac{z-x}{y-z},\ \dfrac{dz}{dx}=\dfrac{x-y}{y-z}.$

（2）$\dfrac{\partial u}{\partial x}=\dfrac{\sin v}{1+e^u(\sin v-\cos v)},\ \dfrac{\partial v}{\partial x}=\dfrac{\cos v-e^u}{u[1+e^u(\sin v-\cos v)]},$

$\dfrac{\partial u}{\partial y}=\dfrac{-\cos v}{1+e^u(\sin v-\cos v)},\ \dfrac{\partial v}{\partial y}=\dfrac{\sin v+e^u}{u[1+e^u(\sin v-\cos v)]}.$

习题 9-6（A）

1. （1）极大值为 $f(1,0)=1$，无极小值；

（2）极大值为 $f(-3,2)=4$，极小值为 $f(-1,0)=-4$；

（3）极小值 $f(0,-1)=-1$，无极大值；

（4）极大值为 $f(0,0)=1$，无极小值.

2. 极小值 $z|_{(5,2)}=30.$

3. $(0,0,1).$

4. 6912.

5. 当长、宽都为 2m，高为 1m 时，无盖长方体水箱容积最大为 4m³.

6. 当两直角边长都为 $\dfrac{l}{\sqrt2}$ 时，其周长最大，且最大周长为 $(1+\sqrt2)l.$

7. 将铁板折起 8cm，并使其与水平线的角度为 $\dfrac{\pi}{3}$ 时，所得断面的面积最大.

习题 9-6（B）

1. 极大值 $z=f(1,-1)=6.$

2. 最大值 $f(2,1)=4$，最小值 $f(4,2)=-64.$

3. 最小值为 $z(1,1)=-1$，最大值为 $z(-1,-1)=3.$

4. 最近点为 $(1,0,0)$ 或 $(0,1,0)$，最远点为 $\left(-\dfrac{\sqrt2}{2},-\dfrac{\sqrt2}{2},1+\sqrt2\right).$

习题 9-7

1. $y=0.3695x-0.1483.$

2. $y=0.357x^2+0.79x+36.649.$

总习题九

1. (1)必要,充分,无关,充分;　　(2)必要,充分;　　(3)充分.

2. (1)A ;　　　　　　　　(2)D.

3. $f_x(x,1) = 2x.$

4. $\dfrac{\partial^2 z}{\partial x^2} = -\dfrac{2x}{(1+x^2)^2}, \dfrac{\partial^2 z}{\partial y^2} = -\dfrac{2y}{(1+y^2)^2}, \dfrac{\partial^2 z}{\partial x \partial y} = 0.$

5. $\mathrm{d}u = \dfrac{1}{y}z^{\frac{x}{y}}\ln z \cdot \mathrm{d}x - \dfrac{x}{y^2}z^{\frac{x}{y}}\ln z \cdot \mathrm{d}y + \dfrac{x}{y}z^{\frac{x}{y}-1}\mathrm{d}z, \mathrm{d}u\big|_{(1,1,\mathrm{e})} = \mathrm{e}\mathrm{d}x - \mathrm{e}\mathrm{d}y + \mathrm{d}z.$

6. 略.

7. $\dfrac{\partial z}{\partial x} = -\mathrm{e}^{-x}(1-\mathrm{e}^{2y}) + 2(x-2y), \dfrac{\partial z}{\partial y} = -2[\mathrm{e}^{-(x-2y)} + 2(x-2y)].$

8. $\dfrac{\partial u}{\partial x} = f_1' + \left[2x\sin(\ln(x+y)) + \dfrac{x^2}{x+y}\cos(\ln(x+y))\right]f_3'.$

9. $\mathrm{d}z = \dfrac{1+x}{1+z}\mathrm{e}^{x-z}\mathrm{d}x - \dfrac{1+y}{1+z}\mathrm{e}^{y-z}\mathrm{d}y.$

10 ~ 12. 略.

13. $\dfrac{\partial^2 z}{\partial x^2} = 4f'' + g_{11}'' + 2yg_{12}'' + y^2 g_{22}'',$

$\dfrac{\partial^2 z}{\partial y^2} = f'' + x^2 g_{22}'',$

$\dfrac{\partial^2 z}{\partial x \partial y} = -2f'' + xg_{12}'' + xyg_{22}'' + g_2'.$

14. 极小值为 $f(1,1) = f(-1,-1) = -2$,无极大值.

15. 最小值为 $\sqrt{2}-1$,最大值为 $\sqrt{2}+1$.

习题 10-1(A)

1. $I_1 = 4I_2.$

2. (1) $\dfrac{4}{3}$;　　　　　(2)18π.

3. (1) $\displaystyle\iint\limits_{D}\sqrt{x+y}\mathrm{d}\sigma \geqslant \iint\limits_{D}(x+y)^4\mathrm{d}\sigma$;

　(2) $\displaystyle\iint\limits_{D}(x+y)\mathrm{d}\sigma \geqslant \iint\limits_{D}x^2 y\mathrm{d}\sigma$;

　(3) $\displaystyle\iint\limits_{D}\ln(x+y)\mathrm{d}\sigma \geqslant \iint\limits_{D}[\ln(x+y)]^2\mathrm{d}\sigma$;

　(4) $\displaystyle\iint\limits_{D}[\ln(x+y)]^2\mathrm{d}\sigma \leqslant \iint\limits_{D}[\ln(x+y)]^3\mathrm{d}\sigma.$

4. (1)$0 \leqslant I \leqslant 4$;　　　(2)$2 \leqslant I \leqslant 10$;　　　(3)$3\pi \leqslant I \leqslant 7\pi.$

习题 10-1(B)

1. 说明略 . 1)0;　　2)0;　　3)0.

2. $\dfrac{2}{5} \leqslant I \leqslant \dfrac{2}{4}$.

3. $I < 0$.

习题 **10-2**(**A**)

1. (1) $I = \displaystyle\int_0^1 \mathrm{d}y \int_0^{1-y} f(x,y)\,\mathrm{d}x$;

   (2) $I = \displaystyle\int_0^4 \mathrm{d}y \int_{\frac{y}{2}}^{\sqrt{y}} f(x,y)\,\mathrm{d}x$;

   (3) $I = \displaystyle\int_0^4 \mathrm{d}y \int_0^{y^2} f(x,y)\,\mathrm{d}x + \int_4^6 \mathrm{d}y \int_0^{6-y} f(x,y)\,\mathrm{d}x$;

   (4) $I = \displaystyle\int_{-20}^4 \mathrm{d}y \int_{-\sqrt{5-y}}^{\frac{y}{4}} f(x,y)\,\mathrm{d}x + \int_4^5 \mathrm{d}y \int_{-\sqrt{5-y}}^{\sqrt{5-y}} f(x,y)\,\mathrm{d}x$;

   (5) $I = \displaystyle\int_{-3}^0 \mathrm{d}x \int_{-x}^3 f(x,y)\,\mathrm{d}y + \int_0^3 \mathrm{d}y \int_x^3 f(x,y)\,\mathrm{d}x$;

   (6) $I = \displaystyle\int_{-2}^2 \mathrm{d}y \int_{2-\sqrt{4-y^2}}^{2+\sqrt{4-y^2}} f(x,y)\,\mathrm{d}x$.

2. (1) $\dfrac{29}{6}$; (2) $\dfrac{1}{6}$; (3) $\dfrac{5}{12}$; (4) $\dfrac{58}{15}$; (5) $\dfrac{\mathrm{e}^4}{2} - \dfrac{3}{2}\mathrm{e}^2$.

3. 证明略;$2\ln 2$.

4. (1) $\displaystyle\int_0^1 \mathrm{d}y \int_0^y f(x,y)\,\mathrm{d}x$;

   (2) $\displaystyle\int_1^{\mathrm{e}} \mathrm{d}x \int_0^{\ln x} f(x,y)\,\mathrm{d}y$;

   (3) $\displaystyle\int_0^1 \mathrm{d}y \int_{\frac{y}{2}}^y f(x,y)\,\mathrm{d}x + \int_1^2 \mathrm{d}y \int_{\frac{y}{2}}^1 f(x,y)\,\mathrm{d}x$;

   (4) $\displaystyle\int_0^1 \mathrm{d}x \int_0^{\sqrt{1-x^2}} f(x,y)\,\mathrm{d}y$;

   (5) $\displaystyle\int_1^2 \mathrm{d}x \int_{2-x}^x f(x,y)\,\mathrm{d}y$.

5. (1) $1 - \mathrm{e}^{-\frac{1}{2}}$; (2) 1.

6. $\dfrac{4}{3}$.

7. $\dfrac{1}{12}$.

8. $\dfrac{400000}{\pi}$.

习题 **10-2**(**B**)

1. (1) $\dfrac{9}{4}\ln 3 - \ln 2 - 1$;   (2) $\mathrm{e} - \dfrac{1}{\mathrm{e}}$;   (3) $\dfrac{13}{6}$.

2. (1) $\dfrac{1}{2}\displaystyle\int_0^2 (4 - y^2) f(y)\,\mathrm{d}y$;   (2) $2\displaystyle\int_0^1 (1 - y) f(y)\,\mathrm{d}y$.

3. （1）$\int_{\frac{1}{2}}^{1}\mathrm{d}x\int_{x^2}^{x}\mathrm{e}^{\frac{y}{x}}\mathrm{d}y$；　　　（2）$\int_{0}^{1}\mathrm{d}x\int_{0}^{\sqrt{2x-x^2}}f(x,y)\mathrm{d}y+\int_{1}^{2}\mathrm{d}x\int_{0}^{2-x}f(x,y)\mathrm{d}y$.

4. $\dfrac{1}{2}A^2$.

5. 略.

习题 10-3（A）

1. （1）$\int_{0}^{\pi}\mathrm{d}\theta\int_{0}^{2\sin\theta}f(\rho\cos\theta,\rho\sin\theta)\rho\mathrm{d}\rho$；

　（2）$\int_{0}^{\pi}\mathrm{d}\theta\int_{r}^{R}f(\rho\cos\theta,\rho\sin\theta)\rho\mathrm{d}\rho$；

　（3）$\int_{0}^{\frac{\pi}{2}}\mathrm{d}\theta\int_{\frac{2}{\cos\theta+\sin\theta}}^{2}f(\rho\cos\theta,\rho\sin\theta)\rho\mathrm{d}\rho$；

　（4）$\int_{0}^{\frac{\pi}{3}}\mathrm{d}\theta\int_{1}^{2\cos\theta}f(\rho\cos\theta,\rho\sin\theta)\rho\mathrm{d}\rho$；

　（5）$\int_{0}^{\frac{\pi}{4}}\mathrm{d}\theta\int_{0}^{4\sin\theta}f(\rho\cos\theta,\rho\sin\theta)\rho\mathrm{d}\rho+\int_{\frac{\pi}{4}}^{\frac{\pi}{2}}\mathrm{d}\theta\int_{0}^{4\cos\theta}f(\rho\cos\theta,\rho\sin\theta)\rho\mathrm{d}\rho$；

　（6）$\int_{\frac{\pi}{4}}^{\frac{\pi}{2}}\mathrm{d}\theta\int_{2\cos\theta}^{\sqrt{2}}f(\rho\cos\theta,\rho\sin\theta)\rho\mathrm{d}\rho+\int_{\frac{3\pi}{2}}^{\frac{7}{4}\pi}\mathrm{d}\theta\int_{2\cos\theta}^{\sqrt{2}}f(\rho\cos\theta,\rho\sin\theta)\rho\mathrm{d}\rho$.

2. （1）$\dfrac{1}{3}$；　（2）$\dfrac{\pi}{2}$；　（3）$2\pi(2\sin2-\sin1+\cos2-\cos1)$；

　（4）$\dfrac{5\pi^2}{64}$；（5）$\dfrac{\pi}{2}$.

3. （1）$\int_{0}^{\pi}\mathrm{d}\theta\int_{0}^{2}f(\rho\cos\theta,\rho\sin\theta)\rho\mathrm{d}\rho$；

　（2）$\int_{0}^{\frac{\pi}{4}}\mathrm{d}\theta\int_{0}^{2\sin\theta}f(\rho\cos\theta,\rho\sin\theta)\rho\mathrm{d}\rho$；

　（3）$\int_{0}^{\frac{\pi}{4}}\mathrm{d}\theta\int_{0}^{\sec\theta}f(\rho\cos\theta,\rho\sin\theta)\rho\mathrm{d}\rho$；

　（4）$\int_{\frac{\pi}{4}}^{\frac{\pi}{3}}\mathrm{d}\theta\int_{0}^{4\sec\theta}f(\rho)\rho\mathrm{d}\rho$.

4. （1）$\int_{0}^{1}\mathrm{d}y\int_{-\sqrt{1-y^2}}^{\sqrt{1-y^2}}f(x,y)\mathrm{d}x$；　　（2）$\int_{0}^{2}\mathrm{d}y\int_{y}^{\sqrt{8-y^2}}f(x^2+y^2)\mathrm{d}x$.

习题 10-3（B）

1. （1）π；　　（2）37π.

2. $\dfrac{3\pi a^4}{32}$.

3. $5\pi\ln26$.

习题 10-4（A）

1. $\dfrac{\pi^2}{4}$.

2. $\dfrac{5}{144}$.

3. $\dfrac{1}{4}$.

习题 10-4(B)

1. (1)当 $1 < q < p$ 时,此反常二重积分收敛于 $\dfrac{1}{(q-1)(p-q)}$,其他情况下发散;

(2)当 $p > 1$ 时,此积分收敛于 $\dfrac{\pi}{p-1}$,当 $p \leqslant 1$ 时,此积分发散.

总习题十

1. $(1)\ 1 - \cos 2$; $\qquad (2)\ \dfrac{\pi R^4}{2}$.

2. $(1)\ \dfrac{15}{8}$; $\quad (2)\ \pi^2 - 4 - \dfrac{\pi}{4}$; $\quad (3)\ \dfrac{8}{3}\left(\pi - \dfrac{4}{3}\right)$; $\quad (4)\ \dfrac{\pi R^4}{4}$.

3. $(1)\ \displaystyle\int_0^1 \mathrm{d}y \int_{1-\sqrt{1-y^2}}^{\sqrt{y}} f(x,y)\,\mathrm{d}x$;

$(2)\ \displaystyle\int_0^1 \mathrm{d}y \int_0^{2y} f(x,y)\,\mathrm{d}x + \int_1^3 \mathrm{d}y \int_0^{3-y} f(x,y)\,\mathrm{d}x$;

$(3)\ \displaystyle\int_0^1 \mathrm{d}y \int_y^{\sqrt{y}} f(x,y)\,\mathrm{d}x$.

4. 略.

5. $f(x,y) = \sqrt{x^2+y^2} - \dfrac{8}{9\pi}$.

习题 11-1(A)

1. $(1)\ \displaystyle\sum_{n=1}^{\infty} \dfrac{n}{1+n^2} = \dfrac{1}{2} + \dfrac{2}{5} + \dfrac{3}{10} + \dfrac{4}{17} + \dfrac{5}{26} + \cdots$;

$(2)\ \displaystyle\sum_{n=1}^{\infty} \dfrac{(-1)^{n-1}}{3^n} = \dfrac{1}{3} - \dfrac{1}{9} + \dfrac{1}{3^3} - \dfrac{1}{3^4} + \dfrac{1}{3^5} + \cdots$;

$(3)\ \displaystyle\sum_{n=1}^{\infty} \dfrac{n^n}{n!} = 1 + \dfrac{2^2}{2!} + \dfrac{3^3}{3!} + \dfrac{4^4}{4!} + \dfrac{5^5}{5!} + \cdots$;

$(4)\ \displaystyle\sum_{n=1}^{\infty} \dfrac{2n-1}{n^3} = 1 + \dfrac{3}{2^3} + \dfrac{5}{3^3} + \dfrac{7}{4^3} + \dfrac{9}{5^3} + \cdots$.

2. (1)发散; $\quad$ (2)收敛; $\quad$ (3)收敛; $\quad$ (4)发散.

3. (1)收敛; $\quad$ (2)发散; $\quad$ (3)发散; $\quad$ (4)发散;

(5)收敛; $\quad$ (6)发散.

4. -1.

5. 5000 万元.

习题 11-1(B)

1. (1)收敛; $\quad$ (2)收敛; $\quad$ (3)发散; $\quad$ (4)发散.

习题 11-2（A）

1. (1)发散；　　　(2)收敛；　　　(3)发散；　　　(4)发散；
   (5)收敛；　　　(6)收敛；　　　(7)收敛；　　　(8)收敛.
2. (1)发散；　　　(2)收敛；　　　(3)收敛；　　　(4)收敛.

习题 11-2（B）

1. (1)收敛；
   (2)当 $a > 1$ 时,收敛,当 $a = 1$ 时,发散,当 $0 < a < 1$ 时,发散；
   (3)当 $a > 1$ 时,收敛,当 $a = 1$ 时,发散,当 $0 < a < 1$ 时,收敛；
   (4)收敛；
   (5)发散；
   (6)收敛.
2 ~ 3. 略.
4. (1)0；　　　(2)0.

习题 11-3（A）

1. (1)发散；　　　　　(2)收敛.
2. (1)绝对收敛；　　(2)绝对收敛；　　(3)发散；　　(4)条件收敛；
   (5)绝对收敛；　　(6)条件收敛；　　(7)条件收敛.

习题 11-3（B）

1 ~ 3. 略.
4. 条件收敛.

习题 11-4（A）

1. (1)收敛半径 $R = 1$,收敛区间为 $(-1,1)$,收敛域为 $(-1,1)$；
   (2)收敛半径 $R = 2$,收敛区间为 $(-2,2)$,收敛域为 $[-2,2)$；
   (3)收敛半径 $R = 0$,级数只在 $x = 0$ 处收敛,收敛域为 $x = 0$；
   (4)所以收敛半径 $R = \infty$,收敛域为 $(-\infty, +\infty)$；
   (5) $R = \dfrac{1}{2}$,收敛区间为 $\left(-\dfrac{1}{2}, \dfrac{1}{2}\right)$,收敛域为 $\left[-\dfrac{1}{2}, \dfrac{1}{2}\right]$；
   (6)收敛半径 $R = 1$,收敛区间为 $(1,3)$,收敛域为 $[1,3)$；
   (7)收敛半径 $R = 1$,收敛区间为 $(-1,1)$,收敛域为 $[-1,1]$；
   (8)收敛半径 $R = 1$,收敛区间为 $(-1,1)$,收敛域为 $(-1,1)$.

2. (1) $S(x) = \dfrac{1}{(1-x)^2}, \ -1 < x < 1$；
   (2) $S(x) = -\ln(1-x), \ -1 \leqslant x < 1$；
   (3) $S(x) = \dfrac{1}{2}\ln\left|\dfrac{1+x}{1-x}\right|, \ -1 < x < 1.$

习题 11-4（B）

1. 略.

2. (1)（-2,2）； (2)[-2,2].

3. $S(x) = \dfrac{x}{2-x} - \ln(1-x)$，收敛域为 [-1,1).

4. $S(x) = \begin{cases} \dfrac{-x}{1+x} + 1 - \dfrac{1}{x}\ln(1+x), & (-1 < x < 1, x \neq 0), \\ 0, & (x = 0). \end{cases}$

$\displaystyle\sum_{n=1}^{\infty} \dfrac{n}{3^n(1+n)} = 3\ln\dfrac{2}{3} + \dfrac{3}{2}.$

习题 11-5（A）

1. (1) $\ln(3+x) = \ln 3 + \dfrac{x}{3} - \dfrac{1}{2}\dfrac{x^2}{3^2} + \dfrac{1}{3}\dfrac{x^3}{3^3} - \cdots + \dfrac{(-1)^{n-1}}{n}\dfrac{x^n}{3^n} + \cdots (-3 < x \leqslant 3)$;

   (2) $2^x = 1 + x\ln 2 + \dfrac{\ln^2 2}{2!}x^2 + \cdots + \dfrac{\ln^n 2}{n!}x^n + \cdots (-\infty < x < +\infty)$;

   (3) $\sin^2 x = \dfrac{2x^2}{2!} - \dfrac{2^3 x^4}{4!} + \cdots + (-1)^{n+1}\dfrac{2^{2n-1} x^{2n}}{(2n)!} + \cdots (-\infty < x < +\infty)$;

   (4) $xe^{-x} = x - x^2 + \dfrac{x^3}{2!} - \cdots + \dfrac{(-1)^n x^{n+1}}{n!} + \cdots (-\infty < x < +\infty)$;

   (5) $\dfrac{1}{4-x} = \displaystyle\sum_{n=0}^{\infty} \dfrac{x^n}{4^{n+1}} (-4 < x < 4)$.

2. (1) $f(x) = \dfrac{1}{5} - \dfrac{x-3}{5^2} + \dfrac{(x-3)^2}{5^3} - \dfrac{(x-3)^2}{5^4} + \cdots + (-1)^n\dfrac{(x-3)^n}{5^{n+1}} + \cdots (-2 < x < 8)$;

   (2) $f(x) = \dfrac{1}{3} - \dfrac{x-3}{3^2} + \dfrac{(x-3)^2}{3^3} - \dfrac{(x-3)^2}{3^4} + \cdots + (-1)^n\dfrac{(x-3)^n}{3^{n+1}} + \cdots (0 < x < 6)$.

3. $\cos x = \dfrac{\sqrt{2}}{2}\left[1 - \dfrac{1}{2!}\left(x - \dfrac{\pi}{4}\right)^2 + \dfrac{1}{4!}\left(x - \dfrac{\pi}{4}\right)^4 - \cdots + \dfrac{(-1)^n}{(2n)!}\left(x - \dfrac{\pi}{4}\right)^{2n} + \cdots\right] +$

   $\dfrac{\sqrt{2}}{2}\left[\left(x - \dfrac{\pi}{4}\right) - \dfrac{1}{3!}\left(x - \dfrac{\pi}{4}\right)^3 + \dfrac{1}{5!}\left(x - \dfrac{\pi}{4}\right)^5 - \cdots + \dfrac{(-1)^n}{(2n+1)!}\left(x - \dfrac{\pi}{4}\right)^{2n+1} + \cdots\right], -\infty < x < +\infty.$

4. $f(x) = \displaystyle\sum_{n=0}^{\infty}\left(1 - \dfrac{1}{3^{n+1}}\right)(x+4)^n, -5 < x < -2.$

习题 11-5（B）

1. $f(x) = x + \displaystyle\sum_{n=2}^{\infty} \dfrac{(-1)^n}{n(n-1)}x^n (-1 < x \leqslant 1)$.

2. $f(x) = x - \dfrac{x^3}{3 \cdot 3!} + \dfrac{x^5}{5 \cdot 5!} - \cdots + (-1)^n\dfrac{x^{2n+1}}{(2n+1) \cdot (2n+1)!}, -\infty < x < +\infty.$

3. $\sqrt{2}\sin\dfrac{1}{\sqrt{2}}\displaystyle\sum_{n=0}^{\infty} \dfrac{(-1)^n}{2^n \cdot (2n)!}(x-1)^{2n} + \cos\dfrac{1}{\sqrt{2}}\displaystyle\sum_{n=0}^{\infty} \dfrac{(-1)^n}{2^n(2n+1)!}(x-1)^{2n+1}, -\infty < x < +\infty.$

总习题十一

1. (1) 必要;   (2) 充要;   (3) 收敛, 发散.

2. (1) 发散;   (2) 发散;   (3) 收敛;   (4) 发散;

    (5) 当 $a < 1$ 时, 级数收敛, 当 $a > 1$ 时, 级数发散. 当 $a = 1$ 时, 原级数成为 $\sum\limits_{n=1}^{\infty} \dfrac{1}{n^s}$, 由 p 级数

    的结论知, 当 $s > 1$ 时, 级数收敛, 当 $s \leq 1$ 时, 级数发散.

3. 略.

4. (1) 条件收敛; (2) 绝对收敛; (3) 绝对收敛.

5. (1) $\left(-\dfrac{1}{4}, \dfrac{1}{4}\right)$;   (2) $\left(-\dfrac{1}{e}, \dfrac{1}{e}\right)$;

    (3) $(-3, -1)$;   (4) $(-2, 2)$.

6. (1) $S(x) = \dfrac{2 + x^2}{(2 - x^2)^2}, x \in (-\sqrt{2}, \sqrt{2})$;

    (2) $S(x) = \dfrac{x - 1}{(2 - x)^2}, x \in (0, 2)$.

习题 12-1(A)

1. (1) 一阶; (2) 一阶; (3) 二阶; (4) 三阶; (5) 五阶; (6) 二阶; (7) 四阶.

2. (1) 特解; (2) 解; (3) 通解; (4) 不是解.

3. $\alpha = -1, 0$ 或 1.

4. (1) $y = x^2 + 1$;

    (2) $x^2 + y^2 = 2$;

    (3) $y = x e^x$.

习题 12-1(B)

1. (1) $y = x^2 + x + 1$;

    (2) $y = x^2 + x + 2$.

2. $f(x) = \sin x$.

习题 12-2(A)

1. (1) $y^2 = x^4 + C$;   (2) $y = \ln\left(\dfrac{x^2}{2} + C\right)$;

    (3) $y = C e^{2\sqrt{1+x^2}}$;   (4) $(x - 3)y^3 = Cx$.

2. (1) $y = x \ln C x^2$;   (2) $x = y \ln \dfrac{C}{y^2}$;

    (3) $y^2 = x^2(C - \ln x^2)$;   (4) $y = x e^{Cx}$.

3. (1) $y = C e^{\frac{x^2}{2}} - 2$;   (2) $y = e^x + C e^{-x}$;

    (3) $y = (x + C)e^{-\sin x}$;   (4) $y = \dfrac{\sin x + C}{x^2 + 1}$.

4. (1) $y^2 + \dfrac{(x-1)^2}{2} = 3$;
(2) $x = e^{\sin\frac{y}{x}-1}$;

(3) $y = 3e^x + 2(x-1)e^{2x}$;
(4) $y = \dfrac{1}{2}\left(\ln x + \dfrac{1}{\ln x}\right)$.

习题 12-2(B)

1. (1) $y^2 = Ce^{x^2} - 1$;
(2) $\dfrac{1}{y} = Ce^{-x} - x + 1$.

2. (1) $2\sqrt{y+x^2} = x + C$;
(2) $2\left(\sqrt{x-y+1} + \ln\left|1 - \sqrt{x-y+1}\right|\right) = C - x$;

(3) $y = \dfrac{1}{x}e^{Cx}$;
(4) $\sin\dfrac{y^2}{x} = Cx$.

3. $y = \dfrac{1}{C}\sqrt{1+2Cx}$.

4. $x = Cy + y^2$.

5. $f(x) = \dfrac{2e^x}{e^2+1}$.

6. $f(x) = \sqrt{x}$.

习题 12-3(A)

1. (1) $y = \dfrac{1}{12}x^4 + \dfrac{1}{2}x^2 + C_1 x + C_2$;

(2) $y = -\sin x + \dfrac{1}{8}e^{2x} + C_1 x^2 + C_2 x + C_3$;

(3) $y = C_1 x^3 + C_2$;

(4) $y = \int (e^{2x} + C_1 e^x)\mathrm{d}x = \dfrac{1}{2}e^{2x} + C_1 e^x + C_2$;

(5) $y = C_2 e^{C_1 x} + 1$.

2. (1) $y = \dfrac{1}{2}\ln|x| + \dfrac{1}{6}x^3 + \dfrac{5}{6}$;

(2) $y = 2e^x - x^2 - 2x - 1$;

(3) $y = -\ln(1-x)$.

习题 12-3(B)

1. (1) $y = \dfrac{1}{a^n}e^{ax} + \left[(b+n)(b+n-1)\cdots(b+1)\right]^{-1}x^{b+n} + C_1 x^{n-1} + C_2 x^{n-2} + \cdots + C_{n-1}x + C_n$;

(2) $y = \dfrac{1}{C_1}e^{C_1 x + 1}\left(x - \dfrac{1}{C_1}\right) + C_2$;

(3) $y = C_2 - \ln(C_1 - x)$.

2. (1) $y = 1 - \ln|\cos x|$;

(2) $y = \arcsin\dfrac{-\sqrt{2}e^x}{2} + \dfrac{\pi}{4}$;

$(3) y = \tan\left(x + \dfrac{\pi}{4}\right) = \dfrac{1 + \tan x}{1 - \tan x}.$

习题 12-4(A)

1. (1)线性无关; (2)线性无关; (3)线性无关; (4)线性相关;
   (5)线性无关; (6)线性相关; (7)线性无关; (8)线性相关.

2. $y = (C_1 + C_2 x)\mathrm{e}^{2x}.$

3. $y = C_1 \sin x + C_2 \cos x.$

4. $(1) y = C_1 \mathrm{e}^x + C_2 \mathrm{e}^{2x};$ $(2) y = (C_1 + C_2 x)\mathrm{e}^{5x};$
   $(3) y = (C_1 \cos 3x + C_2 \sin 3x)\mathrm{e}^x;$ $(4) x = C_1 \mathrm{e}^{\sqrt{2}t} + C_2 \mathrm{e}^{-\sqrt{2}t}.$

5. $(1) y = \mathrm{e}^t + \mathrm{e}^{-4t};$ $(2) y = (1 + x)\mathrm{e}^x;$
   $(3) y = (\cos x - 2\sin x)\mathrm{e}^{2x}.$

6. $(1) y = C_1 \cos x + C_2 \sin x + 1 + x;$
   $(2) y = (C_1 + C_2 x)\mathrm{e}^{-x} + x^2 \mathrm{e}^{-x};$
   $(3) y = C_1 \mathrm{e}^{-x} + C_2 \mathrm{e}^{\frac{x}{2}} + x^2 + x + 2;$
   $(4) y = C_1 \mathrm{e}^x + C_2 \mathrm{e}^{-x} + (x^2 - x)\mathrm{e}^x.$

7. $(1) y = 2\mathrm{e}^{2x} - \dfrac{3}{2}x^2 - x - 1;$
   $(2) y = \mathrm{e}^x - \cos x.$

8. $y = Y + y^* = C_1 + C_2 \mathrm{e}^{-x} + x^2 - 2x + \dfrac{\mathrm{e}^x}{2}.$

习题 12-4(B)

1. 略.

2. $y = Y + y_1 = C_1 \mathrm{e}^{-x} + C_2 \mathrm{e}^{2x} + x\mathrm{e}^x + \mathrm{e}^{2x}.$

3. $y = C_1 \mathrm{e}^x + C_2 \mathrm{e}^{\frac{x}{2}}.$

4. $y = (C_1 + C_2 x)\mathrm{e}^{-2x}.$

5. $(1) y = C_1 \cos x + C_2 \sin x + x\cos x + x^2 \sin x;$
   $(2) y = Y + y^* = C_1 + C_2 x + C_3 \mathrm{e}^{-x} + x\mathrm{e}^{-x}.$

6. $(1) y = \left(1 - \dfrac{x}{2}\right)\cos x + \dfrac{1}{2}\sin x;$
   $(2) y = (1 + 2\sin x - \cos x)\mathrm{e}^x.$

7. $f(x) = \dfrac{1}{2}(\cos x + \sin x + \mathrm{e}^x).$

8. 略.

习题 12-5(A)

1. $y = 500(1 - \mathrm{e}^{-0.001t}).$

2. $(1) Q(P) = 600 \times 2^{-P};$ $(2)300;$ (3)是稳定的.

3. $S(t) = S_0 e^{-bt}; R(t) = \dfrac{a}{bS_0} e^{bt} - \dfrac{a}{bS_0}.$

4. $Y = \dfrac{2000 \times 3^{\frac{t}{3}}}{9 + 3^{\frac{t}{3}}}; 1000.$

习题 12-5(B)

1. $P(t) = e^{-t} + 2t + 4.$

2. $y(x) = \dfrac{3e^x}{2e^{3x} + 1}.$

总习题十二

1. $(1) \dfrac{1}{x}$; $\qquad (2) y = 2 + Ce^{-x^2}$; $\qquad (3) y'' + 4y = 0$;

$(4) y = \dfrac{2}{1-x} (x < 1)$; $\qquad (5) y^* = a + bxe^{2x} + cxe^{-2x}.$

2. $(1) D$; $\quad (2) C$; $\quad (3) B$; $\quad (4) C$; $\quad (5) B.$

3. $(1)(e^x + 1)(e^y - 1) = C$; $\qquad (2) y - \sqrt{y^2 - x^2} = C$;

$(3) y = (e^x + C)(1+x)^n$; $\qquad (4) x = Ce^{\sin y} - 2 - 2\sin y$;

$(5) y = C_1(x - e^{-x}) + C_2$; $\qquad (6) y = \arcsin(C_2 e^x) + C_1$;

$(7) y = C_1 e^x + C_2 e^{2x} - (x^2 + 2x)e^x$; $\qquad (8) y = \left(C_1 + C_2 x + \dfrac{x^2}{2}\right)e^{3x} + x + \dfrac{2}{3}.$

4. $(1) y = \dfrac{\pi - 1 - \cos x}{x}$; $\qquad (2) y = \cos x + \sin x - \dfrac{x}{2}(\cos x - \sin x).$

5. $f(x) = 2 + Cx.$

6. $f(x) = C_1 \ln x + C_2.$

7. $y - x + x^3 y = 0.$

8. $y = e^x.$

9. $3.91.$

习题 13-1(A)

1. $(1) \Delta y_x = -3x^2 + 3x + 2, \Delta^2 y_x = -6x$;

$(2) \Delta y_x = e^{2x}(e^2 - 1), \Delta^2 y_x = e^{2x}(e^2 - 1)^2$;

$(3) \Delta y_x = 3^x(2x^2 + 6x + 3), \Delta^2 y_x = 3^x(4x^2 + 24x + 30)$;

$(4) \Delta y_x = nx^{(n-1)}, \Delta^2 y_x = n(n-1)x^{(n-2)}.$

2. (1)一阶; $\quad (2)$一阶; $\quad (3)$二阶; $\quad (4)$二阶;

(5)二阶; $\quad (6)$三阶; $\quad (7)$四阶; $\quad (8)$二阶.

3. (1)略; $\qquad (2) y_x = 2^{x+2} - x - 4.$

4. $X_{n+1} = 2X_n + 1.$

5. $C_n = C_{n-1}(1 - x\%) + N.$

习题 13-1（B）

1. $\Delta(x^2) = 2x + 1, \Delta^2(x^2) = 2, \Delta^3(x^2) = 0.$

2. $X_{n+1} = X_n - \dfrac{1}{30}.$

3. $B_{n+1} = B_n + 3 \times \dfrac{1}{2^n}$，或 $B_{n+2} - B_{n+1} = \dfrac{1}{2}(B_{n+1} - B_n), B_1 - B_0 = 3.$

4. $M_n = M_{n-1} + P_{n-10}; M_n = M_{n-1} + P_{n-10} - C, n \geqslant 10.$

习题 13-2（A）

1. $(1) y_x = C\left(\dfrac{2}{3}\right)^x;$ $\quad (2) y_x = C3^x;$ $\quad (3) y_x = C.$

2. $(1) y_x = 3\left(-\dfrac{1}{2}\right)^x;$ $\quad (2) y_x = 10(-1)^x;$ $(3) y_x = 2^x.$

3. $(1) y_x = 3x + C$（其中，C 为任意常数）；

   $(2) y_x = C(-1)^x + \dfrac{2^x}{3}$（其中，$C$ 为任意常数）；

   $(3) y_x = C(-1)^x + \left(x - \dfrac{1}{6}\right)2^x$（其中，$C$ 为任意常数）；

   $(4) y_x = C3^x + 1$（其中，C 为任意常数）；

   $(5) y_t = C2^t - 3t^2 - 6t - 9$（其中，$C$ 为任意常数）；

   $(6) y_x = C(-4)^x + \dfrac{1}{5}x^2 + \dfrac{3}{25}x - \dfrac{33}{125}$（其中，$C$ 为任意常数）；

   $(7) y_t = C4^t - \dfrac{1}{3}t + \dfrac{2}{9}$（其中，$C$ 为任意常数）.

4. $(1) y_t = \dfrac{1}{2}t^2 + \dfrac{1}{2}t + 1;$ $\quad (2) y_x = 5^x - \dfrac{3}{4};$ $\quad (3) y_x = \dfrac{1}{4}(2x+1)3^x + \dfrac{1}{4};$

   $(4) y_x = \dfrac{7}{3}2^{-x} + \dfrac{2}{3}2^x.$

习题 13-2（B）

1. $(1) y_x = \dfrac{1}{10}x^{(10)};$

   (2) 当 $a = 2$ 时，原方程的通解为 $y_x = Y_x + y_x^* = C2^x + x2^{x-1}$，

   当 $a \neq 2$ 时，原方程的通解为 $y_x = Y_x + y_x^* = Ca^x + \dfrac{1}{2-a}2^x;$

   $(3) y_x = C5^x - \dfrac{5}{26}\cos\left(\dfrac{\pi}{2}x\right) + \dfrac{1}{26}\sin\left(\dfrac{\pi}{2}x\right)$（其中，$C$ 为任意常数）；

   $(4) y_x = (-4)^x + \dfrac{1}{3}\sin(\pi x).$

2. $y_x = C(-a)^x + \dfrac{b}{1+a}$（其中，$C$ 为任意常数）.

3. (1) 略.

$$(2)\,y_x = \begin{cases} y_x = \left(\dfrac{1}{y_0} + \dfrac{b}{c}x\right)^{-1}, & c = a, \\[4mm] \left[\left(\dfrac{1}{y_0} - \dfrac{b}{c-a}\right)\left(\dfrac{a}{c}\right)^x + \dfrac{b}{c-a}\right]^{-1}, & c \neq a; \end{cases}$$

$$(3)\,y_x = \left[\dfrac{3}{2} - \left(\dfrac{1}{2}\right)^{x+1}\right]^{-1}, \quad \lim_{x \to +\infty} y_x = \dfrac{2}{3}.$$

习题 13-3(A)

1. $(1)\,y_x = C_1(-2)^x + C_2(-3)^x$(其中,$C_1,C_2$ 为任意常数);

 $(2)\,y_x = (C_1 + C_2 x)5^x$(其中,$C_1,C_2$ 为任意常数);

 $(3)\,y_x = \left(C_1\cos\dfrac{\pi x}{2} + C_2\sin\dfrac{\pi x}{2}\right)3^{-x}$(其中,$C_1,C_2$ 为任意常数);

 $(4)\,y_x = C_1\left(\dfrac{1}{2}\right)^x + C_2\left(-\dfrac{7}{2}\right)^x$(其中,$C_1,C_2$ 为任意常数);

 $(5)\,y_x = 2 \cdot 3^x - 1$;

 $(6)\,y_x = \left(2\cos\dfrac{\pi x}{4} + \sin\dfrac{\pi x}{4}\right)2^{\frac{x}{2}}.$

2. $(1)\,y_x = C_1 3^x + C_2(-4)^x - \dfrac{1}{2}$(其中,$C_1,C_2$ 为任意常数);

 $(2)\,y_x = (C_1 + C_2 x)\left(\dfrac{3}{2}\right)^x + 2$(其中,$C_1,C_2$ 为任意常数);

 $(3)\,y_x = \left(C_1\cos\dfrac{\pi x}{3} + C_2\sin\dfrac{\pi x}{3}\right)4^x + \dfrac{1}{13}x$(其中,$C_1,C_2$ 为任意常数);

 $(4)\,y_x = C_1 + C_2 5^x - 2^x$(其中,$C_1,C_2$ 为任意常数);

 $(5)\,y_x = -3 \cdot 2^x + \dfrac{11}{4}5^x + \dfrac{5}{4}$;

 $(6)\,y_x = (-1)^{x+1} + x^3 - 3x^2 + x + 1.$

习题 13-3(B)

1. $(1)\,y_x = C_1(-1)^x + C_2 2^x + \dfrac{e^x}{e^2 - e - 2} - \dfrac{5}{2}$(其中,$C_1,C_2$ 为任意常数);

 $(2)\,y_x = (C_1 + C_2 x)2^x + \dfrac{1}{8}x^2 2^x + x + 2$(其中,$C_1,C_2$ 为任意常数).

习题 13-4(A)

1. $(1)\,A_n = (25 - 15 \times 1.004^n) \times 10^4$;

 (2)70 岁零 8 个月;

 (3)154093.30.

2. $(1)\,y_{n+1} - 1.25y_n = -3$,通解为 $y_n = C(1.25)^n + 12$,且满足初始条件 $y_0 = 10$ 的特解
 为 $y_n = -2 \times (1.25)^n + 12$;

 (2)8.

3. $Y_t = (\sqrt{\beta})^t (C_1 \cos\theta t + C_2 \sin\theta t) + \dfrac{V_0}{1-\beta}$;

$U_t = (\sqrt{\beta})^{t+1} (C_1 \cos\theta(t-1) + C_2 \sin\theta(t-1)) + \dfrac{\beta V_0}{1-\beta}$;

$S_t = (\sqrt{\beta})^{t-2} \{ C_1 [\sqrt{\beta}\cos\theta(t-1) - \cos\theta(t-2)] + C_2 [\sqrt{\beta}\sin\theta(t-1) - \sin\theta(t-2)] \}$.

习题 13-4(B)

1. $P_t = 4 - \sqrt{3} \left(\dfrac{1}{2}\right)^t \sin\dfrac{2\pi t}{3}$.

2. $Y_t = \left(Y_0 - \dfrac{\beta+I}{1-\alpha} \right) \alpha^t + \dfrac{\beta+I}{1-\alpha}$, $C_t = \left(Y_0 - \dfrac{\beta+I}{1-\alpha} \right) \alpha^t + \dfrac{\beta+\alpha I}{1-\alpha}$.

总习题十三

1. (1) $-\dfrac{1}{t(t-1)}$;   (2) $\dfrac{(e-1)^2}{3} e^x$;   (3) $x+1$;

(4) $y_{x+2} - 6y_{x+1} + 5y_x = 0$;   (5) $y_{x+2} - 4y_{x+1} + 4y_x = x-2$.

2. (1) D;   (2) B;   (3) C;   (4) B.

3. $y_{x+1} - \left(1 + \dfrac{1}{x} \right) y_x = e^x \left(e - 1 - \dfrac{1}{x} \right)$.

4. $a_n = \dfrac{m+2n}{3} + \dfrac{1}{3}(n-m) \left(-\dfrac{1}{2} \right)^{n-2}$.

5. $y_x = \dfrac{C_1 + C_2 2^x}{x+1}$（其中, C_1, C_2 为任意常数）.

参 考 文 献

［1］STEWART J. calculus［M］. 北京:高等教育出版社,2014.

［2］傅英定,谢云荪. 微积分:下册［M］. 北京:高等教育出版社,2003.

［3］黄立宏,戴斌祥. 大学数学［M］. 北京:高等教育出版社,2002.

［4］华东师范大学数学系. 数学分析［M］. 北京:高等教育出版社,2011.

［5］李伟. 高等数学:下册［M］. 北京:高等教育出版社,2011.

［6］同济大学数学系. 高等数学［M］. 7 版. 北京:高等教育出版社,2014.

［7］吴传生. 经济数学 – 微积分［M］. 北京:高等教育出版社,2015.

［8］GIORDANO F W. 托马斯微积分［M］. 叶其孝,王耀东,唐喆,译. 10 版. 北京:高等教育出版社,2003.

［9］张润琦,陈一宏. 微积分:下册［M］. 北京:机械工业出版社,2007.

［10］张国楚,王向华,武女则,等. 大学文科数学［M］. 北京:高等教育出版社,2015.